《现代物理基础丛书》编委会

主　编　杨国桢
副主编　阎守胜　聂玉昕
编　委　(按姓氏笔画排序)
　　　　　王　牧　　王鼎盛　　朱邦芬　　刘寄星
　　　　　邹振隆　　宋菲君　　张元仲　　张守著
　　　　　张海澜　　张焕乔　　张维岩　　侯建国
　　　　　侯晓远　　夏建白　　黄　涛　　解思深

现代物理基础丛书·典藏版

计算物理学

马文淦 编著

科学出版社

北京

内 容 简 介

本书比较系统、详细地讲述了计算物理领域涉及的重要基本概念、数学基础与方法。书中不仅较多地讲述了在传统物理课题中常用的数值计算方法：如偏微分方程的数值求解方法、计算机模拟方法中的随机模拟方法——蒙特卡罗方法和确定性模拟——分子动力学方法以及神经元网络方法，而且较详细地介绍了计算机符号处理系统及其在理论物理中的应用。书中还提供了计算物理方法在理论和实验物理领域中的应用实例，并介绍了高性能计算机与并行算法。

本书内容丰富，体系较完整，适合于作为高等学校物理类高年级大学生和研究生的教学用书，也可以作为物理学科领域以外的其他师生及科研工作者的参考书。

图书在版编目(CIP)数据

计算物理学/马文淦编著. —北京：科学出版社，2005
（现代物理基础丛书·典藏版）

ISBN 978-7-03-014750-9

Ⅰ. 计⋯　Ⅱ. 马⋯　Ⅲ. 物理学-数值计算-计算方法　Ⅳ. O411

中国版本图书馆 CIP 数据核字(2005)第 005000 号

责任编辑：胡　凯　刘凤娟／责任校对：张怡君
责任印制：赵　博／封面设计：陈　敬

科 学 出 版 社 出版
北京东黄城根北街 16 号
邮政编码：100717
http://www.sciencep.com

北京厚诚则铭印刷科技有限公司印刷
科学出版社发行　各地新华书店经销

*

2005 年 4 月第一版　　开本：B5(720×1000)
2025 年 1 月印　刷　　印张：16 1/4
字数：312 000

定价：69.00 元
（如有印装质量问题，我社负责调换）

前　言

  计算物理学是物理学、数学在过去百余年来取得巨大成就的基础上,伴随着计算机科学近几十年来突飞猛进的发展而逐步发展起来的新兴学科分支。计算物理早已与实验物理和理论物理形成三足鼎立之势,甚至可以说它已成为现代物理大厦的"栋梁"。今天的年轻一代物理工作者,无论是从事基础理论或实验研究,应用基础或工程研究,都必须学习和掌握计算物理的概念和方法。

  从20世纪80年代中期开始,笔者就在中国科学技术大学近代物理系为本科生和研究生开设了"计算物理学"必修课程。本书的大部分内容就是取自过去在该系给高年级学生和研究生编写的"计算物理学"教材。该课程虽然主要针对粒子物理和原子核物理、等离子体物理等专业的学生,但对诸如物理化学、材料科学、工程物理等专业的本科学生和研究生也有很大的用处。计算物理学是一门交叉学科,它涉及物理学、数学和计算机科学的知识。因此,本书是针对已经具备物理学基础知识、并具有一定数学水平和一般的计算机编程能力的读者而编写的。

  计算物理学所包含的内容是相当广泛的。本书的内容力求较为全面,但由于讲授课程的对象、时间和本人实践经验的限制,本书中仅特别选择了近代物理学中应用比较广泛,但又不是本科学生很容易掌握的一部分方法和技术作为教材内容。书中介绍了计算物理学的两大类计算。一类可以称作是计算机数值计算方法(第二、三、四、五、六、九章),另一类则可以称为计算机符号计算(第七、八章)。在计算机数值计算方法中介绍了偏微分方程的数值求解方法(第四章的有限差分法和第五章的有限元素法)和计算机模拟方法。在计算机模拟的内容中又包含了蒙特卡罗模拟方法及其应用(第二、三章)和确定性模拟方法(第六章的分子动力学方法)。在第九章中介绍的神经元网络方法实际上还是一种数值计算方法,它是近年来在粒子物理研究中用得较为成功的方法。第十章介绍了近年来发展起来的并行计算机及并行算法的基本知识,使读者对高性能计算有一个基本的了解。

  由于作者本人水平所限,本书在选择内容的合理性,叙述的科学性方面仍然存在不少问题,错漏之处也在所难免。希望读者们批评指正。

  作者在编写本书的过程中得到过舒伯尔(F. Schoeberl)教授、韩良教授的帮助,在此表示深切的谢意。

马文淦

2004年夏于中国科大

目 录

第一章 引言 ··· 1
    1.1 计算物理学的起源和发展 ······································· 1
    1.2 计算物理学在物理学研究中的应用 ······················· 2

第二章 蒙特卡罗方法 ··· 6
    2.1 蒙特卡罗方法的基础知识 ······································· 6
    2.2 随机数与伪随机数 ··· 11
    2.3 任意分布的伪随机变量的抽样 ······························· 17
    2.4 蒙特卡罗计算中减少方差的技巧 ···························· 40
    2.5 实用蒙特卡罗计算复合技术 ··································· 46
    2.6 随机游走 ·· 49
    习题 ·· 54
    参考文献 ··· 55

第三章 蒙特卡罗方法的若干应用 ·································· 56
    3.1 蒙特卡罗方法在积分计算中的应用 ······················· 56
    3.2 事例产生器 ·· 62
    3.3 粒子碰撞过程的相空间产生 ··································· 65
    3.4 高能物理实验中蒙特卡罗方法的应用 ···················· 70
    3.5 在量子力学中的蒙特卡罗方法 ······························· 75
    3.6 在统计力学中的蒙特卡罗方法 ······························· 89
    3.7 粒子输运问题的蒙特卡罗模拟 ······························· 93
    习题 ·· 98
    参考文献 ··· 99

第四章 有限差分方法 ··· 100
    4.1 引言 ··· 100
    4.2 有限差分法和偏微分方程 ····································· 102
    4.3 有限差分方程组的迭代解法 ·································· 108

4.4 求解泊松方程的直接法 …… 114
习题 …… 117
参考文献 …… 117

第五章 有限元素方法 …… 119

5.1 有限元素方法的基本思想 …… 119
5.2 二维场的有限元素法 …… 123
5.3 有限元素法与有限差分法的比较 …… 130
习题 …… 132

第六章 分子动力学方法 …… 133

6.1 引言 …… 133
6.2 分子动力学基础知识 …… 134
6.3 分子动力学模拟的基本步骤 …… 139
6.4 平衡态分子动力学模拟 …… 143
习题 …… 149
参考文献 …… 149

第七章 计算机代数 …… 150

7.1 引言 …… 150
7.2 粒子物理中的计算机代数 …… 153
7.3 Mathematica 语言编程 …… 159
习题 …… 163
参考文献 …… 164

第八章 Mathematica 在量子力学中的应用举例 …… 165

8.1 粒子在中心力场中的运动问题 …… 165
8.2 求非相对论性薛定谔方程本征能量限 …… 172
8.3 求解薛定谔方程束缚态问题 …… 193
习题 …… 198
参考文献 …… 198

第九章 神经元网络方法及其应用举例 …… 199

9.1 神经元网络法 …… 199
9.2 高能物理中的神经元网络应用举例 …… 204

参考文献 ………………………………………………………………… 206

第十章 高性能计算和并行算法 ……………………………………… 207

10.1 引言 ……………………………………………………………… 207
10.2 并行计算机和并行算法 ……………………………………… 208
10.3 并行编程 ……………………………………………………… 211
参考文献 ………………………………………………………………… 212

附录 ………………………………………………………………………… 213

附录 A 贝斯理论 …………………………………………………… 213
附录 B 一些常用分布密度函数的抽样 ……………………………… 213
附录 C 求解微分方程的近似方法 ………………………………… 217
附录 D 三角形型函数积分式的证明 ……………………………… 222
附录 E Mathematica 函数和指令 …………………………………… 223
附录 F 程序选编 …………………………………………………… 229

第一章 引　　言

物理学是研究范围很广的一门科学。每当我们试图从各个层面上理解物理现象的时候,不可回避地会遇到复杂冗长的计算。计算物理学是英文"Computational Physics"的中译文。通常人们也把它等同于计算机物理学(computer physics)。在过去半个多世纪以来,计算物理科学渗透到物理科学和工程学的各个研究方面,成为一门新兴的交叉科学。它是物理学、数学、计算机科学三者相结合的产物。计算物理学也是物理学的一个分支,它与理论物理、实验物理有着密切的联系,但又保持着自己相对的独立性。如果要给计算物理学做一个定义的话,我们可以采用下面这个有代表性的概括:计算物理学是以计算机及计算机技术为工具和手段,运用计算数学的方法,解决复杂物理问题的一门应用科学。计算物理学已经给复杂体系的物理规律、物理性质的研究提供了重要手段,对物理学的发展起着极大的推动作用。

计算物理学作为一门新兴的学科,它是怎样发展起来的? 它与理论物理、实验物理有什么区别和联系? 计算物理学在物理学中的应用情况如何? 这就是本章要介绍的内容。

1.1　计算物理学的起源和发展

19世纪中叶以前,可以说物理学还基本上是一门基于实验的科学。1862年麦克斯韦(Maxwell)将电磁规律总结为麦克斯韦方程,进而在理论上预言了电磁波的存在。这使人们看到了物理理论思维的巨大威力。从此理论物理开始成为了一门相对独立的物理学分支。以后到了20世纪初,物理学理论经历了两次重大的突破,相继诞生了量子力学和相对论。理论物理开始成为一门成熟的学科。传统意义上的物理学便具有了理论物理和实验物理(应用物理包括在内)两大支柱,物理学便成为实验物理和理论物理密切结合的学科。正是物理学这样的"理论与实践相结合"的探索方式,大大促进了该学科的发展,并引发了20世纪科学技术的重大革命。这个革命对人类的社会生活产生了重大影响。其中一个重要的方面就是电子计算机的发明和应用。

物理学研究与计算机和计算机技术紧密结合起始于20世纪40年代。当时正值第二次世界大战时期,美国在研制核武器的工作中,要求准确地计算出与热核爆炸有关的一切数据,迫切需要解决在瞬时间内发生的复杂的物理过程的数值计算问题。然而,采用传统的解析方法求解或手工数值计算是根本办不到的。这样,计算机在物理学研究中的应用就成为不可避免的事了,计算物理学因此得以产生。第二次世界大战之后,计算机技术的迅速发展又为计算物理学的发展打下了坚实的基础,大大增强了人们从事科学研究的能力,促进了各个学科之间的交叉渗透,使计算物理学得以蓬勃的发展。

理论物理是从一系列的基本物理原理出发,列出数学方程,再用传统的数学分析方法求出解析解。通过这些解析解所得到的结论与实验观测结果进行对比分析,从而解释已知的实验现象并预测未来的发展。实验物理是以实验和观测为基本手段来揭示新的物理现象,奠定理论物理对物理现象作进一步研究的基础,从而为发现新的理论提供依据,或者检验理论物理推论的正确性及应用范围。计算物理则是计算机科学、数学和物理学三者间新兴的交叉学科或边缘学科,是物理计算科学的基础,是研究物理学中与数学求解相关的基本计算问题的学科。它研究的主要内容是如何应用高速计算机作为工具,去解决物理学研究中极其复杂的计算问题。例如,在高能物理实验中,由于实验技术的发展和测量精度的提高,实验规模越来越大,实验数据量惊人的增加,被测实验数据在单位时间内的产额非常高,因而单靠人力和通常的电子仪器已无法完成实验设备的管理和实验数据的处理工作。又如,电子反常磁矩修正的计算,对四阶修正的手工解析计算已经相当繁杂,而对六阶修正的计算已经包含了 72 个费曼图,手工解析运算已不可能完成。类似这样的复杂系统的控制和大量繁杂的计算工作,计算机的应用就成为不可避免的了。计算物理学对解决复杂物理问题的巨大能力,使它成为物理学的第三支柱,并在物理学研究中占有重要的位置。

计算物理学与理论物理和实验物理有着密切的联系。计算物理学的研究内容涉及物理学的各个领域。一方面,计算物理学所依据的理论原理和数学方程是由理论物理提供的,其结论还需要理论物理来分析检验;另一方面,计算物理学所依赖的数据是由实验物理提供的,其结果还要由实验来检验。对实验物理而言,计算物理学可以帮助解决实验数据的分析、控制实验设备、自动化数据获取以及模拟实验过程等问题;对理论物理而言,计算物理学可以为理论物理研究提供计算数据,为理论计算提供进行复杂的数值和解析运算的方法和手段。总之,计算物理学是与理论物理、实验物理互相联系、互相依赖、相辅相成的。它为理论物理研究开辟了一个新的途径,也对实验物理研究的发展起了巨大的推动作用。

1.2 计算物理学在物理学研究中的应用

自 20 世纪 40 年代以来,由于人们受到在原子弹设计中使用计算机而取得了巨大成功的启示,计算物理的方法和技巧也迅速地从核物理向其他学科领域渗透,从军事研究转向基础科学研究,从而大大丰富了计算物理学的内容。在20世纪60年代以前,计算机还主要用在物理问题的数值计算和模拟上。而到20世纪60年代以后计算机又进一步深入到实验室控制和数据获取自动化和理论解析运算自动化方面。1962年,在低能物理实验中就开始了计算机与实验的联机工作。1964年,在高能物理实验中开始采用计算机高速可靠地采集和处理数据信息,以满足粒子物理实验对高事例率、大数据量处理和大型仪器设备控制的要求。当今在我们物理学研究中计算机的应用已经是无处不在了。计算机在物理学中的应用可以大致分为4类,它们是计算机数值分析、计算机符号处理、计算机模拟和计算机实时控制。

通常在物理研究中,我们从已知的物理规律出发得到描写物理过程的抽象数学公式后,最后或许要做数值分析以便与实验结果对照或作为实验的参考数据。如果对一个简单的数学公式进行数值求解,也许我们还可以用纸和笔手工就计算出数值结果来,但是对更复杂系统的数学处理,我们就不得不在计算机上用计算机特有的数值计算方法来计算了。在这种工作方式下,计算机成了物理学研究的数值分析的工具。

计算机在物理学中应用的另一个重要方面是利用计算机的符号处理系统进行解析计算、公式的推导和高精度的数值计算。这在理论物理研究领域的意义就特别重大。当前在天体物理、原子核和粒子物理研究中已经广泛采用计算机符号处理系统来做复杂的公式推导和高精度计算,还发展出许多用于各个领域研究的计算机符号计算程序包。

借助于计算机与符号和数值计算程序,我们可以方便地解析和数值地计算各种复杂的数学物理问题,诸如多重不定和定积分、大型数字或者符号矩阵的计算、求解复杂的微分方程等等。随着计算机技术的高速发展,今天我们已经能够在个人微机上做复杂的符号和数值计算了。计算机的确在物理学的计算中已经起着十分重要的作用。

我们还要指出,计算机的数值计算功能对物理学研究的用途决不仅仅是可以得到数值结果,更为重要的是,它为物理学家提供了"计算机模拟实验"这个新的研究手段。例如,统计物理中有个自回避随机迁移问题,它是在随机游走中加上了一个限制,即以后的游走步子不能穿过以前各步所走过的路径。这样的问题就不再像一般的随机迁移问题那样可以用通常的微分方程来描写系统的统计行为。对这类物理问题的研究,计算机模拟实验就几乎是唯一的研究方法。即使对于一些有解析方程描述的问题,由于系统的复杂性,往往用计算机模拟比数值计算更为方便。计算机模拟实验基本上不受实验条件、时间和空间的限制,这就使它具有极大的灵活性。也就是说,只要建立起理论模型,我们就能进行计算机模拟实验,即使这样的实验现象在自然界可能是不存在的,或者该实验在时间和空间上都是在实验室无法进行的。因此,通过计算机模拟实验会给物理学家带来新的物理概念,发现新的物理现象。当前计算机模拟已经成为继理论和实验研究方法外,物理学研究的第三种手段。

物理实验中的计算机控制也是十分重要的。现在几乎所有的大型实验中,它的大多数实验设备都通过接口与控制计算机相连接,并结合在线数据获取和分析程序就可以对实验装置的整个实验进程做实时控制,使物理实验可以在没有人在场的情况下自己监测设备的正常运行,自动采集和分析实验数据。

一般来说,计算机在物理实验中的数据计算大致可以分为两个部分,即计算机的在线分析和离线分析。在实验装置运行过程中由计算机实现数据获取和数据分析就称为实验的在线分析。以粒子物理实验为例,在线分析的任务包括 4 个方面:

(1) 控制系统运行。根据物理实验对物理事例的选择要求和对在线系统构成部分的管理需要,设计一定的程序逻辑,采用计算机实现对整个在线系统运行的控制。

(2) 采集实验数据。将探测器记录到的事例信息,加速器运行中的束流状态及某些仪器设备的工作状态信息采集送入计算机;计算机又以规定的格式将这些实验数据记入到计算机的外部存储设备(磁带、磁盘或光盘)中。

(3) 监视仪器状态。计算机定时或不定时地监视探测器工作状态的情况,加速器束流的流强变化等。一旦出现不正常情况,计算机将送出状态信息,通知值班人员,或自动做出预先规定好的处理。

(4) 数据在线分析。在实验进行期间,对在线系统获取的数据信息,由计算机按各种方式进行取样分析。数据分析的范围是由在线系统的分析能力决定的。在一个能力较强的系统中,数据分析还包括按一定的物理要求对事例进行判别与选择,实现粒子作用事例的图像重建。这些分析的目的是为了观察仪器设备安排和事例选择方案的实施情况,以便在实验运行期间研究和发现问题,改善实验设计。

粒子物理实验的离线分析是将实验数据送到计算中心做进一步地浓缩、过滤和理论分析工作。粒子物理的离线分析还包括对物理过程的理论模拟、探测器模拟、本底分析、理论和实验事例的分析对照等。粒子物理的离线分析又可以划分为两部分工作。一个是事例模拟;另一个是物理分析。事例模拟也就是"计算机实验",它包括对所研究过程及可能形成该过程本底的背景过程的模拟。这个模拟过程是从理论模拟产生出终态产物的各个物理参数(包括能量、动量、方向、粒子种类等)开始,再通过探测器模拟,得到格式与实验数据记录相同的模拟数据。探测器模拟包含了终态粒子通过实验装置时,在各个探测器上留下的能量和时间的数字化信息。物理分析工作主要包括事例的径迹重建、各类事例的筛选和物理参数的计算分析。分析的数据对象既包括实验数据,也包括模拟数据。上面介绍的计算机在粒子物理研究中的应用,就是属于通常称为"计算高能物理学"(computational high energy physics)的学科领域。

计算机在物理学研究中还有其他许多用途。比如,用于语言文字处理、通过计算机网络进行信息或科学数据的交流传递、计算机辅助教学等等。这里我们不再赘述。

计算物理学是计算机在自然科学的应用中发展较早的学科之一。虽然它的研究对象是物理学,但是它的研究方法还是可以推广到其他的自然科学领域,甚至包括社会科学、思维科学、决策和管理科学等社会科学领域。计算物理学研究的一些特点和优点,甚至它的一些研究成果都可以去支持这些领域的研究工作。毫无疑问,计算物理学的发展将对自然科学和社会科学领域的计算机应用研究起着极大的推动作用。

第二章 蒙特卡罗方法

计算机模拟实验在物理学研究中占着越来越重要的地位。从计算机模拟采用的方法来看，它大致可以分为两种类型。一种类型为随机模拟方法或统计试验方法，又称蒙特卡罗（Monte Carlo）方法。它是通过不断产生随机数序列来模拟过程。自然界中有的过程本身就是随机的过程，物理现象中如粒子的衰变过程、粒子在介质中的输运过程等等。当然蒙特卡罗方法也可以借助概率模型来解决不直接具有随机性的确定性问题。另一类为确定性模拟方法，它是通过数值求解一个个的粒子运动方程来模拟整个系统的行为，在统计物理中称为分子动力学（molecular dynamics）方法。关于分子动力学方法我们将在第六章中介绍。此外，近年来还发展了神经元网络方法和元胞自动机方法。我们将在第九章介绍神经元网络方法及其应用举例。

从蒙特卡罗模拟的应用来看，该类型的应用可以分为三种形式：①直接蒙特卡罗模拟。它采用随机数序列来模拟复杂随机过程的效应。②蒙特卡罗积分。这是利用随机数序列计算积分的方法。积分维数越高，该方法的积分效率就越高。③Metropolis 蒙特卡罗模拟，这种模拟是以所谓"马尔可夫"（Markov）链的形式产生系统的分布序列，该方法可以使我们能够研究经典和量子多粒子系统的问题。

蒙特卡罗方法的提出可以追溯到 19 世纪末期，但是实际上直到 20 世纪 40 年代以后，随着电子计算机的发展，该方法才得到迅速的发展和应用。在第二次世界大战中，蒙特卡罗方法首先被美国的科学家应用于原子弹的研制中。目前这一方法已经广泛运用到物理学的许多领域。甚至像系统工程、科学管理、生物遗传、社会科学等这样一些学科领域也采用了这种研究方法。这些都充分表现出这种方法完全区别于别的方法的，具有独特功能的优越性。

2.1 蒙特卡罗方法的基础知识

1. 基本思想

对求解问题本身就具有概率和统计性的情况，例如，中子在介质中的传播、核衰变过程等，我们可以使用直接蒙特卡罗模拟方法。该方法是按照实际问题所遵循的概率统计规律，用电子计算机进行直接的抽样试验，然后计算其统计参数。直接蒙特卡罗模拟法最充分体现出蒙特卡罗方法无可比拟的特殊性和优越性，因而在物理学的各种各样问题中得到广泛的应用。该方法也就是通常所说的"计算机实验"。蒙特卡罗方法也可以人为地构造出一个合适的概率模型,依照该模型进行大量的统计实验,使它的某些统计参量正好是待求问题的解。这也就是所谓的间接蒙特卡罗方法。下面我们举两个最简单的例子来说明间接蒙特卡罗方法应用的内涵。

尽管现在人们都认为:在当今的研究工作中离开了电子计算机,很难想像蒙特卡罗方法计算还能够进行。但是实际上远在计算机出现以前,蒙特卡罗方法就已经被仔细研究过了。著名的巴夫昂(Buffon)投针实验就是巴夫昂在 1777 年提出的求 π 近似值的方法。该实验方案是:在平滑桌面上画一组相距为 s 的平行线,向此桌面随意地投掷长度 $l=s$ 的细针,那么从针与平行线相交的概率就可以得到 π 的数值。

该实验方案的原理是基于数学统计理论所得到的结论,即在此实验中细针与平行线相交的概率为 $2/\pi$。这个数学统计理论的结果可以简单地计算如下:设针与平行线的垂直方向的夹角为 α,那么针在与平行线垂直的方向上投影的长度为 $l \cdot |\cos\alpha|$。对于确定的 α 夹角,细针与平行线相交的概率为投影长度与平行线间距之比,即 $\dfrac{l \cdot |\cos\alpha|}{s} = |\cos\alpha|$。由于 α 是在 $[0,\pi]$ 区间均匀分布的,所以 $|\cos\alpha|$ 的平均值为

$$\frac{1}{\pi}\int_0^\pi |\cos\alpha|\,d\alpha = \frac{2}{\pi} \tag{2.1.1}$$

假如在 N 次投针中,有 M 次和平行线相交。当 N 充分大时,相交的频数 M/N 就近似为细针与平行线相交的概率。因此,结合公式(2.1.1),我们得到

$$\pi \approx \frac{2N}{M} \tag{2.1.2}$$

然而,上述投针法得到实验结果的效率和精度都很差。我们现在来计算一下经过 n 次投针后得到 π 值的精度。设 p 为细针与平行线相交的概率($p=2/\pi$),则针与平行线相交的次数应满足二项式分布,其期望值为 np,方差应为 $np(1-p)$。因而 $2/\pi$ 值的方差为 $p(1-p)/n$,标准误差为 $\sqrt{\dfrac{p(1-p)}{n}}$。将 $p=2/\pi$ 的标准误差改写为 π 的标准误差 $2.37/\sqrt{n}$(这里我们必须先知道 π 值来计算,但也可以通过实验数据来估计 π 值)。这意味着实验所得的 π 值的不确定性的范围如下:

对 100 次投针为,0.2374;

对 10,000 次投针为,0.0237;

对 1,000,000 次投针为,0.0024。

显然用这种方法比用其他方法计算 π 值所引起的不确定范围要大得多。实际上,我们不应当采用这种方法来计算 π 值。这里我们只是将它作为蒙特卡罗方法在表

面上与随机过程无关的领域中应用的一个典型实例。

作为第二个例子,我们考虑一个简单的定积分计算

$$I = \int_0^1 f(x)\,\mathrm{d}x \qquad (2.1.3)$$

假定被积函数 $y=f(x)$ 在积分范围的值是在区间 $0 \leqslant y \leqslant 1$,如图 2.1.1 所示。这时我们可以随机地向正方形内投点,最后统计落在曲线下的点数 M,当总的掷点数 N 充分大时,M/N 就近似等于积分值 I。

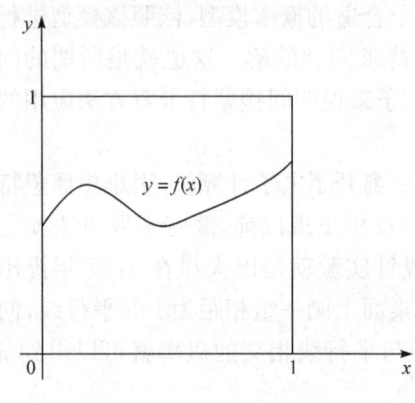

图 2.1.1 定积分计算示意图

根据这两个例子,我们可以将蒙特卡罗方法的基本思想总结如下:当问题可以抽象为某个确定的数学问题时,应当首先建立一个恰当的概率模型,即确定某个随机事件 A 或随机变量 X(如上面例子中的投针实验中,细针与平行线相交的事件,求定积分中的随机变量 f),使得待求的解等于随机事件出现的概率或随机变量的数学期望值。然后进行模拟实验,即重复多次地模拟随机事件 A 或随机变量 X。最后对随机实验结果进行统计平均,求出 A 出现的频数或 X 的平均值作为问题的近似解。这种方法也叫做间接蒙特卡罗模拟。

2. 随机变量和随机变量的分布

随机变量是一个可以取不止一个值的变量(通常在连续区间取值),并且人们可能无法事先预言它取的某一特定值。虽然这种变量的值无法预言,但其分布是可能了解的。假定我们研究连续的随机变量,由随机变量的分布可以得到它取某给定值的概率,即

$$g(u)\,\mathrm{d}u = P[u < u' < u + \mathrm{d}u] \qquad (2.1.4)$$

$g(u)$ 称为 u 的概率分布密度函数,它表示随机变量 u' 取 u 到 $u+\mathrm{d}u$ 之间值的概率。物理学家们常常用概率密度函数来表达 u' 的分布。但是,数学上有时采用分布函数更为方便。分布函数定义为

$$G(u) = \int_{-\infty}^{u} g(x)\,\mathrm{d}x \qquad (2.1.5)$$

则
$$g(u) = \mathrm{d}G(u)/\mathrm{d}u \qquad (2.1.6)$$

注意,$G(u)$ 是一个在 $[0,1]$ 区间取值的单调递增函数。通常 $g(u)$ 是归一化的分布密度函数,因而该函数对所有的 u 值范围的积分值应当为 1。

3. 随机变量的独立性

假如我们考虑两个随机变量 u' 和 v' 的分布,则必须引进这两个变量的联合分布密度函数 $h(u,v)$,此时带来的数学问题就更为复杂。但是在 $h(u,v)=p(u) \cdot q(v)$ 这种特殊情况下,u' 和 v' 是彼此独立的随机变量。对于两个以上的变量来说,随机变量独立性的概念就更复杂了。此时仅考虑两个变量之间的独立性是不够的。事实上,对所有变量有可能两两间是相互独立的,而在三个变量,甚至更多变量的组合之间却是相关的。我们举如下例子来说明:如果 r 和 s 是两个均匀分布在 $[0,1]$ 区间的相互独立的随机变量,由此我们可以构造三个新的变量

$$\begin{aligned} x &= r \\ y &= s \\ z &= (r+s) \bmod 1 \end{aligned} \quad (2.1.7)$$

此时 x,y,z 也都是均匀分布在区间 $[0,1]$ 的随机变量,并且所有的 (x,y),(y,z) 和 (x,z) 组合都是独立的(括号内任一个变量值的选取并不对括号中另一个变量的取值有影响),但是在 (x,y,z) 中,任意两个变量的值可以确定出第三个变量的值,此时它们之间存在明显的相关性。

4. 期望值、方差和协方差

一个函数 $f(u')$ 的数学期望值是定义为该函数的平均值

$$E\{f\} = \int f(u)\mathrm{d}G(u) = \int f(u)g(u)\mathrm{d}u \quad (2.1.8)$$

上式中,$G(u)$ 是独立变量 u' 的分布函数。通常 u' 是在 $[a,b]$ 区间均匀分布的随机变量,即 $\mathrm{d}G = \mathrm{d}u/(b-a)$。这时的期望值可以写为

$$E\{f\} = \frac{1}{b-a}\int_a^b f(u)\mathrm{d}u \quad (2.1.9)$$

类似地,可以定义变量 u' 的期望值为 u 的平均值

$$E\{u'\} = \int u\mathrm{d}G(u) = \int ug(u)\mathrm{d}u \quad (2.1.10)$$

一个函数或变量的方差是可以用下式来定义的

$$V\{f\} = E\{(f-E\{f\})^2\} = \int [f-E\{f\}]^2\mathrm{d}G \quad (2.1.11)$$

注意,在上式计算 f 的期望值时,需要作一次积分,而求方差时还需作一次积分。

方差的平方根叫作标准误差。由于标准误差与其真值有相同的量纲,因而它比方差更具有物理意义。但是,求标准误差时的平方根运算在数学处理时很不方便。标准误差也很容易解释为平均值的均方根误差。如果将求期望值和求方差的运算作为算符,我们可以证明出这些算符作用在随机变量的线性组合式上的一些

简单规则。假如 x 和 y 是随机变量，c 是一个常数，则
$$E\{cx+y\}=cE\{x\}+E\{y\} \tag{2.1.12}$$
$$V\{cx+y\}=c^2V\{x\}+V\{y\}+2cE\{(y-E\{y\})(x-E\{x\})\} \tag{2.1.13}$$
因而期望值算符是一个线性算符，而方差算符是非线性算符。公式(2.1.13)右边最后一项称为 x 和 y 间的协方差。如果 x 和 y 是独立随机变量，则 x 和 y 间的协方差为零。通常协方差为正值时，我们称 x 和 y 是正关联；反之，我们称 x 和 y 间是负关联。不过，我们也要注意：①即使 x 与 y 的协方差为零，我们也不能肯定 x 和 y 是否是独立变量；②尽管方差算符是非线性的，但如果 x 和 y 是独立变量，则
$$V\{x+y\}=V\{x\}+V\{y\} \tag{2.1.14}$$

5. 大数法则和中心极限定理

概率论中的大数法则和中心极限定理是蒙特卡罗方法的基础。大数法则反映了大量随机数之和的性质。如果在 $[a,b]$ 区间，以均匀的概率分布密度随机地取 n 个数 u_i，对每个 u_i 计算出函数值 $h(u_i)$，大数法则告诉我们这些函数值之和除以 n 所得的值将收敛于函数 h 在 $[a,b]$ 区间的期望值，即
$$\lim_{n\to\infty}\frac{1}{n}\sum_{i=1}^{n}h(u_i)\equiv\lim_{n\to\infty}I_n=\frac{1}{b-a}\int_a^b h(u)\mathrm{d}u\equiv I \tag{2.1.15}$$
公式(2.1.15)的左边正是公式右边积分的蒙特卡罗估计值。大数法则保证了在抽取足够多的随机样本后，计算得到的积分的蒙特卡罗估计值将收敛于该积分的正确结果。若要对收敛的程度进行研究，并做出各种误差估计，则要用到中心极限定理。

中心极限定理可以近似地告诉我们：在有足够大，但又有限的抽样数 n 的情况下，蒙特卡罗估计值是如何分布的。该定理指出，无论随机变量的分布如何，它的若干个独立随机变量抽样值之和总是满足正则分布（即高斯分布）。例如，我们有一个随机变量 η，它满足分布密度函数 $f(x)$。如果我们将 n 个满足分布密度函数 $f(x)$ 的独立随机数相加：$R_n=\eta_1+\eta_2+\cdots+\eta_n$，则 R_n 满足高斯分布。高斯分布可以由给定的期望值 μ 和方差 σ^2 完全确定下来，通常用 $N(\mu,\sigma^2)$ 来表示
$$N(\mu,\sigma^2)=\frac{1}{\sigma\sqrt{2\pi}}\exp[-(x-\mu)^2/2\sigma^2] \tag{2.1.16}$$
中心极限定理可以给出蒙特卡罗估计值的偏差。如果公式(2.1.15)右边积分的期望值为 I，公式左边用 n 次抽样的蒙特卡罗估计值为 I_n，标准误差为 σ，则当 n 充分大时，对任意的 $\lambda(\lambda>0)$，有
$$\lim_{n\to\infty}\mathrm{Prob}\left\{-\lambda\frac{\sigma(f)}{\sqrt{n}}\leqslant I_n-I<\lambda\frac{\sigma(f)}{\sqrt{n}}\right\}=\frac{1}{\sqrt{2\pi}}\int_{-\lambda}^{\lambda}\mathrm{e}^{-t^2/2}\mathrm{d}t=1-\alpha \tag{2.1.17}$$

这说明,该积分的期望值与蒙特卡罗估计值之差在范围

$$|I_n - I| < \lambda \frac{\sigma(f)}{\sqrt{n}} \tag{2.1.18}$$

内的概率为 $1-\alpha$,α 称为显著水平,$1-\alpha$ 称为置信水平。σ 为蒙特卡罗估计值的标准误差,$\sigma^2 = V\{f\}/n$。α 与 λ 的关系可以有公式(2.1.17)求得。也有专门的数学用表可查。例如,取置信水平 $1-\alpha=99\%$,可以查得 $\lambda=3$。这可以解释为:不等式 $|I_n - I| < 3\frac{\sigma}{\sqrt{n}}$ 成立的概率为 99%。同样 $1-\alpha=95\%$ 时,$\lambda=2$,其解释与上面一例相似。

从上面的分析看到,蒙特卡罗方法的误差与 σ^2 和 n 有关[见公式(2.1.18)]。为了减小误差,就应当选取最优的随机变量,使其方差最小。对同一个问题,往往会有多个可供选择的随机变量,这时就应当择优而用之。在方差固定时,增加模拟次数可以有效地减小误差。如实验次数增加 100 倍,精度提高 10 倍。当然这样做就增加了计算的机时,提高了费用。所以在考虑蒙特卡罗方法的精确度时,不能只是简单地减少方差和增加模拟次数,还要同时兼顾计算费用,即机时耗费。通常以方差和费用的乘积作为衡量方法优劣的标准。

蒙特卡罗方法精度的概念也不是通常意义下收敛于真值,而是在某一置信度,或者说某一概率意义下收敛于真值。也就是说,精度是带有随机性的,我们只能知道有多大的可能性具有某一精度,而不能确定一定具有某一精度。

2.2 随机数与伪随机数

原则上,一个随机数仅仅是指随机变量所取的某一个特定的值。但是在蒙特卡罗方法的研究中"随机"一词包含了各种其他不同的含义。人们常常采用已经确定好的数列来做蒙特卡罗研究。这些数列从统计意义上讲并不是随机的,但却具有与真正的随机数序列相似的某些特性。这些数列可以分为三种不同的类型:真随机数列、准随机数列和伪随机数列。需要指出的是:在实际应用中,有两个完全独立的术语的概念很容易引起混淆。它们是数列的随机特性和它的分布。实际上,一个完美的随机数序列可能具有某种分布(例如,均匀分布、高斯分布等),但是具有某种分布的数列却可能完全不是随机的。

1. 真随机数

真随机数数列是不可预计的,因而也不可能重复产生两个相同的真随机数数列。真随机数只能用某些随机物理过程来产生。例如,放射性衰变、电子设备的热噪音、宇宙射线的触发时间等等。如果采用随机物理过程来产生蒙特卡罗计算用

的随机数，理论上不存在什么问题。但在实际应用时，要做出速度很快（例如每秒产生上百个浮点数）而又准确的随机数物理过程产生器是非常困难的。有时甚至还要做较多的计算工作。

弗里吉雷欧(Frigerio)等在1975年做过下面所述的工作。他们用一个α粒子放射源和一个高分辨率的计数器做成的装置，在20ms时间内平均记录了24.315个α粒子。当计数为偶数时，便在磁带上记录二进制的"1"。他们还仔细地对奇数计数的概率并不精确等于1/2所引起的偏差进行了修正。这个装置每小时可以产生大约6000个31比特(bits)的真随机数。这些数被存储在磁带上，并通过了一系列的"随机数"检验后用于蒙特卡罗计算当中。

这里我们对消除偏差的技巧作些介绍。利用上面介绍的装置得到的"0"或者"1"的真随机数序列中，0和1出现的概率$p(0)$和$p(1)$可能并不精确等于1/2。我们从原始的真随机数序列出发，将序列中的二进制数依次成对组合。如果这组中的两个数相同，则舍去这两个数；如果这组中的两个数不相同，则保留第二个二进制数而丢弃第一个数。这样构成的一个新序列可以保证：在原始序列中的数是相互独立的情况下，"0"和"1"出现的概率相等。这一点可以从如下的计算中看出："0"出现在新序列中的概率为$p'(0)=p(1)p(0)$。这是因为新序列中的"0"只能在原始序列中"1"后面跟着"0"时才出现。同样"1"在新序列中出现的概率$p'(1)=p(0)p(1)$。因而无论$p(0)$和$p(1)$等于什么值，$p'(0)$和$p'(1)$都相等。由于在构成新序列时，舍去了一组数的概率为$p^2(0)+p^2(1)$，因而$p'(0)+p'(1)$不等于1，而小于或等于1/2。在这种方法中，对两个数不相同的一组数至少要丢掉一个二进制数。很明显，它的产生效率为$p(0)p(1)=p(1-p)$，其中p为$p(0)$或$p(1)$。其产生效率的最大值为25%。

我们再回顾一下前面曾叙述过的巴夫昂投针实验来说明在真随机数产生器中由于物理偏差所引起的问题。第一，在投针实验中平行线间间距必须保证为一个常数值，并在所要求的误差范围内与针长相等。如果我们仅要求π值的一至二位有效数字，这个要求是不难满足的，但是如果要求更多位的有效数字，这就比较困难了；第二，正确地判断临界状态下的针与平行线的相交也非易事；第三，我们还必须保证针的投掷位置和角度的分布是均匀分布的。为保证角度分布的均匀性，可以在投针的时候，让针迅速旋转，并采用非常平的、摩擦系数是各向同性的桌面。此外，投针位置的分布绝不是均匀分布的，而是在投掷目标点周围服从高斯分布。在实际应用中，我们必须由实验来决定这一分布宽度，并且要对它引起的偏差做类似于前面所述的由弗里吉雷欧等所做的复杂修正。

2. 准随机数

准随机数序列并不具有随机性质，仅仅是用它来处理问题时能够得到正确结果。准随机数概念是来自如下的事实：对伪随机数来说，要实现其严格数学意义上的随机性，在理论上是不可能的，在实际应用中也没有这个必要。关键是要保证"随机"数数列具有能产生出所需要的结果的必要特性。例如，在多重积分和大多数模拟研究中，多维空间的每个点或模拟事例被认为是相互独立的，而这些点或事例的顺序则似乎并不重要，因而我们可以在大多数运算中，放心地置随机性的概念于不顾。同样，我们也可以不考虑对某些分布均匀性的涨落程度。事实上在许多情况下，超均匀的分布比真随机数的均匀分布更合乎实际需要。

从严格的意义上来讲，若放弃了所有随机性的要求，采用不具有"随机"特性的数列的方法，我们已经不能再将它纳入蒙特卡罗计算的范畴了。但是如果将蒙特卡罗的概念扩大到包括准随机数序列，这样可能更恰当一些。因为准蒙特卡罗方法仍然保留了蒙特卡罗方法的一些基本的特性。例如，它可以用于非常高维空间中的计算；利用它计算多重积分时与积分重数无关，甚至对非常高维数的积分计算，其计算量增加也很少；它对函数连续性要求很强等等。事实上，准蒙特卡罗是将蒙特卡罗方法处理问题的维数向高维扩展的方法。由此可见准蒙特卡罗方法的理论与真蒙特卡罗的理论很接近。

3. 伪随机数

实际应用的随机数通常都是通过某些数学公式计算而产生的伪随机数。这样的伪随机数从数学意义上讲已经一点不是随机的了。但是，只要伪随机数能够通过随机数的一系列的统计检验，我们就可以把它当作真随机数而放心地使用。这样我们就可以很经济地、重复地产生出随机数。这里我们需要了解：对物理问题的计算机模拟所需要的伪随机数应当满足什么样的标准。理论上，我们要求伪随机数产生器具备以下特征：良好的统计分布特性，高效率的伪随机数产生，伪随机数产生的循环周期长，产生程序可移植性好和伪随机数可以重复产生。其中，满足良好的统计性质是最重要的。然而实际使用的伪随机数产生程序还没有一个是十全十美的。因此我们要求产生出的伪随机数应当能通过尽可能多的统计检验，以便人们放心的使用。我们在本章以下内容中将主要介绍伪随机数的产生和应用。这里，我们首先讨论一下在实际应用中，如何产生和检验伪随机数。

(1) 伪随机数的产生方法

伪随机数产生器产生的实际是伪随机数序列。最基本的产生器是均匀分布的伪随机数产生器。最早的伪随机数产生器可能是冯·诺伊曼平方取中法。该方法首先给出一个 $2r$ 位的数，取它的中间 r 位数码作为第一个伪随机数；然后将第一个伪随机数平方构成一个新的 $2r$ 位数，再取中间的 r 位数作为第二个伪随机数……如此循环便得到一个伪随机数序列。类似上述方法，利用十进制公式表示 $2r$ 位数 x_n 的递推公式

$$x_{n+1} = [10^{-r}x_n^2](\mod 10^{2r})$$
$$\xi_n = x_n/10^{2r}$$
(2.2.1)

这样得到的$\{\xi_i\}$伪随机数序列是分布在$[0,1]$上的。相应的二进制递推公式为(x_n为$2r$位二进制数)

$$x_{n+1} = [2^{-r}x_n^2](\mod 2^{2r})$$
$$\xi_n = x_n/2^{2r}$$
(2.2.2)

上面公式中$[x]$表示对x取整。运算$A=B(\mod M)$表示A等于B被M整除后的余数。如果选择初始数x_0适当,这种方法可以得到似乎是随机的一长串数。但是这种方法不是很好,现在已很少使用。这主要是因为该方法产生的数列具有周期性,有些数(如零)甚至会紧接着重复出现。

实际使用的伪随机数产生器常常比平方取中法简单。如今比较流行,并用得最多的是同余产生器。我们通过如下的线性同余关系式来产生数列

$$x_{n+1} = (ax_n + c)(\mod m)$$
$$\xi_n = x_n/m$$
(2.2.3)

其中,x_0称为种子,改变它的值就得到基本序列的不同区段。a,c,x_0,m为大于零的整数,分别叫作乘子、增量、初值和模。使用时需要仔细地挑选模数m和乘子a,使得产生出的伪随机数的循环周期要尽可能长。$c\neq 0$时能实现最大的周期,但是得到的伪随机数的特性不好。$c\neq 0$的这类情况称为混合同余发生器。通常选取x_0为任意非负整数,乘子a和增量c取如下形式

$$a = 4q+1, \quad c = 2p+1$$
(2.2.4)

p和q为正整数。这两种方法中的p,q,x_0,m值的选择一般是通过定性分析和计算机实验来选择,使得到的伪随机数列具有足够长的周期,而且独立性和均匀性都能通过一系列的检验。

对$c=0$的情况叫作乘同余法,由于减少了一个加法,因而可以使产生伪随机数的速度快些。这种方法产生的伪随机数递推公式为

$$x_{n+1} = ax_n(\mod m)$$
$$\xi_n = x_n/m$$
(2.2.5)

x_0,a,m也为正整数,并分别叫作初值、乘子和模。

还有许多其他的产生伪随机数的方法,例如,混沌法伪随机数产生、反馈移位寄存器(RNG)等,这里我们不再赘述。

(2) 伪随机数的统计检验

前面已经提到,伪随机数特性好坏是通过各种统计检验来确定的,这些检验包括均匀性检验、独立性检验、组合规律检验、无连贯性检验、参数检验等等[1,2]。其中,最基本的是它的均匀性和独立性的好坏检验。所谓均匀性是指在$[0,1]$区域内等长度区间的随机数分布的个数应相等。独立性是按先后顺序出现的若干个随机

数中,每一个数的出现都和它前后的各个数无关。下面就介绍这两种检验,需要指出的是:一个好的伪随机数序列除了能通过这两种主要的统计检验外,还需要能通过别的多种检验。能通过的检验越多,则该产生器就越优良可靠。

(a) 均匀性检验——频率检验

均匀性检验是所有检验中最简单的一种。它的方法很多。这里介绍 χ^2 方法。设有在区间 $[0,1]$ 上的伪随机数序列 $\{\xi_1,\xi_2,\cdots,\xi_N\}$。如果该伪随机数是均匀分布的,则将 $[0,1]$ 区间分成 k 个相等的子区间后,落在每个子区间的伪随机数个数 N_i 应当近似为 N/k。此数也称频数。它的统计误差 $\sigma_i=\sqrt{N_i}=\sqrt{N/k}$。统计量 χ^2 按定义应为

$$\chi^2 = \sum_{i=1}^{k} \frac{(N_i - N/k)^2}{N/k} = \frac{k}{N}\sum_{i=1}^{k}(N_i - N/k)^2 \qquad (2.2.6)$$

χ^2 在此问题中应服从 $\chi^2(k-1)$ 的分布。据此可以假定一个显著性水平值来进行检验。我们可以从 χ^2 表查得 $(k-1)$ 个自由度的显著水平为 α 时的 t_α 值。如果由式(2.2.6)计算出来的 χ^2 小于 t_α,则认为在 α 的显著水平下,原伪随机数在 $[0,1]$ 区间是均匀分布的假定是正确的。如果计算的得到的 χ^2 大于 t_α,则认为在 α 的显著水平下,伪随机数不满足均匀性的要求。通常取显著水平为 0.01 或 0.05。为了反映均匀性分布的特性,k 的取值不宜太小,但也不能太大。一般选取的 k 值,要能使每个子区间有若干个伪随机数时就比较合适。

(b) 独立性检验——无重复联列检验

这里我们也只介绍独立性检验的一种比较简单的方法。如果把 $[0,1]$ 上的伪随机数序列 $\{\xi_1,\xi_2,\cdots,\xi_{2N}\}$ 分成两列

$$\xi_1,\xi_3,\cdots,\xi_{2i-1},\cdots,\xi_{2N-1}$$
$$\xi_2,\xi_4,\cdots,\xi_{2i},\cdots,\xi_{2N}$$

第一列作为随机变量 x 的取值,第二列作为随机变量 y 的取值。在 x-y 平面内的单位正方形域 $[0 \leqslant x \leqslant 1, 0 \leqslant y \leqslant 1]$ 上,分别以平行于坐标轴的平行线,将正方形域分成 $k \times k$ 个相同面积的小正方形网格。落在每个网格内的随机数的频数 n_{ij} 应当近似等于 N/k^2。由此可以算出 χ^2 为

$$\chi^2 = \sum_{i,j=1}^{k} \frac{k^2}{N}\left(n_{ij} - \frac{N}{k^2}\right)^2 \qquad (2.2.7)$$

χ^2 应满足 $\chi^2((k-1)^2)$ 的分布。据此可以采用与均匀性检验的 χ^2 方法,假定出显著性水平来进行检验。我们也可以把伪随机数序列分为三列、四列、……,用与上面所述相似的方法进行多维独立性检验。

(3) 独立于计算机机型的伪随机数产生器

上面曾介绍过的伪随机数产生器是与计算机所能容纳的整数位数有关。在实际应用中,我们常常希望使用能够在各种型号的计算机上工作,并能重复产生相同

伪随机数序列的产生器。这种产生器的实现是基于如下的思想：如果要产生[0,1]区间的伪随机浮点数，可以选择精度最低的计算机作为标准精度。而对字长较长的计算机，我们用将较低的数位人为置零的方法，即在高精度的计算机上进行较低精度的运算。一般来说，这样的伪随机数产生器无论从伪随机数的重复周期和产生伪随机数的速度都不算理想，但它却可以在大多数的计算机上工作。这里我们以 CERN 程序库中的伪随机数产生子程序 RN32 为例。该程序选择 IBM 计算机的 32 位字长作为最小精度。缺省的起始整数为 65539，也可以输入"种子"作为起始整数。将起始整数（或前一个整数）乘以 69069，结果只保留较低的 31 位数，这个 31 位整数又作为下一个伪随机数的"种子"。浮点伪随机数是通过如下操作得到的：将"种子"的最后 8 位数置零，以保证浮点整数的表示；再将此结果乘以 2^{-31} 就得到伪随机浮点数。不同计算机上的 RN32 子程序的 FORTRAN 语法及浮点表示有稍许不同。下面便是在 RN32 子程序的源程序的 CDC 及 IBM 版本。这些伪随机数产生器产生的前几个数近似为：$R1=0.10791504\cdots$，$R2=0.58747506\cdots$。

```
      FUNCTION RN32(IDUMMY)
C     CDC VERSION F. JAMES,1978
C     IY IS THE SEED. CONS=2**-31
      DATA IY/65539/
      DATA CONS/16614000000000000000B/
      DATA MASK31/17777777777B/
      IY=IY*69069
C        KEEP ONLY LOWER 31 BITS
      IY=IY.AND.MASK31
C     SET LOWER 8 BITS TO ZERO TO ASSURE EXACT FLOAT.
      IY=IY.AND.07777777777777777400B
      YFL=JY
      RN32=YFL*CONS
      RETURN
C        ENTRY TO INPUT SEED
      ENTRY RN32IN
      IY=IDUMMY
      RETURN
C        ENTRY TO OUTPUT SEED
      ENTRY RN32OT
      IDUMMY=IY
      RETURN
      END
```

```
        FUNCTION RN32(DUMMY)
C       IBM VERSION, F. JAMES, 1978
C       IY IS THE SEED, CONS=2**-31
        DATA IY/65539/
        DATA CONS/Z39200000/
        IY=IY*69069
C       ASSURE LEFTMOST BIT ZERO(POSITIVE INTEGER)
        IF(IY.GT.0) GOTO 6
        IY=IY+2147483647+1
6       CONTINUE
C       SET LOWER 8 BITS TO ZERO TO ASSURE EXACT FLOAT
        JY=(IY/256)*256
        YFL=JY
        RN32=YFL*CONS
        RETURN
C       ENTRY TO INPUT SEED
        ENTRY RN32IN(IX)
        IY=IX
        RETURN
C       ENTRY TO OUTPUT SEED
        ENTRY RN32OT(IX)
        IX=IY
        RETURN
        END
```

2.3 任意分布的伪随机变量的抽样

在实际抽样问题中，[0,1]区间的均匀分布抽样是最简单方便的了。但是大多数的伪随机数变量并不满足[0,1]区间的均匀分布，而是具有各种不同形式的分布密度函数。通常对一个具有分布密度函数 $f(x)$ 的伪随机变量的抽样是通过以下步骤来进行的：首先，在[0,1]区间抽取均匀分布的伪随机数列，然后，再从这个伪随机数列中抽取一个简单子样，使这个简单子样的分布满足分布密度函数 $f(x)$，并且各个伪随机数相互独立。实际上，只要[0,1]区间上均匀分布的随机数具有好的独立性，则抽得的简单子样也一定具有和它同样好的独立性。因此，对不均匀的伪随机变量抽样的关键问题是如何从均匀分布的伪随机变量样本中，抽取符合所要求的分布密度函数的简单子样。对于不同的分布密度函数，需要采用不同的技巧。这是蒙特卡罗方法中最重要的内容之一。

在介绍各种分布的伪随机变量的抽样方法之前,我们先介绍随机变量分布的一个有用的特性,即叠加原则。该原则表述为:如果要产生分布密度函数为 $f(x)$ 的随机变量样本数列,我们可以把 $f(x)$ 变成分布概率密度函数 $h_i(x)$ 的和的形式,即

$$f(x) = \sum_i h_i(x) \tag{2.3.1}$$

并按其中的分布密度函数 $h_i(x)$ 进行抽样作为 $f(x)$ 的抽样值,决定选择哪一个 $h_i(x)$ 进行抽样的原则是根据 $\int h_i(x)\mathrm{d}x$ 的积分值作为权重随机地选择的。这就是蒙特卡罗方法的叠加原则。

在对复杂的分布密度函数的抽样时,伪随机变量抽样的叠加原则是十分有用的。例如,在粒子物理计算中,往往要计算某个粒子物理过程的反应截面。在这个量子场论计算中,需要对反映动力学机制的洛伦兹不变的矩阵元在相空间中进行积分。这个高维的积分计算往往采用蒙特卡罗方法。如果反映费曼图的矩阵元在相空间中有多个峰值结构,则可以利用叠加原则作为计算蒙特卡罗积分中的技巧,例如,采用多道蒙特卡罗抽样方法(参见 2.5 节)。

A. 离散型分布随机变量的直接抽样

对一个可以取两个值的随机变量 x,如果它以概率 p_1 取值 x_1,而以概率 p_2 取值 x_2。这时应当有 $p_2 = (1-p_1)$。明显地,我们如果取 $[0,1]$ 区间一个均匀分布随机数 ξ,若满足不等式 $\xi \leqslant p_1$,则取 $x=x_1$;如满足不等式 $\xi > p_1$,则取 $x=x_2$。如果随机变量 x 可以取三个离散值,则如果满足不等式 $\xi < p_1$,我们取 $x=x_1$;如果满足不等式 $\xi < (p_1+p_2)$,我们取 $x=x_2$;其他情况则取 $x=x_3$。一般来说,如果离散型随机变量 x 以概率 p_i 取值 $x_i (i=1,2,\cdots)$,则其分布函数为

$$F(x) = \sum_{x_i \leqslant x} p_i \tag{2.3.2}$$

其中,p_i 应满足归一化条件:$\sum_i p_i = 1$。该随机变量的直接抽样方法如下:首先,选取在 $[0,1]$ 区间上的均匀分布的随机数 ξ,然后,判断满足如下不等式

$$F(x_{j-1}) \leqslant \xi < F(x_j) \tag{2.3.3}$$

的 j 值,与 j 对应的 x_j 就是所抽子样的一个抽样值,即 $\eta = x_j$。该子样具有分布函数 $F(x_j)$。

作为采用该方法抽样的一个应用示例,我们来考虑 γ 光子与物质相互作用类型的抽样问题。我们知道 γ 光子与物质相互作用有三种类型:光电效应、康普顿效应和电子对效应。其中,光电效应和电子对效应为光子吸收过程。设三种过程的截面分别为 σ_e,σ_s 和 σ_p,则总截面为

$$\sigma_T = \sigma_e + \sigma_p + \sigma_s \tag{2.3.4}$$

选择均匀分布随机数 ξ, 若满足不等式 $\xi < \sigma_e/\sigma_T$, 则发生光电效应；若满足不等式 $\sigma_s/\sigma_T \leqslant \xi < (\sigma_e + \sigma_s)/\sigma_T$, 则发生康普顿散射；若 $\xi \geqslant (\sigma_s + \sigma_e)/\sigma_T$, 则产生电子对过程。

B. 连续分布的随机变量抽样

1. 直接抽样方法

直接抽样法又称为反函数法。设连续型随机变量 η 的分布密度函数为 $f(x)$, 在数学上它的分布函数应当为

$$F(x) = \int_{-\infty}^{x} f(x) \mathrm{d}x \tag{2.3.5}$$

假如 $F(x)$ 的反函数 $F^{-1}(x)$ 存在,并且 ξ 为在 $[0,1]$ 区间均匀分布的随机数,令 $\xi = F(\eta)$, 则求解变量 η, 得到的解 $\eta = F^{-1}(\xi)$ 即为满足分布密度函数 $f(x)$ 的一个抽样值。下面是一个简单的证明：该子样中 $\eta \leqslant x$ 的概率为

$$\begin{aligned} p\{\eta \leqslant x\} &= p\{F^{-1}(\xi) \leqslant x\} = p\{\xi \leqslant F(x)\} \\ &= \int_{-\infty}^{0} 0 \cdot \mathrm{d}x + \int_{0}^{F(x)} 1 \cdot \mathrm{d}x = F(x) \end{aligned} \tag{2.3.6}$$

这种方法的优点是使用简单,应用范围较广。但是在分布函数 $F(x)$ 不能从分布密度函数 $f(x)$ 解析求出时,或者求出的函数形式抽样太复杂的情况下,就不能采用这种方法。

例1 对指数分布的直接抽样。

解 指数分布的问题可用于描述粒子运动的自由程,粒子衰变寿命或射线与物质作用长度等许多物理问题。它的分布密度函数为

$$f(x) = \begin{cases} \lambda \mathrm{e}^{-\lambda x}, & x > 0, \lambda > 0 \\ 0, & \text{其他} \end{cases} \tag{2.3.7}$$

它的分布函数为

$$F(x) = \int_{-\infty}^{x} f(t) \mathrm{d}t = \int_{0}^{x} \lambda \mathrm{e}^{-\lambda t} \mathrm{d}t = 1 - \mathrm{e}^{-\lambda x}$$

设 ξ 是 $[0,1]$ 区间上的均匀分布的随机数,令 $\xi = F(\eta) = 1 - \mathrm{e}^{-\lambda \eta}$, 解此方程得到

$$\eta = -\frac{1}{\lambda} \ln(1-\xi)$$

注意到 $1-\xi$ 和 ξ 同样服从 $[0,1]$ 区间的均匀分布,故有

$$\eta = -\frac{1}{\lambda} \ln \xi \tag{2.3.8}$$

例2 对如下的分布密度函数抽样

$$f(x) = \left(\frac{\gamma-1}{x_0^{\gamma-1}}\right)x^{-\gamma}, \quad x_0 \leqslant x, \quad \gamma > 1 \qquad (2.3.9)$$

解 式(2.3.9)的分布密度函数的对应分布函数为

$$F(x) = \int_{x_0}^{x} f(x)\mathrm{d}x \Big/ \int_{x_0}^{+\infty} f(x)\mathrm{d}x = 1 - \left(\frac{x_0}{x}\right)^{\gamma-1}$$

在[0,1]区间上的随机抽取均匀分布的随机数 ξ，令 $\xi = F(\eta) = 1 - \left(\frac{x_0}{x}\right)^{\gamma-1}$，解此方程，并考虑到 $1-\xi$ 和 ξ 都是[0,1]区间的均匀分布的伪随机数，得到

$$\eta = x_0 \xi^{-1/(\gamma-1)} \qquad (2.3.10)$$

2. 变换抽样法

变换抽样法的基本思想是将一个比较复杂的分布的抽样，变换为已经知道的、比较简单的分布的抽样。例如，要对满足分布密度函数 $f(x)$ 的随机变量 η 抽样，如果要对它进行直接抽样是比较困难的。这时如果存在另一个随机变量 δ，它的分布密度函数为 $\phi(y)$，其抽样方法已经掌握，并且也比较简单，那么我们可以设法寻找一个适当的变换关系 $x = g(y)$。如果 $g(y)$ 的反函数存在，记为 $g^{-1}(x) = h(x)$，并且该反函数具有一阶连续导数。根据概率论的知识，这时 x 满足的分布密度函数为 $\phi(h(x)) \cdot |h'(x)|$。如果函数 $g(y)$ 选得合适，使得满足

$$f(x) = \phi(h(x)) \cdot |h'(x)| \qquad (2.3.11)$$

则首先对分布密度函数 $\phi(y)$ 抽样得到值 δ，通过变换 $\eta = g(\delta)$ 得到满足分布密度函数 $f(x)$ 的抽样值。实际上，直接抽样法是 $\phi(y)$ 为在[0,1]区间上的均匀分布密度函数的特殊情况下，$g(y) = F^{-1}(y)$ 时的变换抽样。因而它是变换抽样的特殊情况。

二维情况下的变换抽样法与一维的情况完全是类似的。假如我们要对满足联合分布密度函数 $f(x,y)$ 的随机变量 η, δ 进行抽样。如果我们已经掌握了满足联合分布密度函数 $g(u,v)$ 的随机变量 η', δ' 的抽样方法，则可以寻找一个适当的变换

$$\begin{aligned} x &= g_1(u,v) \\ y &= g_2(u,v) \end{aligned} \qquad (2.3.12)$$

g_1, g_2 函数的反函数存在，记为

$$\begin{aligned} u &= h_1(x,y) \\ v &= h_2(x,y) \end{aligned} \qquad (2.3.13)$$

该变换满足如下条件

$$g(h_1(x,y), h_2(x,y)) \cdot |J| = f(x,y)$$

上式中，$|J|$ 表示函数变换的雅可比(Jacobi)行列式

$$|J| = \begin{vmatrix} \dfrac{\partial u}{\partial x} & \dfrac{\partial u}{\partial y} \\ \dfrac{\partial v}{\partial x} & \dfrac{\partial v}{\partial y} \end{vmatrix} \qquad (2.3.14)$$

这样就可以通过变换式(2.3.12),由满足分布密度函数 $g(u,v)$ 的抽样值 η',δ' 得到待求的满足分布密度函数 $f(x,y)$ 的抽样值 η,δ。

以上的处理要求变换函数 g_1 和 g_2 的反函数 h_1 和 h_2 具有一阶的连续非零导数。将上述数学处理方法推广到多维的情况也是容易的。变换抽样的缺点是:对具体问题要找到所需要的变换关系式往往是比较困难的。下面我们以正态分布的抽样为例,来看一下变换抽样的具体应用。

设随机变量 η 满足正态分布,它的分布密度函数为

$$f(x) = \frac{1}{\sqrt{2\pi}} \frac{1}{\sigma} \exp\left\{-\frac{(x-\mu)^2}{2\sigma^2}\right\} \qquad (2.3.15)$$

通常,$f(x)$ 记为 $N(\mu,\sigma^2)$,其中 μ 和 σ^2 分别是随机变量 η 的数学期望值和方差,即

$$E\{\eta\} = \mu, \qquad V\{\eta\} = \sigma^2 \qquad (2.3.16)$$

当 $\mu=0, \sigma^2=1$ 时的分布称为标准正态分布,此时的分布密度函数为

$$f(x) = \frac{1}{\sqrt{2\pi}} \exp\{-x^2/2\} \qquad (2.3.17)$$

记为 $N(0,1)$。实际应用中我们只需考虑标准正态分布的抽样方法即可。因为假如随机变量 η 满足正态分布,随机变量 δ 满足标准正态分布,则 η 和 δ 之间满足关系式

$$\eta = \sigma\delta + \mu \qquad (2.3.18)$$

标准正态分布密度函数不能用一般函数解析积分求出分布函数 $F(x)$,因而不能直接应用从均匀分布的抽样值变换到标准正态分布的抽样值。但是可以采用一个巧妙的办法将两个独立的均匀分布的随机变量 u,v 变换为标准正态分布的随机变量 x,y。这就是作变换

$$\left.\begin{array}{l} x = \sqrt{-2\ln u}\cos(2\pi v) \\ y = \sqrt{-2\ln u}\sin(2\pi v) \end{array}\right\} \qquad (2.3.19)$$

反解式(2.3.19)得到

$$\left.\begin{array}{l} u = \exp\left\{-\dfrac{1}{2}(x^2+y^2)\right\} \equiv h_1(x,y) \\ v = \dfrac{1}{2\pi}\tan^{-1}(y/x) \equiv h_2(x,y) \end{array}\right\} \qquad (2.3.20)$$

按照概率理论,x 和 y 的联合分布密度函数为

$$f(x,y) = g(h_1(x,y), h_2(x,y)) \cdot |J| \quad (2.3.21)$$

由于 u 和 v 是独立的均匀分布的随机变量，它们的联合分布密度函数 $g(u,v)=1$。利用公式(2.3.14)，经过简单的计算，最后得到

$$f(x,y) = \frac{1}{2\pi} \exp\left\{-\frac{1}{2}(x^2+y^2)\right\} \quad (2.3.22)$$

又因为 $f(x,y)$ 可以写为

$$f(x,y) = f(x) \cdot f(y) \quad (2.3.23)$$

其中

$$f(x) = \frac{1}{\sqrt{2\pi}} \exp\{-x^2/2\} \quad (2.3.24)$$

$$f(y) = \frac{1}{\sqrt{2\pi}} \exp\{-y^2/2\} \quad (2.3.25)$$

因此从公式(2.3.19)中的任意一式给出的抽样值都满足标准正态分布。

上述正态分布的变换抽样法还可以作些改进，这就是所谓的 Maraglia 方法。其抽样过程由下面的四个步骤构成：

(a) 产生 $[0,1]$ 区间上的独立均匀分布随机数 u 和 v。

(b) 计算 $w=(2u-1)^2+(2v-1)^2$。

(c) 如果 $w>1$，回到步骤(a)；否则，执行(d)。

(d) 计算 $z=[-2\ln(w)/w]^{1/2}$，取 $x=uz, y=vz$。

正态分布在统计物理学的计算中是最重要的分布之一，也是可以用最多的方法来产生随机数的分布函数之一。上面讲述的两种正态分布的变换抽样方法，前者虽然数学上很严密，并且也容易编制程序，但是在用于产生随机数时却不够快。因为在按公式(2.3.19)作变换时，需要进行对数、开方、正弦和余弦运算，而这些运算耗费机时。后一种方法虽然多一些运算，并在第(c)步时有大约 21% 的计算耗时被浪费掉，但却不再做正弦和余弦运算，因而产生随机数的速度要快些。正态分布抽样的其他方法以下还要介绍。

3. 舍选抽样法

舍选法是冯·诺伊曼(von Neumann)为克服直接抽样和变换抽样方法的困难最早提出来的。它抽样的基本思想是按照给定的分布密度函数 $f(x)$，对均匀分布的随机数序列 $\{\xi_n\}$ 进行舍选。舍选的原则是在 $f(x)$ 大的地方，保留较多的随机数 ξ_i；在 $f(x)$ 小的地方，保留较少的随机数 ξ_i，使得到的子样中 ξ_i 的分布满足分布密度函数 $f(x)$ 的要求。这种方法对分布密度函数 $f(x)$ 在抽样范围内有界，且其上界是容易得到的情况，总是可以采用的。它使用起来十分灵活，计算也较简单，因而使用也比较广泛。但是这种方法，对 $f(x)$ 在抽样范围内函数值变化很大

的时候,效率是很低的,因为大量的均匀分布抽样点被舍弃了。由于这个原因,有时我们选择另外一些更有效的方法。下面我们对舍选法作一些介绍。

(1) 第一类舍选法

设随机变量 η 在 $[a,b]$ 上的分布密度函数为 $f(x)$,在区间 $[a,b]$ 上 $f(x)$ 的最大值存在,并等于

$$L = \max_{x\in[a,b]} f(x) = \frac{1}{\lambda} \qquad (2.3.26)$$

显然这里 $\lambda f(x)$ 在 $x\in[a,b]$ 范围内的取值在 $[0,1]$ 区间上。对这类问题采用舍选法的步骤为:

(a) 选用均匀的 $[0,1]$ 区间的随机数 ξ_1,构造出 $[a,b]$ 区间上的均匀分布的随机数 $\delta = a + (b-a)\xi_1$;

(b) 再选取独立的均匀分布于 $[0,1]$ 区间上的随机数 ξ_2,判断 $\xi_2 \leqslant \lambda f(\delta)$ 是否满足。如满足上面不等式,则执行(c);如不满足,则返回到步骤(a);

(c) 选取 $\eta = \delta$ 作为一个抽样值。

重复上面三个步骤,就可以产生出随机数序列 $\{\eta_n\}$,它满足分布密度函数 $f(x)$。如图 2.3.1 所示,舍选抽样步骤(b)的判断不等式 $\xi_2 \leqslant \lambda f(\delta)$,是为了保证随机点 $(\delta, \xi_2/\lambda)$ 落在 $f(x)$ 曲线的下面。因为 x 取值在 $[x, x+dx]$ 内的概率等于面积比

$$\frac{f(x)dx}{\int_a^b f(x)dx} = f(x)dx \qquad (2.3.27)$$

这样,上述抽样步骤得到的随机数数列是以分布密度函数 $f(x)$ 分布的。由于随机点 $(\delta, \xi_2/\lambda)$ 落在曲线 $f(x)$ 以下才被接受,并且所有产生的点都落在面积 $L(b-a)$ 的范围内,因此可以算出采用该方法的抽样效率为

$$E = \frac{\int_a^b f(x)dx}{L(b-a)} = \frac{1}{L(b-a)} \qquad (2.3.28)$$

显然我们希望效率能够越高越好。如果 L 很大[即 $f(x)$ 具有高峰],则此舍选抽样效率就不高。为了避免这一缺点,我们可以采用第二类舍选法。

例3 对随机变量 η 抽样。它的分布密度函数为

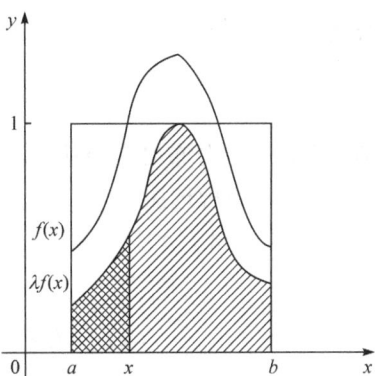

图 2.3.1 第一类舍选法抽样中的 $f(x)$ 和 $\lambda f(x)$ 图形

$$f(x) = \begin{cases} 2x, & 0 \leqslant x \leqslant 1 \\ 0, & \text{其他} \end{cases} \tag{2.3.29}$$

解 如果用直接抽样法,首先求出分布函数
$$F(x) = x^2$$
抽取在[0,1]区间上的均匀分布的随机数 ξ。令
$$\xi = x^2$$
则有
$$x = \sqrt{\xi} \tag{2.3.30}$$
x 为 η 的子样的一个个体。但是公式(2.3.30)中开方运算量较大,可改用舍选法来做
$$L \equiv \max_{x \in [0,1]} f(x) = \max_{x \in [0,1]} 2x = 2 \tag{2.3.31}$$
依照第一类舍选法步骤,可依次产生独立的[0,1]区间上的均匀分布的随机数 ξ_1,ξ_2,判断
$$\xi_2 \leqslant \frac{1}{L} f(\xi_1) = \xi_1$$
是否成立。若成立,则取 $x = \xi_1$;若上面不等式不成立,可以再产生一组 ξ_1,ξ_2 进行重复实验。但实际上,因为 ξ_1,ξ_2 本来就是任意的,如果 $\xi_2 \leqslant \xi_1$ 不成立,必有 $\xi_1 < \xi_2$。所以若 $\xi_2 \leqslant \xi_1$ 不成立,只要将 ξ_1 和 ξ_2 互换一下,这个不等式就必定成立。所以可以取
$$x = \max(\xi_1, \xi_2)$$
类似上述的抽样步骤可以推广到一般高次幂的情况。设 η 满足分布密度函数
$$f(x) = \begin{cases} nx^{n-1}, & x \in [0,1], n = 1,2,\cdots \\ 0, & \text{其他} \end{cases} \tag{2.3.32}$$
用舍选法抽样,依次产生独立的[0,1]区间上的均匀分布的随机数 $\xi_1, \xi_2, \cdots, \xi_n$,则取
$$x = \max(\xi_1, \xi_2, \cdots, \xi_n) \tag{2.3.33}$$
的随机数数列的分布必定服从公式(2.3.32)的分布。

(2) 第二类舍选法

假如 $h(x)$ 和 $f(x)$ 同是在 $x \in [0,1]$ 区域上的分布密度函数,并且 $f(x)$ 可以写为
$$f(x) = L \cdot \frac{f(x)}{Lh(x)} h(x) \equiv Lg(x)h(x) \tag{2.3.34}$$
其中,L 为常数,它要保证 $|g(x)| \leqslant 1$,即 $L = \max_{x \in [0,1]} \frac{f(x)}{h(x)} > 1$。$g(x)$ 可视为另一个随机变量的分布密度函数。对满足分布密度函数 $f(x)$ 的随机变量 η 的抽样,可以

采用如下的步骤来实现[3]：

(a) 在[0,1]区间上抽取均匀分布随机数 ξ，并由 $h(x)$ 分布密度函数抽样得到 η_h。

(b) 判别 $\xi \leqslant g(\eta_h)$ 不等式是否成立。如果不成立，则返回到步骤(a)。

(c) 选取 $\eta = \eta_h$ 作为服从分布密度函数 $f(x)$ 的一个抽样值。

这种抽样方法实质上是第三类舍选法的特殊情况。其证明留到下面讲述第三类舍选法时一并给出。从公式(3.3.34)可以看出：当 $h(x) = 1$ 时，问题则化成了第一类舍选法的情况。显然只有当 $h(x)$ 的抽样比从 $f(x)$ 的抽样简单得多时，才能表现出这种舍选法的优越性。这种方法的抽样效率为 $E = 1/L$。

例 4 采用第二类舍选抽样法来产生标准正态分布的随机抽样值。标准正态分布密度函数可以写为

$$f(x) = \frac{1}{\sqrt{2\pi}} \exp\left\{-\frac{x^2}{2}\right\}, \quad -\infty < x < +\infty \quad (2.3.35)$$

解 由于相应的分布密度函数不存在反函数，故可以采用舍选法。令

$$L \equiv \sqrt{\frac{2e}{\pi}}$$

$$h(x) \equiv e^{-x}, \quad 0 < x < +\infty$$

$$g(x) \equiv \exp\{-(x-1)^2/2\}, \quad 0 < x < +\infty \quad (2.3.36)$$

由于 $f(x)$ 是 x 的偶函数，因而可以在 $(0, +\infty)$ 区域上抽样后反射到 $(-\infty, 0)$ 区间上的抽样值。这样我们可以只考虑公式(2.3.34)和(2.3.35)中 $(0, +\infty)$ 区域的抽样。此时在对 $f(x) = Lg(x)h(x)$ 的抽样中，对 $h(x)$ 的抽样可以用直接抽样法。由 $\eta_h = -\ln\xi_1$ 算出 η_h 的值，然后产生随机数 ξ_2，判别 $\xi_2 \leqslant g(\eta_h)$ 是否成立，也即判断不等式

$$(\eta_h - 1)^2 \leqslant -2\ln\xi_2 \quad (2.3.37)$$

是否成立。如不成立，则舍弃，再重新由 $h(x)$ 直接抽样；如成立，则抽样值为 η_h。该抽样的效率为 $E = \sqrt{\frac{\pi}{2e}}$。

(3) 第三类舍选法

如果分布密度函数可以表示成积分形式

$$f(x) = L \int_{-\infty}^{h(x)} g(x,y) dy \quad (2.3.38)$$

其中，$g(x,y)$ 是二维随机向量 (x,y) 的联合分布密度函数，$h(x)$ 取值在 y 的定义域上。常数 L 定义为

$$L = 1 \Big/ \int_{-\infty}^{+\infty} \int_{-\infty}^{h(x)} g(x,y) dxdy > 1 \quad (2.3.39)$$

这时可以设计如下的舍取抽样步骤：

(a) 由联合分布密度函数 $g(x,y)$ 抽取 (η_x, η_y) 随机向量值。

(b) 判别 $\eta_y \leqslant h(\eta_x)$ 是否成立。若不成立，返回(a)。

(c) 取分布密度函数 $f(x)$ 的抽样值 $\eta = \eta_x$。

该方法的抽样效率为 $1/L$。可以证明抽取的子样中 $\eta \leqslant x$ 的概率等于在 $\eta_y \leqslant h(\eta_x)$ 条件下，$\eta_x \leqslant x$ 出现的概率。即

$$p(\eta \leqslant x) = p(\eta_x \leqslant x \mid \eta_y \leqslant h(\eta_x)) = \frac{p(\eta_x \leqslant x, \eta_y \leqslant h(\eta_x))}{p(\eta_y \leqslant h(\eta_x))}$$

$$= \frac{\int_{-\infty}^{x} dt_1 \int_{-\infty}^{h(t_1)} g(t_1, t_2) dt_2}{\int_{-\infty}^{+\infty} dt_1 \int_{-\infty}^{h(t_1)} g(t_1, t_2) dt_2} = \int_{-\infty}^{x} \left[L \int_{-\infty}^{h(t_1)} g(t_1, t_2) dt_2 \right] dt_1$$

(2.3.40)

在此，我们应用了贝斯(Bayes)定理，该定理的介绍参见附录 A 中的内容。

当 x, y 相互独立时，则有 $g(x,y) = g_1(x)g_2(y)$。由此公式(2.3.38)可以化为

$$f(x) = L g_1(x) \int_{-\infty}^{h(x)} g_2(x) dy \qquad (2.3.41)$$

若进一步假定 $0 \leqslant h(x) \leqslant 1$，并且

$$g_2(x) = \begin{cases} 1, & y \in [0,1] \\ 0, & \text{其他} \end{cases} \qquad (2.3.42)$$

则有 $f(x) = L h(x) g_1(x)$，这正好属于第二类舍选法处理的分布密度函数类型。

例 5　各向同性方位角余弦的抽样。

解　此问题可以采用直接抽样法。由 $[0,1]$ 区间上的均匀分布随机数 ξ 产生出 $[0, 2\pi]$ 的均匀分布随机数 $\delta = 2\pi\xi$，方位角余弦的抽样值为 $\eta = \cos\delta$。但是由于余弦运算量较大，可以改用第三类舍选法。

方位角余弦的分布密度函数为

$$f(x) = \begin{cases} \dfrac{1}{\pi} \dfrac{1}{\sqrt{1-x^2}}, & |x| < 1 \\ 0, & \text{其他} \end{cases} \qquad (2.3.43)$$

取独立的在 $[0,1]$ 区间上均匀分布的随机数 ξ_1 和 ξ_2，定义

$$x = \frac{\xi_1^2 - \xi_2^2}{\xi_1^2 + \xi_2^2}$$

$$y = \xi_1^2 + \xi_2^2 \qquad (2.3.44)$$

反解公式(2.3.44)所示方程得到

$$\xi_1 = \sqrt{\frac{1}{2}y(1+x)} \equiv h_1(x,y)$$

$$\xi_2 = \sqrt{\frac{1}{2}y(1-x)} \equiv h_2(x,y) \tag{2.3.45}$$

现在我们来求出(x,y)所满足的联合分布密度函数。

$$g(x,y) = f_1(h_1(x,y), h_2(x,y)) \cdot |J| \tag{2.3.46}$$

其中,f_1为ξ_1,ξ_2的联合分布密度函数。由于ξ_1和ξ_2均为区间$[0,1]$上的独立均匀分布的随机数,因而$f_1(h_1(x,y),h_2(x,y))=1$。$|J|$的计算可以用公式(2.3.14)。联合分布密度函数$g(x,y)$的计算结果为

$$g(x,y) = \begin{cases} \dfrac{1}{4\sqrt{1-x^2}}, & |x|<1, 0<y<1 \\ 0, & \text{其他} \end{cases} \tag{2.3.47}$$

利用公式(2.3.47),可以将公式(2.3.43)改写为

$$f(x) = \frac{4}{\pi}\int_{-\infty}^{1} g(x,y)\mathrm{d}y \tag{2.3.48}$$

这相当于公式(2.3.38)中$L=\dfrac{4}{\pi}$,$h(x)=1$。因此可以用如下的抽样步骤来实现:

(a) 产生$[0,1]$区间上的均匀分布的独立随机数ξ_1和ξ_2,计算$x=\dfrac{\xi_1^2-\xi_2^2}{\xi_1^2+\xi_2^2}$和$y=\xi_1^2+\xi_2^2$。

(b) 判断$y \leqslant h(x)=1$是否成立。如不成立返回(a)。

(c) 方位角余弦$\cos\phi$的抽样值$\eta = \dfrac{\xi_1^2-\xi_2^2}{\xi_1^2+\xi_2^2}$,$\sin\phi$的抽样值为$\eta' = \dfrac{2\xi_1\xi_2}{\xi_1^2+\xi_2^2}$。

这就同时求出$\sin\phi$的抽样值,但此时$\sin\phi$总是正的。这种方法的效率为$E=\dfrac{\pi}{4}\approx 0.785$,这个效率值还是比较好的。在此基础上,我们可以进一步对抽样步骤作些改进,按如下步骤进行抽样:

(a) 产生$[0,1]$区域上的独立均匀分布的随机数ξ_1和ξ_2。令$x=\xi_1$,$y=2\xi_2-1$。

(b) 判断$x^2+y^2<1$是否成立。如果不等式不成立,则返回到(a)。

(c) 取$\cos\phi$的抽样值$\eta = \dfrac{x^2-y^2}{x^2+y^2}$,$\sin\phi$的抽样值为$\eta' = \dfrac{2xy}{x^2+y^2}$。

改进后的$\sin\phi$的抽样值就可以正可以负。

4. 复合抽样法

处理具有复合分布的随机变量的抽样。所谓复合分布是指随机变量x服从

的分布与另一个随机变量 y 有关的分布。一般复合分布密度函数可以表示为

$$f(x) = \int_{-\infty}^{+\infty} g(x \mid y) h(y) \mathrm{d}y \tag{2.3.49}$$

其中,$g(x|y)$ 表示与参数 y 有关的 x 的条件分布密度函数,而 $h(y)$ 是 y 的分布密度函数。这时可以采取如下的方法来抽样:首先,由分布密度函数 $h(y)$ 抽取 y_h,然后,由 $g(x|y_h)$ 抽取 x_g 的值

$$\xi_f = x_{g(x|y_h)} \tag{2.3.50}$$

上述抽样步骤是因为

$$\begin{aligned} p(x \leqslant \xi_f < x + \mathrm{d}x) &= p(x \leqslant x_{g(x|y_h)} < x + \mathrm{d}x) \\ &= \int_{-\infty}^{+\infty} g(x \mid y) h(y) \mathrm{d}y \mathrm{d}x = f(x) \mathrm{d}x \end{aligned} \tag{2.3.51}$$

所以 ξ_f 服从分布 $f(x)$。

(1) 加分布抽样

作为复合抽样的特殊情况,在此首先介绍加分布抽样。数学上加分布的一般形式为

$$f(x) = \sum_n p_n h_n(x) \tag{2.3.52}$$

其中

$$0 < p_n < 1, \quad \sum_n p_n = 1 \tag{2.3.53}$$

这即是意味作总体分布以概率 p_n 取分布 $h_n(x)$。公式(2.3.52)明显地是公式(2.3.49)的特例。抽样的方法如下:

(a) 取[0,1]区间上均匀分布随机数 ξ,解下面的不等式求得 n

$$\sum_{i=1}^{n-1} p_i < \xi \leqslant \sum_{i=1}^{n} p_i \tag{2.3.54}$$

(b) 找到对应的 $h_n(x)$,并对其抽样,得到最后的抽样值 $\eta = \eta_{h_n}$。

这样的抽样步骤实际上是本节开始时介绍的叠加原则的应用。

例6 球壳均匀分布的抽样。设球壳内外半径分别为 R_0 和 R_1,球壳内一点到球心距离为 r,则 r 的分布密度函数为

$$f(r) = \frac{3r^2}{R_1^3 - R_0^3}, \quad R_0 \leqslant r \leqslant R_1 \tag{2.3.55}$$

解 用直接抽样法,取[0,1]区间上的均匀分布随机数 ξ,则 $\eta = [(R_1^3 - R_0^3)\xi + R_0^3]^{1/3}$ 的取值就是以 $f(r)$ 分布的一个抽样值。

为了避免用运算量较大的开方运算,可以改用复合抽样。令

$$r = (R_1 - R_0)x + R_0, \quad \lambda = R_1^2 + R_1 R_0 + R_0^2$$

则公式(2.3.55)可以化为

$$f(x) = \frac{(R_1-R_0)^2}{\lambda}3x^2 + \frac{3R_0(R_1-R_0)}{\lambda}2x + \frac{3R_0^2}{\lambda} \cdot 1 \quad (2.3.56)$$

图 2.3.2 为对该问题抽样的程序框图。

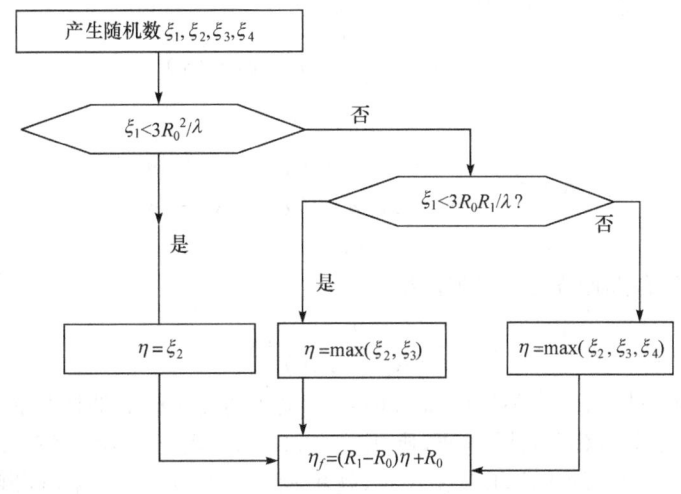

图 2.3.2 球壳均匀分布的抽样图

(2) 减分布抽样

此类抽样的分布密度函数为

$$f(x) = A_1 g_1(x) - A_2 g_2(x) \quad (2.3.57)$$

x 定义在区域 $[a,b]$ 上，A_1 和 A_2 为非负实数。令 m 为 $g_2(x)/g_1(x)$ 的下界，即

$$m = \min_{x \in [a,b]} \frac{g_2(x)}{g_1(x)} \quad (2.3.58)$$

则

$$0 < f(x) = g_1(x)\left[A_1 - A_2 \frac{g_2(x)}{g_1(x)}\right] \leqslant g_1(x)(A_1 - A_2 m) \quad (2.3.59)$$

因为 $A_1 - A_2 m > 0$，所以

$$0 < \frac{f(x)}{(A_1 - A_2 m)g_1(x)} \leqslant 1 \quad (2.3.60)$$

令

$$h_1(x) = \frac{f(x)}{(A_1 - A_2 m)g_1(x)} = \frac{A_1}{A_1 - A_2 m} - \frac{A_2}{A_1 - A_2 m}\frac{g_2(x)}{g_1(x)} \quad (2.3.61)$$

则 $f(x)$ 可以写为

$$f(x) = (A_1 - A_2 m)h_1(x)g_1(x) \quad (2.3.62)$$

由公式(2.3.61)和不等式(2.3.60)，我们可以知道 $0 < h_1(x) \leqslant 1$。因而按第二类

舍选法抽样即可。抽样效率为

$$E_1 = \frac{1}{(A_1 - A_2 m)} \tag{2.3.63}$$

类似上述方法,我们可以将 $f(x)$ 写为

$$f(x) = \frac{A_1 - A_2 m}{m} h_2(x) g_2(x) \tag{2.3.64}$$

其中

$$h_2(x) = \frac{A_1 m}{A_1 - A_2 m} \frac{g_1(x)}{g_2(x)} - \frac{A_2 m}{A_1 - A_2 m} \tag{2.3.65}$$

$$0 < h_2(x) \leqslant 1 \tag{2.3.66}$$

同样按第二类舍选抽样法,其效率为

$$E_2 = \frac{m}{(A_1 - A_2 m)} = m E_1 \tag{2.3.67}$$

改写 $f(x)$ 为公式(2.3.62)或者(2.3.64),取决于对 $g_1(x)$ 的抽样是否比对 $g_2(x)$ 抽样方便。如对 $g_1(x)$ 抽样方便,则用式(2.3.62);反之则用式(2.3.64)。当对 $g_1(x)$ 和 $g_2(x)$ 抽样的难度相差无几时,就根据 $m > 1$ 或 $m < 1$ 来判断哪一种方式抽样的效率高,最后采用效率高的抽样密度函数表示。

(3) 乘加分布抽样

此类分布密度函数形式为

$$f(x) = \sum_n H_n(x) g_n(x), \quad x \in [a, b] \tag{2.3.68}$$

其中,$H_n(x) \geqslant 0$。为简单计,下面我们只考虑两项($n=2$)的情况。对更多项($n>2$)情况的一般表示可以以此作推广。

设 η 的分布密度函数为

$$f(x) = H_1(x) g_1(x) + H_2(x) g_2(x) \tag{2.3.69}$$

如果令

$$p_1 = \int_a^b H_1(x) g_1(x) \mathrm{d}x, \quad p_2 = \int_a^b H_2(x) g_2(x) \mathrm{d}x \tag{2.3.70}$$

则必有 $p_1 + p_2 = 1$。这样我们可以改写 $f(x)$ 为

$$f(x) = p_1 \frac{H_1(x)}{p_1} g_1(x) + p_2 \frac{H_2(x)}{p_2} g_2(x) = p_1 g'_1(x) + p_2 g'_2(x) \tag{2.3.71}$$

上式所表示的分布密度函数形式就可以采用加分布抽样法。

我们也可以采用另一种方式,将公式(2.3.69)改写为

$$f(x) = (M_1 + M_2) \left\{ \frac{M_1}{M_1 + M_2} \frac{H_1(x)}{M_1} g_1(x) + \frac{M_2}{M_1 + M_2} \frac{H_2(x)}{M_2} g_2(x) \right\} \tag{2.3.72}$$

其中，M_1 和 M_2 分别是 $H_1(x)$ 和 $H_2(x)$ 在区域 $[a,b]$ 上的上界。令

$$p_1 = \frac{M_1}{M_1 + M_2}, \quad p_2 = \frac{M_2}{M_1 + M_2} \tag{2.3.73}$$

$$L_1 = L_2 = M_1 + M_2, \quad H_1(x) = M_1 h_1(x), \quad H_2(x) = M_2 h_2(x) \tag{2.3.74}$$

则

$$f(x) = p_1 [L_1 h_1(x) g_1(x)] + p_2 [L_2 h_2(x) g_2(x)] \tag{2.3.75}$$

这样的分布密度函数形式就可以采用加分布抽样和第二类舍选法抽样。这种处理方法的效率不如前一种方法高，但省掉了公式(2.3.70)的积分计算。

(4) 乘减分布抽样

设分布密度函数 $f(x)$ 的形式为

$$f(x) = H_1(x) g_1(x) - H_2(x) g_2(x), \quad x \in [a,b] \tag{2.3.76}$$

令

$$m = \min_{x \in [a,b]} \frac{H_2(x) g_2(x)}{H_1(x) g_1(x)}, \quad M_1 = \max_{x \in [a,b]} H_1(x) \tag{2.3.77}$$

则有如下的关系

$$0 < f(x) = H_1(x) g_1(x) \left[1 - \frac{H_2(x) g_2(x)}{H_1(x) g_1(x)}\right] \leqslant H_1(x) g_1(x)(1-m)$$

$$\leqslant M_1(1-m) g_1(x) \tag{2.3.78}$$

再令

$$h_1(x) = \frac{1}{M_1(1-m)} \left[H_1(x) - \frac{H_2(x) g_2(x)}{g_1(x)}\right] \tag{2.3.79}$$

则

$$f(x) = M_1(1-m) h_1(x) g_1(x) \tag{2.3.80}$$

由公式(2.3.78)及(2.3.79)，可以知道 $0 < h_1(x) \leqslant 1$，因而实际上对式(2.3.80)的抽样可以采用第二类舍选抽样法。采用如上类似的方法，不难也将分布密度函数 $f(x)$ 改写为

$$f(x) = M_2 \frac{1-m}{m} h_2(x) g_2(x) \tag{2.3.81}$$

其中，M_2 为 $H_2(x)$ 在 $[a,b]$ 区间的上界。且

$$h_2(x) = \frac{m}{M_2(1-m)} \left[\frac{H_1(x) g_1(x)}{g_2(x)} - H_2(x)\right] \tag{2.3.82}$$

$h_2(x)$ 在 $[a,b]$ 区间上满足 $0 < h_2(x) \leqslant 1$。对公式(2.3.81)的抽样方法与前面对式(2.3.80)的抽样方法相同。

5. 特殊的抽样方法

由于实际上处理的抽样分布往往是多种多样的，有的分布是从实验测量得到，

却无法用数学公式解析地表示出来。即使有时能解析地给出分布函数形式,但是用上面介绍的方法也可能很难实现抽样;或者原则上可以实现用解析的形式给出分布函数,但抽样时的计算量很大或效率很低。因而针对具体的问题,有时采用近似抽样方法是十分必要的。当然如果实验测量或理论计算得到的近似分布密度函数在抽样范围内是有界的,我们总是可以采用舍选法。但是这种方法对分布密度函数在抽样范围内起伏比较大时,其抽样效率很低。对这种分布进行抽样的最好办法是采用 2.4 节中介绍的技巧之一来进行。这里我们只介绍部分近似抽样方法。

(1) 对由直方图给出的分布的抽样

一维直方图给出的分布反映了某一随机变量出现的频数。它实际上是以图形形式给出随机变量在各道上的分布密度函数 $f(x)$ 和分布函数 $F(x)$ 的值。如果随机变量在第 j 道内的频数为 n_j,则到该道的累积分布数为 $\sum_{i=1}^{j} n_i$,再假定抽样范围是从 1 道到 N 道,则在第 j 道上的分布函数值为

$$F(x_j) = \sum_{i=1}^{j} n_i \Big/ \sum_{i=1}^{N} n_i \qquad (2.3.83)$$

它的抽样可以采用阶梯近似法,即抽取均匀分布随机数 ξ,找出满足不等式

$$F(x_{i-1}) \leqslant \xi < F(x_i) \qquad (2.3.84)$$

的 i 值,把对应的 x_i 值作为抽样值,即取 $\eta = x_i$。这种做法实际上就是用若干个前后相接的阶梯性函数值来近似 $F(x)$。

进一步做细致的考虑时,我们可以用线性插值法求出抽样值。从不等式 (2.3.84) 决定出的 i, x_{i-1} 和 x_i 的值,求出

$$x'_i = x_{i-1} + \frac{\xi - F(x_{i-1})}{F(x_i) - F(x_{i-1})}(x_i - x_{i-1}) \qquad (2.3.85)$$

取 $\eta = x'_i$ 作为抽样值。

上述方法由于需要逐道地计算累计分布数 $F(x_i)$,来判断与随机数 ξ 值对应的满足不等式 (2.3.84) 的 x_i 值,因而效率很低。吉姆斯 (F. James) 提出的折半查找法是以计算最靠近 ξ 的 $F(x_{i-1})$ 和 $F(x_i)$ 的值,并求出线性插值来作为抽样值,这种方法可以提高抽样效率。CERN 程序库中的 HISRAN 子程序就是采用的这种方法。使用该子程序的方法如下:

```
DIMENSION Y(NBINS)
    ⋮
CALL HISPRE(Y,NBINS)
    ⋮
CALL HISRAN(Y,NBINS,XLO,XWID,XRAN)
    ⋮
```

说明：

　　Y(NBINS)：一维数组、输入参数、存放所需抽样分布的直方图中各道内的数量。

　　NBINS：总的道数。

　　XLO：第一个道的下界。

　　XWID：道宽。

　　XRAN：由该子程序输出的随机数。

(2) 对由经验公式给出分布的抽样

当随机变量样本的一维分布密度函数是由平滑的经验公式 $f(x)$ 给出时，常用的技巧是采用如下方法：首先，将抽样区间划分为若干等份的子区间；然后，在各个子区间内对分布密度函数积分；再计算出对应于各个区间的分布函数值，即 $F(j) = \sum_{i=1}^{j} \int_{x_{i-1}}^{x_i} f(x) \mathrm{d}x$ ；最后，再采用与由直方图分布抽样中使用的相同办法来求出抽样值。这种方法在求对应于各子区间的一组分布函数值时比较耗时，但依据这些数产生随机数时却相当快。CERN 程序库中吉姆斯的 FUNRAN 子程序中便采用了这种方法。它将抽样区间分成 100 个等分的子区间，在计算分布函数值时采用了梯形和高斯积分相结合的运算方法，并用四点多项式插值来计算出抽样值。该程序的使用方法如下：

```
DIMENSION FSPACE(100)
EXTERNAL FUNC
XLOW=
XHIGH=
    ⋮
CALL FUNPRE(FUNC,FSPACE,XLOW,XHIGH)
    ⋮
CALL FUNRAN(FSPACE,XRAN)
    ⋮
```

说明：

　　FUNC：外部函数名。为抽样密度函数。与之相对应，在用户程序中应有
　　　　　子程序 FUNCTION FUNC(X).

　　XLOW：输入值，实型数，抽样范围下界。

　　XHIGH：输入值，实型数，抽样范围上界。

　　XRAN：输出值，按分布密度函数 FUNC(X) 分布的抽样值。

(3) 反函数近似

设随机变量 η 以分布函数 $F(x)$ 分布。采用直接抽样法，取 $\eta = F^{-1}(\xi)$，则可以从均匀分布的随机变量抽样值 ξ 得到随机变量 η 的抽样值。但是在实际抽样

中，往往反函数 $F^{-1}(y)$ 的解析形式求不出来，因而就用近似计算方法求得 $F^{-1}(y) \approx Q(y)$，以 $Q(y)$ 作为 η 的抽样近似值。这就是反函数近似。假如 $F^{-1}(y)$ 具有如下性质：$y \in [0,1]$，$\lim_{y \to 0} F^{-1}(y) = -\infty$ 和 $\lim_{y \to 1} F^{-1}(y) \approx +\infty$，此时，可以利用最小二乘法拟合曲线 $F^{-1}(y)$ 的函数。例如，我们取

$$F^{-1}(y) \approx Q(y) = a + by + cy^2 + \alpha(1-y)^2 \ln y + \beta y^2 \ln(1-y) \tag{2.3.86}$$

这样的近似取法对相当广泛的分布函数抽样是可行的。其中，系数 α, β, a, b, c 是待定参数。当然 $Q(y)$ 也可以取其他数学表示形式，如帕迪(Pade)近似。

以标准正态分布 $N(0,1)$ 为例，这种分布密度函数的分布函数 $F(x)$ 的解析形式是无法用一般函数求出。因而采用直接抽样法进行抽样时，$F^{-1}(y)$ 难以解析求出。但是我们可以采用近似抽样法。利用分布函数定义的公式，我们有

$$y = \int_{-\infty}^{F^{-1}(y)} \frac{1}{\sqrt{2\pi}} e^{-\frac{x^2}{2}} dx \approx \int_{-\infty}^{Q(y)} \frac{1}{\sqrt{2\pi}} e^{-\frac{x^2}{2}} dx \tag{2.3.87}$$

取点 $y_k = \frac{k}{200}$，$(k=1,2,\cdots,199)$，即将 $[0,1]$ 区间分成 200 等分，取区间内有 199 个点，得到

$$y_k = \int_{-\infty}^{Q(y_k)} \frac{1}{\sqrt{2\pi}} e^{-\frac{x^2}{2}} dx, \quad (k=1,2,\cdots,199) \tag{2.3.88}$$

利用(2.3.88)公式计算出对应 y_k 的 $Q(y_k)$ 数值，然后采用逐步回归法计算出公式(2.3.86)中的各个系数为

$$a = -0.8268, \quad b = 1.6736, \quad c = 0$$
$$\alpha = 0.3315, \quad \beta = -0.3315 \tag{2.3.89}$$

(4) 近似修正抽样

对于任意已知的分布密度函数 $f(x)$，若 $f_1(x)$ 是 $f(x)$ 的一个近似分布密度函数，并且以 $f_1(x)$ 分布的抽样简单，运算量也小，则可以令

$$m = \min_{f_1(x) \neq 0} \frac{f(x)}{f_1(x)} \tag{2.3.90}$$

使分布密度函数可以表示成乘加分布抽样的分布形式

$$f(x) = mf_1(x) + H_2(x) f_2(x) \tag{2.3.91}$$

其中，$H_2(x) f_2(x)$ 是对近似 $f(x) \approx mf_1(x)$ 的一个修正，即

$$H_2(x) f_2(x) = f(x) - mf_1(x) \tag{2.3.92}$$

令 $M_2 = \max H_2(x)$，将公式(2.3.91)的形式与乘加分布的公式(2.3.69)比较，可以看到这里有 $H_1(x) = m$。这样我们就可以采用图 2.3.3 的抽样框图来抽样。

如果近似分布密度函数 $f_1(x)$ 取得好，m 接近于 1，则大部分抽样值可能直接用 η_{f_1} 来代替 η，而只有少量的取 η_{f_2} 抽样值。实际上式(2.3.91)右边第二项只是

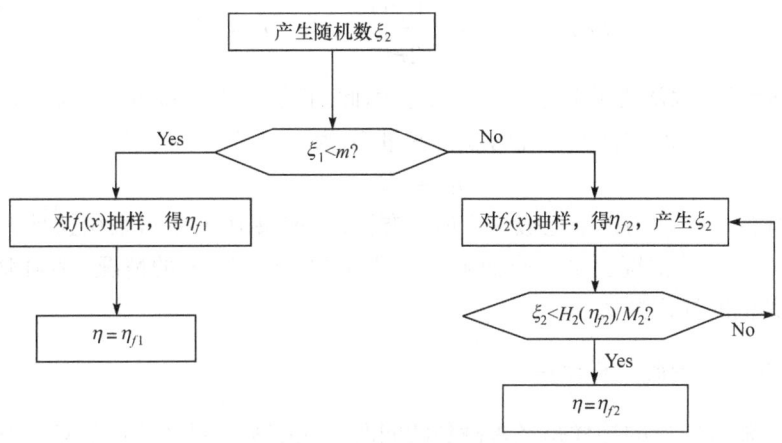

图 2.3.3 近似修正抽样框图

对近似分布密度函数 $f_1(x)$ 的修正。这种方法在 $f(x)$ 的函数形式比较复杂时,使用是很方便的。

(5) 极限近似法

在 2.1 节中介绍的中心极限定理可以用来产生具有正态分布的随机变量抽样。它利用任意分布的随机数的和来产生正态分布的抽样值。假如 $\xi_1, \xi_2, \cdots, \xi_n$ 是在 $[0,1]$ 区间上 n 个均匀分布的独立随机变量的抽样样本。它的平均值为 $1/2$,方差为 $1/12$。事实上,我们有

$$E\{\xi\} = \int_{-\infty}^{+\infty} x \cdot f(x) \mathrm{d}x = \int_0^1 x \cdot 1 \, \mathrm{d}x = \frac{1}{2}$$

$$V\{\xi\} = E\{\xi^2\} - [E\{\xi\}]^2 = \int_0^1 x^2 \cdot f(x) \mathrm{d}x - \left(\frac{1}{2}\right)^2 = \frac{1}{12}$$

设 $R_n = \xi_1 + \xi_2 + \cdots + \xi_n$,则

$$E\{R_n\} = \int_{-\infty}^{+\infty} nx \cdot f(x) \mathrm{d}x = \int_0^1 nx \cdot 1 \, \mathrm{d}x = \frac{n}{2}$$

$$V\{R_n\} = E\{R_n^2\} - [E\{R_n\}]^2 = \frac{n^2}{12}$$

根据中心极限定理,引入新的随机变量 δ_n

$$\delta_n = \frac{R_n - \dfrac{n}{2}}{\sqrt{\dfrac{n}{12}}}$$

则

$$\lim_{n\to\infty} p(\delta_n \leqslant x) = \frac{1}{\sqrt{2\pi}} \int_{-\infty}^{x} e^{-t^2/2} dt = N(0,1)$$

通常取 $n=12$，就认为 n 趋于无穷大了。因此，我们可以直接用 δ_n（当 $n \gg 1$ 时）作为标准正态分布的抽样值。此时随机变量 δ_{12} 为

$$\delta_{12} = R_{12} - 6$$

这种抽样的方法称为极限近似法。但是要注意，如果取 $n=12$，采用这种方法抽样时，则 $|x|>6$ 的情况已经完全忽略。若要考虑 $|x|<6$ 处的情况，必须取 $n>12$ 或改用其他的抽样办法。

6. 多维随机向量的抽样方法

多维随机向量的抽样是经常碰到的问题。如随机向量各分量是互相独立的时候，问题可以化为对各个分量分别进行独立抽样，因而能够应用前面讲述过的各种方法。但是在一般情况下，各个分量是互相关联的，这就使问题变得很复杂。下面给出这种情况下的几种抽样方法。

(1) 舍选法

设随机向量变量 $\boldsymbol{\eta}$ 的各分量为 $\eta_1, \eta_2, \cdots, \eta_n$

$$\boldsymbol{\eta} = (\eta_1, \eta_2, \eta_3, \cdots, \eta_n)^{\mathrm{T}} \tag{2.3.93}$$

它的联合分布密度函数为 $f(x_1, x_2, \cdots, x_n)$，抽样范围在平行多面体

$$\{a_1 \leqslant x_1 \leqslant b_1, a_2 \leqslant x_2 \leqslant b_2, \cdots, a_n \leqslant x_n \leqslant b_n\}$$

内。令在该范围内

$$L = \max f(x_1, x_2, \cdots, x_n) < +\infty \tag{2.3.94}$$

我们将一维舍选法推广到这里，得到 n 维舍选法的做法如下：首先产生 $n+1$ 个 $[0,1]$ 上的均匀分布随机数 $\xi_1, \xi_2, \cdots, \xi_{n+1}$，然后判断如下不等式

$$\xi_{n+1} < \frac{1}{L} f[(b_1-a_1)\xi_1 + a_1, (b_2-a_2)\xi_2 + a_2, \cdots, (b_n-a_n)\xi_n + a_n] \tag{2.3.95}$$

是否成立。若不等式成立，则得到 $\boldsymbol{\eta}$ 的一个抽样值，该向量的各个分量值为

$$\eta_i = (b_i - a_i)\xi_i + a_i, \quad (i=1,2,\cdots,n) \tag{2.3.96}$$

若不等式(2.3.95)不成立，再重新产生 $n+1$ 个随机数 ξ_i，重复上面的步骤，直至该不等式成立。这种方法的效率为

$$E = \frac{1}{L \prod_{i=1}^{n}(b_i - a_i)} \tag{2.3.97}$$

显然这个抽样效率较低，而且 L 的计算也很困难。这就在很多情况下限制了它的使用。

(2) 条件密度法

以二维随机向量为例,介绍一下条件密度函数的概念。设 $\boldsymbol{\eta}=(\eta_1,\eta_2)^{\mathrm{T}}$ 的联合密度函数为 $f(x_1,x_2)$,若在某一特定的点 x_1 处

$$\int_{-\infty}^{+\infty} f(x_1,x_2)\mathrm{d}x_2 > 0$$

则定义

$$f(x_2 \mid x_1) = f(x_1,x_2) \Big/ \int_{-\infty}^{+\infty} f(x_1,x_2)\mathrm{d}x_2 \tag{2.3.98}$$

其中,$f(x_2|x_1)$ 称为在 $\eta_1=x_1$ 条件下,η_2 的条件分布密度函数。这时可以将 $f(x_1,x_2)$ 表示成

$$f(x_1,x_2) = f(x_2 \mid x_1) \cdot \int_{-\infty}^{+\infty} f(x_1,x_2)\mathrm{d}x_2 \tag{2.3.99}$$

用类似的方法可以将三维随机向量的联合分布密度函数写为

$$f(x_1,x_2,x_3) = f_1(x_1) \cdot f_2(x_2 \mid x_1) \cdot f_3(x_3 \mid x_1,x_2) \tag{2.3.100}$$

上面公式中

$$\left.\begin{aligned} f_1(x_1) &= \int_{-\infty}^{+\infty}\int_{-\infty}^{+\infty} f(x_1,x_2,x_3)\mathrm{d}x_2\mathrm{d}x_3 \\ f_2(x_2 \mid x_1) &= \int_{-\infty}^{+\infty} f(x_1,x_2,x_3)\mathrm{d}x_3 / f_1(x_1) \\ f_3(x_3 \mid x_1,x_2) &= f(x_1,x_2,x_3)/[f_1(x_1) \cdot f_2(x_2 \mid x_1)] \end{aligned}\right\} \tag{2.3.101}$$

进一步推广到 n 维随机向量也是容易的

$$\begin{aligned}f(x_1,x_2,\cdots,x_n) &= f_1(x_1) \cdot f_2(x_2 \mid x_1) \cdot f_3(x_3 \mid x_1,x_2) \\ &\quad \cdots f_n(x_n \mid x_1,x_2,\cdots,x_{n-1})\end{aligned} \tag{2.3.102}$$

若能将 n 维随机向量的联合分布密度函数表示为式(2.3.102)的形式,实现抽样就可以用如下步骤来实现:

(1) 由 $f_1(x_1)$ 为分布密度函数产生 η_1 的抽样值 $\eta_1=x_1$。

(2) 在 $\eta_1=x_1$ 的条件下,由分布密度函数 $f_2(x_2|x_1)$ 抽取 $\eta_2=x_2$。

(3) 在 $\eta_1=x_1,\eta_2=x_2$ 的条件下,由分布密度函数 $f_3(x_3|x_1,x_2)$ 抽取 $\eta_3=x_3$。

$\vdots$

(n) 在 $\eta_1=x_1,\eta_2=x_2,\cdots,\eta_{n-1}=x_{n-1}$ 的条件下,由分布密度函数 $f_n(x_n|x_1,x_2,\cdots,x_{n-1})$ 抽取 $\eta_n=x_n$。

最后就得到了 $\boldsymbol{\eta}=(\eta_1,\eta_2,\eta_3,\cdots,\eta_n)^{\mathrm{T}}$ 的抽样值 $(x_1,x_2,x_3,\cdots,x_n)^{\mathrm{T}}$。

例7 中子入射角 (φ,θ) 服从联合分布密度函数

$$\begin{cases} f(\varphi,\theta) = \dfrac{1}{\alpha}(1+\sqrt{3}\sin\varphi\sin\theta)\sin\varphi\sin^2\theta \\ \pi/2 > \varphi \geq 0, \quad 0 \leq \theta \leq \pi/2, \quad \alpha=(3+2\sqrt{3})\pi/12 \end{cases} \tag{2.3.103}$$

α 为归一化常数,现要求对其余弦 $\eta=\cos\varphi,\delta=\cos\theta$ 做抽样。

解 容易证明对上式进行变量代换后,η 和 δ 联合分布密度函数为

$$f(x,y) = \frac{12}{(3+2\sqrt{3})\pi} \sqrt{1-y^2}\left[1+\sqrt{3}\sqrt{(1-x^2)(1-y^2)}\right]$$

(2.3.104)

取

$$f_1(x) = \frac{12}{(3+2\sqrt{3})\pi}\left[\frac{\pi}{4}+\frac{2\sqrt{3}}{3}\sqrt{1-x^2}\right]$$

$$f_2(y\mid x) = \frac{1}{\frac{\pi}{4}+\frac{2\sqrt{3}}{3}\sqrt{1-x^2}} \sqrt{1-y^2}(1+\sqrt{3}\sqrt{(1-x^2)(1-y^2)})$$

(2.3.105)

则 $f(x,y)=f_1(x)f_2(y\mid x)$。我们先对 $f_1(x)$ 抽样,将其化为

$$\begin{cases} f_1(x) = p_1 + p_2 \cdot \dfrac{4}{\pi}\sqrt{1-x^2} \\ p_1 = \dfrac{3}{3+2\sqrt{3}}, \qquad p_2 = \dfrac{2\sqrt{3}}{3+2\sqrt{3}} \end{cases}$$

用前面介绍过的加分布抽样,可以得到它的抽样框图(见图 2.3.4)。抽出 $\eta=\xi_2$ 后,再对 $f_2(y\mid\xi_2)$ 抽取 δ 值。这时同样可以使用加分布抽样法。其抽样框图见图 2.3.5。

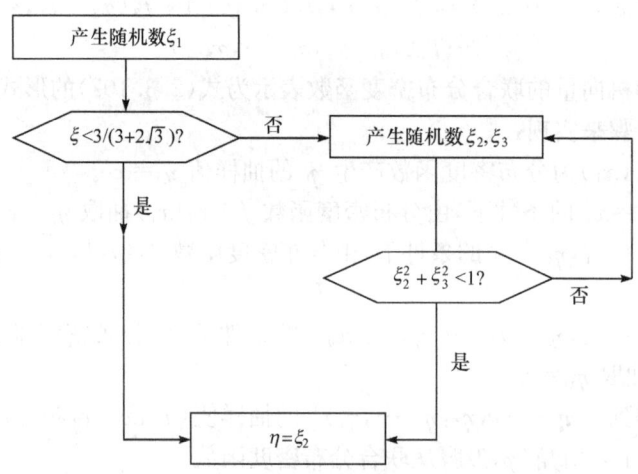

图 2.3.4 中子入射方位角余弦($\cos\varphi$)的抽样框图

(3) n 维正态分布随机向量的抽样

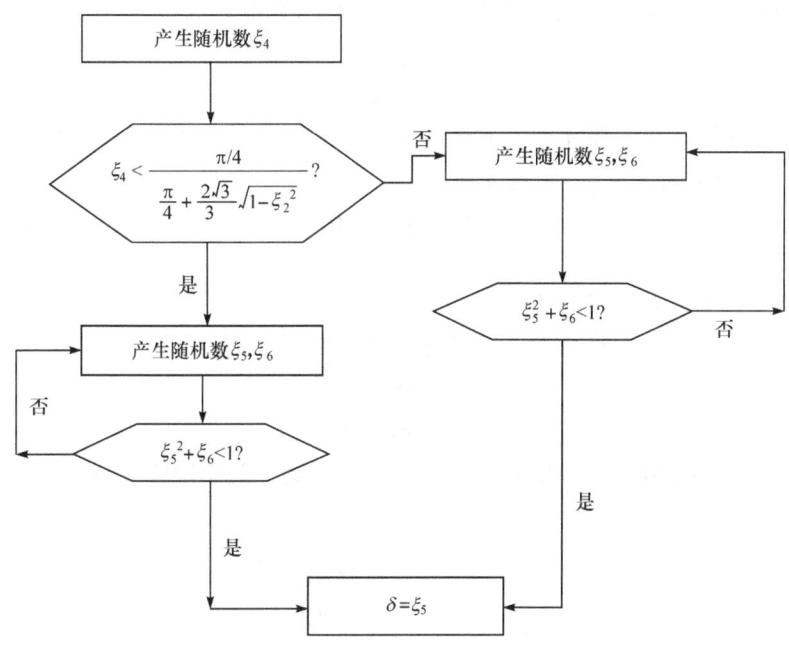

图 2.3.5 中子入射极角余弦的抽样框图

当 n 维随机向量 $\boldsymbol{\eta}=(\eta_1,\eta_2,\eta_3,\cdots,\eta_n)^{\mathrm{T}}$ 服从如下标准正态分布时

$$f(x_1,x_2,\cdots,x_n)=\frac{1}{\sqrt{2\pi}}\exp\{-x_1^2/2\}\cdot\frac{1}{\sqrt{2\pi}}\exp\{-x_2^2/2\}\cdots\frac{1}{\sqrt{2\pi}}\exp\{-x_n^2/2\}$$

(2.3.106)

各分量是互相独立的。我们可以用一维变量正态分布的抽样法,对各分量分别抽取 η_{x_i},构成总体抽样值 $\boldsymbol{\eta}_x=(\eta_{x_1},\eta_{x_2},\eta_{x_3},\cdots,\eta_{x_n})^{\mathrm{T}}$。

对 n 维正态分布的抽样可以在对 n 维标准正态分布抽样的基础上进行。如果 n 维随机向量 $\boldsymbol{\eta}$ 服从的联合分布密度函数可以表示为如下的正态分布形式

$$f(x_1,x_2,\cdots,x_n)=(2\pi)^{-\frac{n}{2}}\cdot|M|^{-\frac{1}{2}}\cdot\exp\left\{-\frac{1}{2}(\boldsymbol{\chi}-\boldsymbol{\mu})^{\mathrm{T}}M^{-1}(\boldsymbol{\chi}-\boldsymbol{\mu})\right\}$$

(2.3.107)

其中

$$\boldsymbol{\chi}=(x_1,x_2,\cdots,x_n)^{\mathrm{T}}$$
$$\boldsymbol{\mu}=(\mu_1,\mu_2,\cdots,\mu_n)^{\mathrm{T}}$$

$\boldsymbol{\mu}=E\{\boldsymbol{\eta}\}$,即 $\boldsymbol{\mu}$ 为 $\boldsymbol{\eta}$ 的期望值。M 称为 $\boldsymbol{\eta}$ 的协方差矩阵,它是正定对称的 n 阶方阵,其矩阵元 σ_{ij} 为

$$\sigma_{ij}=E\{(\eta_i-\mu_i)(\eta_j-\mu_j)\}=\sigma_{ji}$$

(2.3.108)

因为 M 是正定对称的,所以总可以找到一个非奇异的下三角矩阵 A。将 M 分解为

$$M = AA^T \tag{2.3.109}$$

可以证明,一般 n 维正态分布的抽样值 η_x,可以通过对式(2.3.106)抽样得到的 n 维标准正态分布抽样值 η_y,经过变换

$$\boldsymbol{\eta}_x = \boldsymbol{\mu} + A\boldsymbol{\eta}_y \tag{2.3.110}$$

来得到。

例8 二维正态分布的抽样。

解 设 $\boldsymbol{\eta} = (\eta_1, \eta_2)^T$ 服从二维正态分布,对其协方差矩阵

$$M = \begin{bmatrix} \sigma_{11} & \sigma_{12} \\ \sigma_{21} & \sigma_{22} \end{bmatrix} \tag{2.3.111}$$

进行分解,以得到 $M = AA^T$ 的形式。我们可以得到下三角矩阵 A 为

$$A = \begin{bmatrix} \sqrt{\sigma_{11}} & 0 \\ \dfrac{\sigma_{12}}{\sqrt{\sigma_{11}}} & \sqrt{\dfrac{\sigma_{11}\sigma_{22} - \sigma_{12}^2}{\sigma_{11}}} \end{bmatrix} \tag{2.3.112}$$

设 $\boldsymbol{\eta}$ 的期望值为

$$\boldsymbol{\mu} = (\mu_1, \mu_2)^T$$

若相应的二维标准正态分布已抽得 $\boldsymbol{\eta} = (\eta_{y_1}, \eta_{y_2})^T$,则得到最后的抽样结果 $\boldsymbol{\eta}_x = (\eta_{x_1}, \eta_{x_2})^T$ 为

$$\begin{cases} \eta_{x_1} = \mu_1 + \sqrt{\sigma_{11}}\, \eta_{y_1} \\ \eta_{x_2} = \mu_2 + \dfrac{1}{\sqrt{\sigma_{11}}}[\sigma_{12}\eta_{y_1} + (\sigma_{11}\sigma_{22} - \sigma_{12}^2)^{1/2}\eta_{y_2}] \end{cases} \tag{2.3.113}$$

2.4 蒙特卡罗计算中减少方差的技巧

蒙特卡罗方法是在数值计算多重积分时首选的方法,因为它的计算误差与投点数有关,而与积分的重数无关。由 2.1 节的讨论中可以知道:蒙特卡罗求积分的方差为

$$\sigma^2 = V\{f\}/n \tag{2.4.1}$$

其中,$V\{f\}$ 为被积函数 f 的方差。公式(2.4.1)反映出增加随机点数 n 时,蒙特卡罗计算的精度可以得到改善,但是精度提高非常缓慢。因此用增加蒙特卡罗计算的随机投点数来提高精度总是耗费大量的机时。这对于在多重积分中的蒙特卡罗计算,问题就尤为严重。公式(2.4.1)也告诉我们,另一个减少计算结果误差的途径是减少 f 的方差 $V\{f\}$。本节将介绍一些极重要的减少方差 $V\{f\}$ 的技巧。

1. 分层抽样

直觉告诉我们：蒙特卡罗计算的较大误差是由于随机点投得不够均匀引起的。如果这些随机点能更均匀地分布，那么统计涨落就会小些。当然直觉判断的东西并不总是正确的，但是至少可以作为一个途径来尝试减少结果的误差。

数学上，分层抽样(stratified sampling)是基于黎曼积分的特性

$$I = \int_0^1 f(x)\mathrm{d}x = \int_0^a f(x)\mathrm{d}x + \int_a^1 f(x)\mathrm{d}x, \quad 0 < a < 1 \quad (2.4.2)$$

将积分区域划分成小区域是在数值积分中常用的技巧。但是在用蒙特卡罗方法积分时，这种技巧的特性有所不同。蒙特卡罗的分层抽样技巧包括了如下几个步骤：首先，将积分区间(或空间)划分为不相交的子区间(或子空间)；然后，在第 i 个子区间(或子空间)内抽取 n_i 个随机点，如果将子区间长度(或子空间体积)记为 $\{i\}$，我们将子区间(或子空间)内所有点上的函数值乘上权重因子 $\{i\}/n_i$ 之后叠加起来，就得到该积分在这个子区间的积分估计值；最后，将所有子区间的积分值叠加起来，就得到在整个区间的积分估计值。这样得到积分式(2.4.2)的估计值的方差为

$$V\{\bar{I}\} = \sum_j \left(\frac{\{j\}}{n_j}\right)^2 \sum_{i=1}^{n_j} V\{f(x_{ij})\} = \sum_j \frac{\{j\}^2}{n_j}\sigma_j^2 \quad (2.4.3)$$

如果适当选择子区间 $\{i\}$ 的大小和随机点数 n_i，就可以使计算结果的方差得以减小。这里选择 $\{i\}$ 和 n_i 的关键是要了解被积函数 f 在子区间内的特性。如果 $\{i\}$ 的划分和 n_i 的选择都不适当，也可能造成更大的误差。

如果我们不管被积函数的特性，而简单地将积分区域划分成相等的子区间 $\{i\}$，并在各子区间内抽取相同数量的随机点数 n_i。这种处理方法称为均匀分层抽样法。下面我们以一个求一维定积分的问题，具体比较一下用分层抽样法和用原始蒙特卡罗方法计算得到的方差。设所求积分为

$$I = \int_0^1 f(x)\mathrm{d}x \quad (2.4.4)$$

数学上可以将式(2.4.4)写成

$$I = \int_0^1 f(x)\mathrm{d}x \equiv \int_0^1 g(x)f_1(x)\mathrm{d}x \quad (2.4.5)$$

在 $[0,1]$ 区间插入 $J-1$ 个点，其中 $0 = x_0 < x_1 < \cdots < x_J = 1$。令

$$\begin{cases} p_j = \int_{x_{j-1}}^{x_j} f_1(x)\mathrm{d}x \\ \bar{f}_j(x) = \begin{cases} f_1(x)/p_j, & x_{j-1} \leqslant x < x_j \\ 0, & \text{其他} \end{cases} \\ I_j = \int_{x_{j-1}}^{x_j} g(x)\bar{f}_j(x)\mathrm{d}x, \quad j = 1, 2, \cdots, J \end{cases} \quad (2.4.6)$$

在上面的公式中，显然有关系式

$$I = \sum_{j=1}^{J} p_j I_j \tag{2.4.7}$$

如果用分层抽样蒙特卡罗方法计算式(2.4.4)的积分值，在第 j 个子区间上以 $\overline{f}_j(x)$ 分布密度函数抽取 n_j 个简单子样 $x_{ij}(j=1,2,\cdots,J)$，则式(2.4.4)积分的无偏估计值为

$$\overline{I}_J = \sum_{j=1}^{J} p_j I_j = \sum_{j=1}^{J} p_j \left(\frac{1}{n_j}\sum_{i=1}^{n_j} g(x_{ij})\right) \tag{2.4.8}$$

令第 j 区间积分的方差为 σ_j^2，根据方差的定义我们有关系式

$$\sigma_j^2 = V\{g(x_{ij})\} = \int_{x_{j-1}}^{x_j} g^2(x)\overline{f}_j(x)\mathrm{d}x - I_j^2 \tag{2.4.9}$$

则得到分层抽样计算结果的方差 $V\{\overline{I}_J\}$ 为

$$V\{\overline{I}_J\} = \sum_{j=1}^{J} p_j^2 \frac{1}{n_j^2} \cdot \sum_{i=1}^{n_j} V\{g(x_{ij})\} = \sum_{j=1}^{J} \frac{p_j^2}{n_j}\sigma_j^2 \tag{2.4.10}$$

如果用通常的原始蒙特卡罗方法计算，以分布密度函数 $f_1(x)$ 抽取 N 个简单子样，则积分式(2.4.4)的无偏估计值为

$$\overline{I} = \frac{1}{N}\sum_{i=1}^{N} g(x_i) \tag{2.4.11}$$

它的方差为

$$V\{\overline{I}\} = \frac{1}{N^2}\sum_{i=1}^{N} V\{g(x_i)\} \equiv \frac{\sigma_g^2}{N} \tag{2.4.12}$$

其中，σ_g^2 又可以表示为

$$\sigma_g^2 \equiv \int_0^1 [g(x)-I]^2 f_1(x)\mathrm{d}x = \sum_{j=1}^{J}\int_{x_{j-1}}^{x_j} [g(x)-I]^2 f_1(x)\mathrm{d}x$$

$$= \sum_{j=1}^{J} p_j \int_{x_{j-1}}^{x_j} [g(x)-I_j+I_j-I]^2 \overline{f}_j(x)\mathrm{d}x$$

$$= \sum_{j=1}^{J} p_j \int_{x_{j-1}}^{x_j} [(g(x)-I_j)^2 + 2(I_j-I)(g(x)-I_j) + (I_j-I)^2]\overline{f}_j(x)\mathrm{d}x$$

$$= \sum_{j=1}^{J} p_j \sigma_j^2 + \sum_{j=1}^{J} p_j (I_j-I)^2 \tag{2.4.13}$$

设分层抽样法的总抽样数为 N，我们有

$$N = n_1 + n_2 + \cdots + n_J$$

利用公式(2.4.9)、(2.4.10)、(2.4.12)和(2.4.13)，比较这两种方法计算出的结果的方差，我们有

$$V\{\overline{I}\} - V\{\overline{I}_J\} = \frac{1}{N}\Big[\sum_{j=1}^{J} p_j\sigma_j^2 + p_j(I_j-I)^2\Big] - \sum_{j=1}^{J}\frac{p_j^2}{n_j}\sigma_j^2$$

$$= \sum_{j=1}^{J} p_j \left(\frac{1}{N} - \frac{p_j}{n_j} \right) \sigma_j^2 + \frac{1}{N} \sum_{j=1}^{J} p_j (I_j - I)^2 \qquad (2.4.14)$$

公式(2.4.14)的右边第二项显然是大于零的量。第一项的正负则是取决于分层抽样时子区间的划分和子区间内的抽样点数 n_j。如果式(2.4.14)的值大于零，则分层抽样计算积分的方差小于采用原始蒙特卡罗方法的方差。若取 $\frac{p_j}{n_j} = \frac{1}{N}$，即 $n_j = N p_j$，此时公式(2.4.14)中第一项为零，公式(2.4.14)总是大于零。这就意味着按比例的分层抽样的方差比原始蒙特卡罗方法小。这样的分层抽样方法具有实用意义。如果采用均匀分层抽样方法，将 $[0,1]$ 区间分成 J 个相等的子区间，每个子区间内抽取的点数 $n_j = \frac{N}{J}$，并且这些点是均匀分布的，即 $f_1(x) = 1$，$p_j = \frac{1}{J}$，这时公式(2.4.14)中的第一项也为零，因而(2.4.14)式的值总是正的。由此我们也可以看出：均匀分层抽样法是一个减小方差的保险方法，不过这种改进方差的方法在个别情况下可能效果不理想。

2. 重要抽样法

我们知道当被积函数 f 在积分范围内起伏很大时，用蒙特卡罗方法计算出的结果误差就很大；反过来讲，如果所有的蒙特卡罗抽样点(或向量)的函数值都相近时，采用蒙特卡罗方法积分就最有效。我们自然会想到：当做蒙特卡罗积分时，在被积函数 f 值大的区域内，我们应当抽取更多的随机点(或向量)，并且同时应当在函数 f 值很大的区域适当减小被积函数值，以抵消需产生太多的抽样点(或向量)。这样对被积函数 f 加上权重后的数值就会在积分区域内变得平坦，从而可以减小结果的方差。

重要抽样法(importance sampling)的原理起源于数学上的变量代换方法的思想，即

$$\int_0^1 f(x) \mathrm{d}x = \int_0^1 \frac{f(x)}{g(x)} g(x) \mathrm{d}x = \int_0^1 \frac{f(x)}{g(x)} \mathrm{d}G(x) \qquad (2.4.15)$$

此时随机点的选择不再是均匀的，而是以分布函数 $G(x)$ 分布的。新的被积函数为 $f(x)$ 乘以权重 $1/g(x)$。公式(2.4.15)中 $g(x) = \frac{\mathrm{d}G(x)}{\mathrm{d}x}$。这里，$g(x)$ 称为偏倚分布密度函数。该方法使原本对 $f(x)$ 的抽样，变成由另一个分布密度函数 $f^*(x) \equiv \frac{f(x)}{g(x)}$ 中产生简单子样，并附带一个权重 $g(x)$。换句话说，由分布密度函数 $f^*(x)$ 抽出的一个简单子样，不是代表一个个体，而是代表 $g(x)$ 个。这种方法也称为偏倚抽样法。这时公式右边积分中被积函数的方差为 $V\{f/g\}$。如果 $g(x)$ 选择恰

当,并使它在积分域内的函数曲线形状与 f 接近,则该方差可以变得很小。因而函数 $g(x)$ 的选择十分关键,它应当满足如下条件:

(1) $g(x)$ 应当是个分布密度函数;

(2) $f(x)/g(x)$ 不应在积分域内起伏太大,使之尽量等于常数,以保证方差 $V\{f/g\}$ 比 $V\{f\}$ 小;

(3) 分布密度函数 $g(x)$ 所对应的分布函数 $G(x)$ 能够比较方便地解析求出;

(4) 能方便地产生在积分域内满足分布函数 $G(x)$ 分布的随机点。

如能按上述条件找到函数 $g(x)$,我们就可以依下列步骤求积分:

(1) 根据分布密度函数 $g(x)$ 产生随机点 x。例如采用反函数法。

(2) 求出各抽样点 x 的函数值 $f(x)/g(x)$,并将所有点上的该函数值叠加起来,再除以抽样点数 n 就得到积分结果。

也可以采用 $w \equiv f(x)/g(x)$ 作为分布密度函数,利用舍选法来舍去或接受某个随机点的 x 的值。用此方法时,应至少可以事先判断出 w 的最大值。当然最好能从 $f(x)/g(x)$ 的函数中,推导出 w_{max}。但是在很多时候这是比较难做到的。

上述讨论可以很容易地推广到更高维的积分中。但是要注意如下两个方面的问题:第一,在产生随机向量 $\mathbf{x}$ 的所有分量后,再用舍选法往往更快,效率更高。第二,在计算 $f(\mathbf{x})/g(\mathbf{x})$ 值之前,做随机变量 $x_1, x_2, \cdots, x_N$ 到 $y_1, y_2, \cdots, y_N$ 的变换有时是很有用的。这时需要将雅可比行列式 $|\partial(x_1, x_2, \cdots, x_N)/\partial(y_1, y_2, \cdots, y_N)|$ 包括在权重因子内。

重要抽样法无疑是蒙特卡罗计算中最基本和常用的技巧之一。它无论在提高计算速度和增加数值结果的稳定性方面都有很大的潜力。但是它仍有一些局限性,例如:

(1) 能寻找出某分布密度函数 $g(x)$,并能解析求出其对应的分布函数 $G(x)$ 的情况并不多。当然我们也可以用数值计算方法求出 $G(x)$,但通常这样处理不灵活,运算速度也慢,而且结果也不准确。

(2) 当所选择的 $g(x)$ 在某点函数值为零或很快趋于零时(如高斯分布),这时在该点的数值计算是十分危险的。其方差 $V\{f/g\}$ 可能趋于无穷大。即使是在某点上函数 $g(x)$ 不为零,但其值很小时,方差 $V\{f/g\}$ 也可能很大。这一问题采用通常的从样本点估计方差的方法却不一定能检查出来。这种情况会使计算结果不稳定。

3. 控制变量法(相关抽样法)

控制变量法(control variates)与重要抽样法相似,它也需要找出一个与被积函数 f 行为相近的可积函数 g。只是在控制变量法中,我们将这两个函数相减,而不是相除。它利用数学上积分运算的线性特性

$$\int f(x)\mathrm{d}x = \int [f(x) - g(x)]\mathrm{d}x + \int g(x)\mathrm{d}x \qquad (2.4.16)$$

选择函数 $g(x)$ 时要考虑到：$g(x)$ 在整个积分区间都是容易精确算出，并且在上式右边第一项的运算中对 $(f-g)$ 积分的方差应当要比对 f 积分的方差小。

在应用这种方法时，重要抽样法中所遇到的，当 $g(x)$ 趋于零时，被积函数 $(f-g)$ 趋于无穷大的困难就不再存在，因而计算出的结果稳定性比较好。该方法也不需要从分布密度函数 $g(x)$，解析求出分布函数 $G(x)$。由此我们可以看出选择 $g(x)$ 所受到的限制比重要抽样法要小些。

4. 对偶变量法

通常在蒙特卡罗计算中采用互相独立的随机点来进行计算。但是在对偶变量法(antithetic variates)中却使用相关联的点来进行计算。它利用相关点间的关系可以是正关联的，也可以是负关联的这个特点。我们知道两个函数值 f_1 和 f_2 之和的方差为

$$V\{f_1 + f_2\} = V\{f_1\} + V\{f_2\} + 2E\{(f_1 - E\{f_1\})(f_2 - E\{f_2\})\} \qquad (2.4.17)$$

如果我们选择一些点，它们使 f_1 和 f_2 是负关联的。这样就可以使上式所示的方差减小。当然这需要对具体的函数 f_1 和 f_2 有充分的了解。但不幸的是在实践中不存在一个寻找负关联点的通用办法。下面我们举一个简单的例子来说明怎样利用负关联的点减小方差。

例9 已知 $f(x)$ 是一个单调递增的函数，现求积分

$$I = \int_0^1 f(x)\mathrm{d}x \qquad (2.4.18)$$

解 首先，按通常的方法在积分域 $[0,1]$ 区间上产生均匀分布的随机点集 $\{x_i\}$。计算对应每个 x_i 点的函数 $[f(x_i) + f(1-x_i)]/2$ 的值，再将所有点上的函数值叠加起来，除以总的随机点数，则得到式(2.4.18)的积分值。即

$$I \approx \frac{1}{N}\sum_{i=1}^{N}[f(x_i) + f(1-x_i)]/2 \qquad (2.4.19)$$

这种做法与通常的蒙特卡罗计算中将 $f(x_i)$ 的值叠加起来不相同。由于 $f(x)$ 的单调递增性，$[f(x_i) + f(1-x_i)]/2$ 的值应当比单个点的函数值 $f(x_i)$ 更接近于常数。因而方差也小些。这实际上是采用了 $f(x)$ 和 $f(1-x)$ 的积分期望值的平均值作为结果。由于采用相同的随机数列 $\{x_i\}$，使得 $f(x)$ 和 $f(1-x)$ 两个函数高度负关联，因而方差比 $f(x)$ 和 $f(1-x)$ 两者各自积分的方差之和要小。

2.5 实用蒙特卡罗计算复合技术

2.4 节中我们介绍了在蒙特卡罗方法应用中减小方差的基本技术：重要抽样法、分层抽样法、控制变量法和对偶变量法。然而，单独使用这四种减小方差的技巧仍然有其局限性。例如，在使用这些技巧时需要预先了解被积函数的变化特性。但是，对于大多数的实际问题，我们无法事先获得被积函数的特性。再如，对于在积分区间具有多个尖峰的被积函数的积分，仅仅靠上面的四个减小方差的方法效果也是有限的。因此人们发展了一些复合蒙特卡罗计算技术，如适应性蒙特卡罗方法和多道蒙特卡罗抽样方法等[4]。这些蒙特卡罗技巧对于被积函数在积分范围内具有多个尖峰的情况，特别具有实用价值。

1. 适应性蒙特卡罗方法

适应性蒙特卡罗方法(adaptive Monte Carlo method)是一种在执行过程中通过试探，了解被积函数特性，然后有针对性地采用蒙特卡罗技巧来减少方差的算法。采用此方法的子程序有利帕格(G. P. Lepage)的 VEGAS[5]。它是用于计算多重积分的子程序，广泛地应用在高能物理领域。VEGAS 编程的基本思想是将重要抽样法和分层抽样法结合到迭代算法之中，该算法能够做自动调整，将对被积函数的计算集中到被积函数值最大的区间。以一维定积分式(2.4.4)为例，VEGAS 程序一开始处于试探阶段，即将积分区间[0,1]划分为正交子区间，并在每一个子区间中进行积分；然后按照各个子区间积分得到的结果来调整子区间大小以备下一次迭代计算，调整子区间大小的原则是按照该子区间对总积分贡献的大小来确定，贡献大的子区间调整得更小一些，贡献小的子区间调整得更大一些。VEGAS 程序用这种方式实际上就是采用了重要抽样法。它采用阶梯函数来近似子区间的最佳概率密度函数。该最佳概率密度函数定义

$$p_0(x) = \frac{f(x)}{\int_0^1 f(x)\,\mathrm{d}x} \qquad (2.5.1)$$

对于高维(d 维)积分问题，由于存储的需要，我们必须采用分离变量的分布密度函数

$$p(u_1, u_2, \cdots, u_d) = p(u_1) \cdot p(u_2) \cdot \cdots \cdot p(u_d) \qquad (2.5.2)$$

最后通过若干次迭代，达到在要求的精度下，各子区间（或子空间）的积分估计值都相等，则我们就找到了优化的子区间（或子空间）。在调整子区间（或子空间）过程中为了避免子区间（或子空间）剧烈的变化，子区间（子空间）大小的调整通常有一个衰减项。在程序的第二阶段，子区间（子空间）网格就固定下来了，并通过通常的

蒙特卡罗方法得到在这些优化子区间(子空间)中迭代计算高精度的积分结果。每次迭代积分都得到一个估计值 $E\{I_j\}$ 和一个方差 $V\{I_j\}$

$$E\{I_j\} = \frac{1}{N_j}\sum_{n=1}^{N_j}\frac{f(x_n)}{p(x_n)}, \quad V_j\{I_j\} = \frac{1}{N_j}\sum_{n=1}^{N_j}\left(\frac{f(x_n)}{p(x_n)}\right)^2 - E^2\{I_j\} \tag{2.5.3}$$

其中,N_j 表示在第二阶段第 j 次迭代($j=1,2,\cdots,m$)积分的随机点个数。在该阶段第 j 次积分值对总积分的贡献权重应当为

$$w_j = \frac{N_j}{V\{I_j\}} \tag{2.5.4}$$

将每次迭代的积分值乘上与投点数 N_j 和方差相关的权重[见(2.5.4)式],然后累加起来求平均。则总的积分估计值为

$$E\{I\} = \sum_{j=1}^{m} w_j E\{I_j\} \Big/ \sum_{j=1}^{m} w_j = \left(\sum_{j=1}^{m}\frac{N_j E\{I_j\}}{V\{I_j\}}\right)\Big/\left(\sum_{j=1}^{m}\frac{N_j}{V\{I_j\}}\right) \tag{2.5.5}$$

此外,VEGAS 程序返回时给出每个自由度(per degree of freedom)的 χ^2 为

$$\chi^2/dof = \frac{1}{m-1}\sum_{j=1}^{m}\frac{(E\{I_j\}-E\{I\})^2}{V\{I_j\}} \tag{2.5.6}$$

这个结果可以作为检验各种估计值是否一致。我们期望 χ^2/dof 不要比 1 大很多。

按照上面的思想,VEGAS 程序计算高维积分的步骤可以概括如下:

(1) 将积分区域(或空间)划分为大量不相交的子区间(或子空间)。原则上可以任意划分,但为了方便起见,往往采用均匀划分的办法。

(2) 用原始蒙特卡罗方法估计每个子区间(或子空间)上的积分值,再将各个积分值叠加起来作为整个积分域上的估计值。

(3) 调整子区间(或子空间)的边界,使得被积函数在每个子区间(或子空间)内的积分估计值大致相等。

(4) 重复(1)~(3)的过程,利用原始蒙特卡罗方法计算每次迭代的积分估计值,直到在要求达到的精度下,各子区间(或子空间)的积分估计值都相等。此时才将得到的子区间(或子空间)固定下来。以上为程序计算的第一阶段。在这一阶段,投点个数可以少一些,并不记这个阶段的积分结果(因为一般方差都很大)。

(5) 最后,采用蒙特卡罗方法,按照公式(2.5.3)计算各子区间(或子空间)积分值和方差,然后利用公式(2.5.5)将每次迭代计算的积分值加权累加平均得到该积分在总区间的积分估计值,用公式(2.5.6)计算每个自由度的 χ^2。这就得到该积分的数值计算结果。这是程序计算的第二阶段。

VEGAS 的 FORTRAN 源程序见附录 F。

2. 多道蒙特卡罗抽样方法

我们仍然以前面式(2.4.4)所示的一维定积分为例,如果被积函数 $f(x)$ 在被积区间有尖峰,则采用原始的蒙特卡罗积分的结果误差肯定是很大的。当然,我们可以采用变量变换,按照重要抽样方法,将被积函数的峰值特性吸收到随机点的分布函数中去,使得被积函数变得平坦。这种方法多少会使积分结果精度得到改善。但是,可能会有下面的情况:被积函数 $f(x)$ 在被积区间的不同区域有多个不同的尖峰。在这种情况下,往往不可能找到一个变量代换,它既吸收了被积函数所有的峰值特性,又比较容易进行按特定分布的随机数抽样。多道蒙特卡罗方法(multi-channel Monte Carlo method)就是针对被积函数 $f(x)$ 具有多个尖峰情况下的计算方法。它的基本思想是源于 2.3 节介绍的蒙特卡罗方法的叠加原则加上重要抽样法。该方法应用的前提是每个峰结构变换成的近似抽样分布密度函数形式已经知道。每个峰的变换称为一个道。如果对应第 i 个道抽样,它所选择的分布密度函数为 $h_i(x)$。根据分布密度函数的正定和归一化,我们有:$\int_0^1 \mathrm{d}x h_i(x) = 1$,$(i=1,\cdots,m)$,其中 i 为道数。令 α_i 为非负的实数,并且满足

$$\sum_{i=1}^m \alpha_i = 1 \tag{2.5.7}$$

由于我们定义

$$h(x) = \sum_{i=1}^m \alpha_i h_i(x) \tag{2.5.8}$$

这就表明,对分布密度函数 $h(x)$ 抽样时,可以分别对 $h_i(x)$ 抽样。但是选择对第 i 个道的分布密度函数抽样的概率为 α_i。明显地被积函数 $f(x)$ 与分布密度函数 $h(x)$ 具有同样的多峰值结构。利用关系式(2.5.8),我们将积分 I 作如下形式推导

$$I = \int_0^1 f(x)\mathrm{d}x = \int_0^1 \left(\frac{f(x)}{h(x)}\right) h(x)\mathrm{d}x = \sum_{i=1}^m \int_0^1 \left(\frac{f(x)}{h(x)}\right) \alpha_i h_i(x)\mathrm{d}x$$

$$= \sum_{i=1}^m \alpha_i \int_0^1 \left(\frac{f(x)}{h(x)}\right) \mathrm{d}H_i(x) \tag{2.5.9}$$

此时被积函数 $f(x)/h(x)$ 中已经没有原来所有的峰值特性了,这些峰值特性已经被分布密度函数 $h(x)$ 抵消。这就是我们多道蒙特卡罗方法计算积分的基本公式。从公式中可以看出,我们可以通过对各个道 i,按分布密度函数 $h_i(x)$ [对应分布函数为 $H_i(x)$]产生随机数 x_{n_i}。例如,具体做抽样时可以用反函数法

$$x_{n_i} = H_i^{-1}(\xi_{n_i}) \tag{2.5.10}$$

实践中,我们按照离散型变量抽样法,以 α_i 为取分布密度函数 $h_i(x)$ 抽样的概率。若固定总投点数为 N,计算第 i 道时所投点次数大约是 $N_i \approx \alpha_i N$。采用这样的方法,可以得到积分的蒙特卡罗估计值为

$$E\{I\} = \frac{1}{N} \sum_{i=1}^{m} \sum_{n_i=1}^{N_i} \left(\frac{f(x_{n_i})}{h(x_{n_i})} \right) \quad (2.5.11)$$

该蒙特卡罗积分的误差期望值为

$$\sqrt{\frac{W(\alpha) - I^2}{N}} \quad (2.5.12)$$

其中,$W(\alpha)$定义为

$$W(\alpha) = \sum_{i=1}^{m} \alpha_i \int_0^1 \left(\frac{f(x)}{h(x)} \right)^2 dH_i(x) \quad (2.5.13)$$

该方法计算的关键之一是确定参数 α_i。实践中往往通过调整参数 α_i,使 $W(\alpha)$ 达到最小值来优化参数 α_i 的选择。理论上积分计算值 I 应与参数 α_i 值的选择无关,因此在积分过程中我们可以改变 α_i 的值,而不会影响积分值的估计。当然这是会影响计算结果的误差的。

文献[6]建议首先采用一组初始参数 $\{\alpha'_i\}$,在按照上面介绍的步骤进行几百次蒙特卡罗计算后,再计算

$$W_i(\alpha') = \int_0^1 \left(\frac{f(x)}{h(x)} \right)^2 h_i(x) dx \quad (2.5.14)$$

最后按照下面公式重新决定参数 α_i

$$\alpha_i = \frac{\alpha'_i (W(\alpha')_i)^\beta}{\sum_{j=1}^{m} \alpha'_j (W(\alpha')_j)^\beta} \quad (2.5.15)$$

根据经验,建议上面公式中的参数 β 值取在 $[1/4, 1/2]$ 之间[7]。

2.6 随机游走

随机游走也是一种基于运用 $[0,1]$ 区间的均匀分布随机数序列来进行的计算。早在 1906 年 Pearson 就提出了"随机游走"的问题。以后随着其理论的逐步完善,随机游走模型在物理学、生物学和社会科学中都得到广泛的应用。许多教科书中都可以找到它在诸如气体分子扩散、液体中悬浮物的布朗运动、量子力学中薛定谔方程的求解、高分子长链的特性研究、求解偏微分方程和数学积分的近似计算等研究中的成功应用。我们在介绍它的应用之前,有必要首先介绍一下随机游走模型。

我们以一个醉汉的一维行走问题作为简单的例子。醉汉开始从一根电线杆的位置出发(其坐标为 $x=0$,x 坐标向右为正,向左为负),假定醉汉的步长为 l,他走的每一步的取向是随机的,与前一步的方向无关。如果醉汉在每个时间间隔内向右行走一步的概率为 p,则向左走一步的概率为 $q=1-p$。我们记录醉汉向右走了 n_R 步,向左走了 n_L 步,即总共走了 $N = n_R + n_L$ 步。那么醉汉在行走了 N 步以

后，离电线杆的距离为 $x=(n_R-n_L)l$，其中 $-Nl \leqslant x \leqslant Nl$。然而我们更感兴趣的是醉汉在行走 N 步以后，离电线杆的距离为 x 的概率 $P_N(x)$。下面便是醉汉在走了 N 步后的位移和方差的平均值（$\langle x_N \rangle, \langle \Delta x_N^2 \rangle$）的计算公式。

$$\langle x_N \rangle = \sum_{x=-Nl}^{Nl} x P_N(x) \tag{2.6.1}$$

$$\langle \Delta x_N^2 \rangle = \langle x_N^2 \rangle - \langle x_N \rangle^2 \tag{2.6.2}$$

其中
$$\langle x_N^2 \rangle = \sum_{x=-Nl}^{Nl} x^2 P_N(x) \tag{2.6.3}$$

公式中的求平均是指对 N 步中所有可能的行走过程的平均。上面提出的随机游走问题可以用概率理论解析地分析。$\langle x_N \rangle$ 和 $\langle \Delta x_N^2 \rangle$ 的解析式为

$$\langle x_N \rangle = (p-q)Nl, \quad \langle \Delta x_N^2 \rangle = 4pqN^2l^2 \tag{2.6.4}$$

注意到在向左、向右对称的情况下，即 $p=q=1/2$，按照公式（2.6.4）得到 $\langle x_N \rangle = 0$。

虽然这里用了很简单的解析方法得到公式（2.6.4），但是一般情况下，能精确求解游走问题的技术却不是这样简单。有两种重要的方法可以用于游走问题，它们是查点法和蒙特卡罗方法。

在查点法中，对给定的行走总步数 N 及总位移 x，要求把游走时可能的每一步的坐标和概率都确定下来。这是可以用概率理论精确计算的。例如，对于 $N=3, l=1$ 的醉汉一维行走问题，由概率理论可以得到 $P_3(x=-3)=q^3$，$P_3(x=-1)=3pq^2, P_3(x=1)=3p^2q, P_3(x=3)=p^3$，由此可以算出

$$\langle x_3 \rangle = \sum x P_3(x) = -3q^3 - 3pq^2 + 3p^2q + 3p^3 = 3(p-q)$$
$$\langle x_3^2 \rangle = \sum x^2 P_3(x) = 9q^3 + 3pq^2 + 3p^2q + 9p^3 = 12pq + [3(p-q)]^2$$
$$\tag{2.6.5}$$

则
$$\langle \Delta x_3^2 \rangle = \langle x_3^2 \rangle - \langle x_3 \rangle^2 = 12pq \tag{2.6.6}$$

从上面的分析可以看出，查点法只有在总步数 N 较小时才可以使用。N 比较大时用起来就比较困难了。对比查点法，蒙特卡罗方法就可以克服在游走中的这个困难，具有更广泛的可操作性。蒙特卡罗方法可以对许多步的游走过程进行抽样，例如，$N \sim 10^2 \sim 10^5$。我们可以按照正确的概率，对确定的 N 产生出各种可能的行走样本。原则上只要我们增加抽样的个数，要达到较高的精度总是可能的。

我们以随机游走的蒙特卡罗方法在求解泊松型微分方程中的应用为例。若该泊松方程及其边界条件为

$$\begin{cases} \dfrac{\partial^2 \phi}{\partial x^2} + \dfrac{\partial^2 \phi}{\partial y^2} = q(x,y), \\ \phi|_\Gamma = F(s) \end{cases}, \quad \Gamma \text{ 为求解区域 } D \text{ 的边界}, s \text{ 为边界 } \Gamma \text{ 上的点}$$

$$\tag{2.6.7}$$

这里,我们采用等步长 h 的正方形格点划分的差分法。在区域 D 内的任意正则内点 0（其相邻的节点都在区域 D 内）的函数值可以用周围四个邻近点 1,2,3,4 上的函数值来表示。如同在第四章中将要介绍的,这个表达式有如下差分方程表示 [参见公式(4.2.22)]

$$\phi_0 = \frac{1}{4}(\phi_1 + \phi_2 + \phi_3 + \phi_4 - h^2 q_0) \tag{2.6.8}$$

其中,q_0 是在区域 D 的正则内点 0 上的函数 $q(x,y)$ 的值。公式右边的系数 $1/4$ 可以解释为概率。即我们有

$$\phi_0 = \sum_{j=1}^{4} W_{0,j}\phi_j - \frac{h^2}{4}q_0, \qquad \sum_{j=1}^{4} W_{0,j} = 1, \qquad W_{0,j} = \frac{1}{4}, \qquad (j=1,2,3,4) \tag{2.6.9}$$

该问题的随机游走是按如下原则来进行的。游走的判据是:选定一个 $[0,1]$ 区间的均匀分布的随机数 ξ,若满足条件 $\xi \leq \frac{1}{4}$,我们选定下一个游走到达点为第 1 点;若满足条件 $\frac{1}{4} < \xi \leq \frac{1}{2}$,选游走到的下一个点为 2 点;若满足条件 $\frac{1}{2} < \xi \leq \frac{3}{4}$,选定游走到下一个点为 3 点;$\xi$ 在其他的情况下,我们则选游走到第 4 点。如果我们按上面的判据选择了 0 点周围四个点中之一 m 点,由式(2.6.8)则 0 点函数 ϕ_0 的估计值为 $\eta_0 = \phi_m - \frac{h^2}{4}q_0$;而从 m 点上又按判据选择周围四个点中的 n 点时,m 点函数 ϕ_m 的估计值为 $\eta_m = \phi_n - \frac{h^2}{4}q_m$,此时 0 点函数 ϕ_0 的估计值也可以写为 $\eta_0 = \phi_n - \frac{h^2}{4}(q_0 + q_m), \cdots\cdots$。按上面的原则和步骤,如果从 0 点开始进行游走并记下该点函数值 $q_0 = q_0^{(1)}$;在第 j 步游走到第 j 点时,记下该点 $q(x,y)$ 的函数值 $q_j^{(1)}$;直到该游走到第 $J^{(1)}$ 步,到达边界 Γ 的 $s^{(1)}$ 点时,停止该次游走,记下边界上这点的函数值 $F(s^{(1)})$。此时我们可以得到 0 点上的函数 ϕ_0 的一个估计值

$$\eta_0^{(1)} = F(s^{(1)}) - \frac{h^2}{4}\sum_{j=0}^{J^{(1)}} q_j^{(1)} \tag{2.6.10}$$

上式中的上标(1)表示第一次由 0 点出发进行游走时的对应函数 ϕ_0 的估计值、到达边界点的坐标值 s 及 $F(s)$ 函数值、游走经过各节点的函数 q_j 值、游走总步数 J 等。如此反复从 0 点开始进行 N 次上述的随机游走,我们得到一个函数 ϕ_0 的估计值序列

$$\{\eta_0^{(1)}, \eta_0^{(2)}, \cdots \eta_0^{(n)}, \cdots \eta_0^{(N)}\} \tag{2.6.11}$$

其中

$$\eta_0^{(n)} = F(s^{(n)}) - \frac{h^2}{4}\sum_{j=0}^{J^{(n)}} q_j^{(n)}, \qquad n = 1,2,\cdots,N \tag{2.6.12}$$

则 O 点的函数 ϕ_0 的期望值为

$$\bar{\phi}_0 = \dot{E}\{\eta_0\} \approx \frac{\sum_{n=1}^{N} \eta_0^{(n)}}{N} = \frac{\sum_{n=1}^{N}\left[F(s^{(n)}) - \frac{h^2}{4}\sum_{j=0}^{J^{(n)}} q_j^{(n)}\right]}{N} \quad (2.6.13)$$

这个计算出的 ϕ_0 值的估计值序列的方差为

$$\sigma^2 = \frac{N}{N-1}[\langle \eta_0^2 \rangle - E\{\eta_0\}^2] \quad (2.6.14)$$

这种随机游走的做法，实际上是个人为的概率过程。它是一个具有吸收壁的随机游走。

上面这种方法可以推广应用到更一般的二维、三维的椭圆形方程的求解。在所需求解方程的边界条件特别复杂，而我们所需求解的仅仅是系统中的若干点的函数值时，该方法是可供选择的有效方法。

前面所述类型的随机游走或链(chain)具有如下特征：它在游走中任一阶段的行为都不被先前游走过程的历史所限制，即区域内的点可以被多次访问，这种随机游走过程叫作马尔可夫(Markov)过程。又因为游走最终会终止在边界上，故而上述的这类游走也称为马尔可夫链。马尔可夫链正是这样生成相继各个状态的，它使得后一个状态是由前一个状态和确定的分布所决定的。由此可以知道相继各状态之间的确存在着关联。马尔可夫链是分子动力学中由运动方程生成的轨道在概率方面的对应物(关于分子动力学方法参见第六章)。对统计力学系统进行蒙特卡罗模拟计算将在 3.6 节中介绍。另外还有一种非马尔可夫过程。自规避随机游走过程就是属于这一类。在这个过程中任何一步的游走概率都要考虑前面游走的历史，因而游走将有可能在碰到边界前就被强行终止掉。随机游走对一些更抽象的问题也是非常有用的。

上面介绍的解偏微分方程的随机游走方法反映了蒙特卡罗计算的主要特征。特别是最后结果和游走过程的记录是由随机数序列的函数得到的，并且得到的结果是解的估计值。伴随这个估计值的是其分布的方差。方差越小，确定性问题的不确定性就越小。

在随机游走的蒙特卡罗方法中，有一种最常用方法称为 Metropolis 方法[8]。它是前面介绍过的重要抽样法的一个特殊情况。采用此方法可以产生任意分布的随机数，包括无法归一化的分布密度函数。Metropolis 方法是通过某种方式的"随机游走"来实现的。只要这个随机游走过程按照一定规则来进行，那么在进行大量的游走，并达到平衡之后，所产生点的分布就满足所要求的分布。以一维的 Metropolis 方法为例，它所采用的游走规则是选择一个从 x 点游走到 x' 点的"过渡概率" $w(x \to x')$，使得它在游走中所走过的点 $x_0, x_1, x_2, \cdots$ 的分布收敛到系统达到平衡时的分布 $f(x)$。要达到这样分布的重要抽样，就需要对过渡概率 $w(x, x')$ 的选

择加上适当的限制。可以证明:只要游走所选的"过渡概率"满足如下的细致平衡条件

$$f(x)w(x \to x') = f(x')w(x' \to x) \qquad (2.6.15)$$

就可以达到平衡时的分布为 $f(x)$ 这样的目的。但是,实际上满足式(2.6.15)的细致平衡条件只是一个充分条件,并不是一个必要条件。该条件并不能唯一地确定过渡概率 $w(x \to x')$。所以,过渡概率 $w(x \to x')$ 的选择具有很大的自由度。选取不同的过渡概率就是不同的游走方法。在 Metropolis 方法中一般采用一个简单的选择过渡概率的方法,即

$$w(x \to x') = \min\left[1, \frac{f(x')}{f(x)}\right] \qquad (2.6.16)$$

具体的操作是这样的:假如原先我们已经到达 x_n 点,那么要产生到达 x_{n+1} 点的游走,我们按如下的步骤来进行:

(1) 首先选取一个试探位置,假定该点位置为 $x_{\text{try}} = x_n + \eta_n$,其中 η_n 为在间隔 $[-\delta, \delta]$ 内均匀分布的随机数。

(2) 计算 $r = \dfrac{f(x_{\text{try}})}{f(x_n)}$ 的数值。

(3) 如果不等式 $r \geqslant 1$ 满足[由公式(2.6.15)可以知道:此时 $w(x_n \to x_{\text{try}}) = 1$,$w(x_{\text{try}} \to x_n) = 1/r$],那就接受这一步游走,并取 $x_{n+1} = x_{\text{try}}$。然后返回(1)开始对游走到 x_{n+2} 点的试探。

(4) 如果 $r < 1$[此时,$w(x_n \to x_{\text{try}}) = r$,$w(x_{\text{try}} \to x_n) = 1$],那么就再另产生一个 $[0,1]$ 区间均匀分布的随机数 ξ。

(5) 如果此时 $\xi \leqslant r$,那么也还接受这步游走,并取这步游走所到达的点为 $x_{n+1} = x_{\text{try}}$。然后返回到步骤(1),开始下一步到达 x_{n+2} 点的游走。

(6) 如果此时 $\xi > r$,就拒绝游走到 x_{try} 这一点,即仍留在 x_n 点的位置不变。

(7) 返回到步骤(1),重新开始对游走到 x_{n+1} 点的具体位置的又一次试探。

必须指出,采用这样的游走过程时,只有在产生了大量的点 $x_0, x_1, x_2, \cdots$ 后,才能得到收敛到满足分布 $f(x)$ 的点集。这里有一个明显的重要问题,就是如何选择 δ 的大小,才能提高游走的效率? 如果 δ 选得太大,那么绝大部分试探的步子都将会被舍弃,就很难达到平衡分布;反之,如果 δ 取得太小,那么绝大部分试探步子都会被接受,这同样难以达到所要求的平衡分布。根据实际应用中的经验,选取 δ 的一个粗略标准应当是:选择适当 δ 大小的原则是要在游走的试探过程中,有 1/3 到 1/2 的试探步子将被接受。按照这样的标准选择得到的 δ,就可以大大提高游走的效率。另一个在 Metropolis 方法中的问题是:进行这样的随机游走,从哪一点出发才可以比较快地达到平衡分布呢? 原则上讲,从任何一个初始位置出发均可达到平衡分布,但是为了尽快地达到平衡分布,我们最好是要选择一个合适的初始位置,这个初始位置应当

是在游走范围内所要求的概率分布密度 $f(x)$ 最大的区域。

习 题

(1) 采用线性同余法[参见公式(2.2.3)]产生伪随机数。取 $a=5, c=1, m=16$ 和 $x_0=1$。记录下产生出的前 20 个数，它产生数列的周期是多少？

(2) 取 $a=137, c=187, m=256$ 和 $x_0=1$，用线性同余法产生出三维数组 $\{\xi_n, \xi_{n+1}, \xi_{n+2}\}$ 和二维数组 $\{\xi_n, \xi_{n+1}\}$，然后分别绘出其三维和二维分布图形。

(3) 用"投针法"计算出圆周率的数值，画出程序流程框图，并编写程序。

(4) 已知电子在物质中的作用截面 $\sigma_{总} = \sigma_{康普顿} + \sigma_{光电} + \sigma_{电子对}$，试写出电子在物质层中相互作用的抽样程序框图和程序。

(5) 编写一个程序按照 $\eta = -\lambda^{-1}\ln\xi$ 产生随机数序列 $\{\eta_i\}$，并绘图表明其分布满足分布密度函数
$$f(x) = \begin{cases} \lambda e^{-\lambda x}, & x>0, \lambda>0 \\ 0, & 其他 \end{cases}$$

(6) τ 轻子的平均寿命为 3.4×10^{-13} s，试写出 N 个 τ 轻子在实验室系中以速度 v 运动的飞行距离的抽样程序框图和程序。

(7) 写出各向同性分布的角度 θ, φ 抽样程序（$d\Omega = \sin\theta d\theta d\varphi$）。

(8) 如分布密度函数为 $f(x,y) = \dfrac{ne^{-xy}}{x^n}$（其中，$x \geqslant 1, y \geqslant 0, n$ 为整数），试写出抽样程序框图和程序。

(9) 证明 Breit-Wigner 分布
$$f(x) = \frac{\Gamma}{\pi}\frac{1}{(x-x_0)^2 + \Gamma^2}$$
可以通过 $x_i = x_0 - \Gamma\cot(\pi\xi_i)$ 抽样得到。

(10) 归一化黑体辐射频谱为
$$f(x)dx = \frac{15}{\pi^4}\left(\frac{x^4}{e^x-1}\right)dx \quad （其中 x = \frac{h\nu}{kT}）$$
证明如下抽样步骤得到的抽样分布满足上面的分布，求出它的抽样效率。

抽样步骤：让 L 等于满足下面不等式的整数 l 的最小值
$$\sum_{j=1}^{l} \frac{1}{j^4} \geqslant \xi_1 \pi^4/90$$
然后置 $x = -\dfrac{1}{L}\ln(\xi_2\xi_3\xi_4\xi_5)$，其中 ξ_i 为 $[0,1]$ 区间均匀分布的伪随机数。

(11) 对正则高斯分布抽样
$$p(x)dx = \frac{1}{\sigma\sqrt{2\pi}}\exp\left[-\frac{(x-\mu)^2}{2\sigma^2}\right]dx$$

(12) Gamma 函数的一般形式为
$$f(x)dx = \frac{a^n}{(n-1)!}x^{n-1}e^{-ax}dx, \quad x \geqslant 0$$
抽样证明其抽样方法可以为

$$\eta = -\frac{1}{a}\ln(\xi_1\xi_2\cdots\xi_{n-1}\xi_n)$$

(13) χ^2 分布的一般形式为
$$f(x)\mathrm{d}x = \frac{1}{2^{n/2}\Gamma(n/2)}x^{n/2-1}\mathrm{e}^{-x/2}\mathrm{d}x, \qquad x>0$$
抽样证明其抽样方法可以为
$$\eta = \sum_{i=1}^{n} x_i^2, 其中 x_1, x_2, \cdots, x_n 为标准正态分布的 n 个独立抽样值。$$

(14) 选择偏倚分布密度函数 $g(x) = \mathrm{e}^{-x}$，用蒙特卡罗重要抽样法求积分
$$\int_0^\infty x^{3/2}\mathrm{e}^{-x}\mathrm{d}x$$

(15) 编写一个程序，采用 Metropolis 随机游走的方法产生按高斯分布
$$f(x) = A\exp[-x^2/(2\sigma^2)], \qquad (\sigma^2 = 1)$$
的随机点。抽样中常数 A 的值需要知道吗？试决定接受点与试探步数之比，到达平衡分布的时间与最大试探步长 δ 的关系。（提示：判断"平衡"的标准是 $\langle x^2\rangle \approx \sigma^2$。）$\delta$ 选多大较合理？

(16) 用 Metropolis 随机游走的方法计算积分
$$\int_0^4 x^2\mathrm{e}^{-x}\mathrm{d}x, \qquad (0 \leqslant x \leqslant 4)$$

(17) Laplace 方程及其边界条件为
$$\begin{cases}\nabla^2\varphi(x,y) = 0 \\ \varphi(x,0) = \varphi(x,1) = 0, \qquad \varphi(0,y) = \varphi(1,y) = 1\end{cases}$$
用随机游走的蒙特卡罗方法数值求解正方形场域（$0\leqslant x\leqslant 1$, $1\leqslant y\leqslant 1$）的势函数。

参 考 文 献

1　J V Bradley. Distribution Free Statistical Tests. New York：Prentice Hall，1968

2　D E Knuth. The Art of Computer Programming(vol. 2) 2nd edn. Reading，MA：Addition-Wesley，1981

3　L L Carter，E D Cashwell. Particle Transport Simulation with the Monte Carlo Methods. Oak Ridge，TN：USERDA Technical Information Center，1975

4　S Weinzierl. Introduction to Monte Carlo methods. hep-ph/0006269；J M Hammersley and D C Handsomb. Monte Carlo Methods. Methuen's Monographs，London：1964；F James. Rep Prog Phys. 1980，43：1145

5　G P Lepage. J Comp Phys, 1978, 27：192；Cornell University，1980，Publication CLNS-80/447

6　R Kleiss and R Pittau. Comp Phys Comm，1994，83：141

7　T Ohl. Comp Phys Comm，1999，120：13

8　N Metropolis，A W Rosenbluth，M N Rosenbluth，A H Teller，E Teller. J Chem Phys，1953，21：1087

第三章 蒙特卡罗方法的若干应用

蒙特卡罗方法是利用随机变量的一个数值序列来得到特定问题的近似解的数值计算方法。蒙特卡罗方法的应用可以大致分为两类：第一类是所求问题具有严格确定的数学形式，例如，求定积分、解微分方程的某些边值问题、解线性代数方程组等。对这类问题通常要转化为求概率或其他统计量的计算问题，然后才能采用蒙特卡罗方法求解。另一类是本身就是具有统计性质的问题，如粒子输运过程中的问题、粒子反应过程及探测过程等等。这类问题可以直接采用蒙特卡罗方法进行计算机"实验"，以求出某些物理量。在历史上，该方法最早是用于核物理的中子散射和吸收过程的研究工作中。这些过程的随机特性本身就适宜于运用蒙特卡罗直接模拟法。高能物理的研究对象也同样包含了大量的随机过程。因而与核物理研究相似，在高能物理研究中也广泛采用了蒙特卡罗方法。目前在原子核及粒子物理研究中，除了在理论计算中广泛采用该方法作相空间积分及一些其他数学问题的计算外，还在随机过程的跟踪、模拟、事例产生以及实验设计等各方面也采用这种方法。蒙特卡罗方法也广泛应用于统计物理和量子力学的计算之中。它可以给出难以用传统计算方法处理的统计物理和量子力学问题的近似解。

3.1 蒙特卡罗方法在积分计算中的应用

蒙特卡罗方法可以用于物理上许多数学问题的求解，例如，高维定积分的计算、解线性代数方程组、求逆矩阵、求本征值、求解积分方程和偏微分方程等。采用蒙特卡罗随机模拟的方法来求解这类确定性的数学物理问题时，首先必须选择一个合适的概率模型，利用它我们不仅可以方便地求解，而且由此概率模型试验所得的随机事件的统计结果等价于待求问题的解。蒙特卡罗方法求解确定性数学物理问题时，程序比较简单，并且计算的误差与维数和边界复杂程度无关，因而在高维和具有复杂边界的问题中就特别显示出它的优越性。与通常的数学计算方法相比，该方法的缺点是收敛速度较慢，要实现高精度的结果需要增加很多的计算量。在这一节我们只讨论在积分计算中的应用。在原子核及粒子物理研究中，对许多问题的计算都会遇到这种数学问题，如相空间积分。下面我们将从一维定积分入手进行多重定积分的蒙特卡罗计算介绍。

1. 一维定积分计算的平均值法(期望值估计法)

我们首先来讨论如何利用蒙特卡罗的平均值法来计算一重积分 $\int_a^b g(z)\mathrm{d}z$, $z\in[a,b]$, $0\leqslant L\leqslant g(z)\leqslant M$。实际上,这个积分总是可以通过变量代换 $x=(z-a)/(b-a)$, $x\in[0,1]$ 将上面的积分变为计算 $\dfrac{1}{b-a}\int_0^1 g(x)\mathrm{d}x$;再如果 $L\neq 0$, $M\neq 1$,则只要将被积函数 $g(x)$ 变换为 $g^*(x)=\dfrac{1}{M-L}[g(x)-L]$,则积分 $\int_a^b g(z)\mathrm{d}z$ 的计算可以方便地通过用随机投点法求如下形式的积分来得到

$$I=\int_0^1 f(x)\mathrm{d}x, \quad 0\leqslant x\leqslant 1, \quad 0\leqslant f(x)\leqslant 1 \tag{3.1.1}$$

这就是所谓的"归一化"过程。因此我们在这里不失一般性地只考虑如何用平均值法求式(3.1.1)简单的一重定积分。如果在 x 的定义域 $[0,1]$ 上均匀地随机取点,该均匀分布的随机变量记为 ξ。我们定义一个随机变量 η_1 为

$$\eta_1 = f(\xi) \tag{3.1.2}$$

则显然有

$$E\{\eta_1\}=E\{f(\xi)\}=I \tag{3.1.3}$$

η_1 的期望值等于积分值 I。只要抽取足够多的随机点,即取随机点数 n 足够大时,$f(\xi)$ 的平均值

$$I_n = \frac{1}{n}\sum_{i=1}^n f(\xi_i) \tag{3.1.4}$$

就是积分 I 的一个无偏估计值。它可以作为积分的近似值。现在我们讨论 η_1 的方差

$$V\{\eta_1\}=\int_0^1 [f(x)-I]^2\mathrm{d}x \tag{3.1.5}$$

显然 $V\{\eta_1\}$ 依赖于被积函数 $f(x)$ 在积分域上的方差。当 $f(x)$ 在 x 的定义域内变化平坦,即和 I 的差处处都较小时,方差也小[见图 3.1.1(a)];反之,则方差较大[见图 3.1.1(b)]。

从这里可以看出,尽量减小被积函数在积分域上的方差,可以减小积分估计值的方差,加速收敛。推而广之来说,就是要减少模拟量在模拟范围内的方差。这就是在蒙特卡罗方法中减小方差,加速收敛的一个原则。根据这样的原则,当被积函数 $f(x)$ 在积分域内的方差较大时,可以采用 2.4 节介绍的各种抽样技巧。如采用重要抽样法,将 $f(x)$ 的方差吸收到 $g(x)$ 中去,这样模拟量——记录函数 $f^*(x)=f(x)/g(x)$ 在定义域内相当平坦,则我们将式(3.1.1)的计算变为

$$I=\int_0^1 f(x)\mathrm{d}x=\int_0^1 \frac{f(x)}{g(x)}g(x)\mathrm{d}x=\int_0^1 f^*(x)g(x)\mathrm{d}x \tag{3.1.6}$$

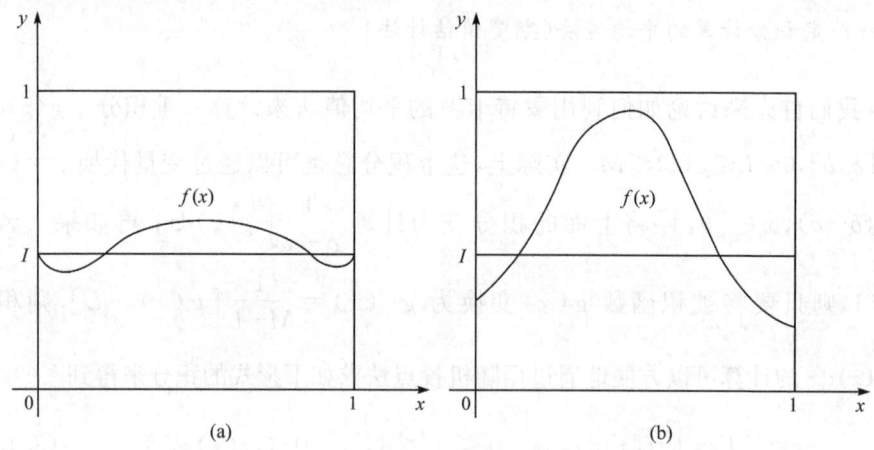

图 3.1.1 被积函数与期望值

若选取 η' 为服从分布密度函数 $g(x)$ 的函数 $f^*(x)$ 的抽样值。这里 $g(x)$ 称为偏倚分布密度函数。我们得到

$$I = E\{\eta'\} \tag{3.1.7}$$

因此它的平均值

$$I_n = \frac{1}{n}\sum_{i=1}^n \eta'_i = \frac{1}{n}\sum_{i=1}^n f^*(x_i) \tag{3.1.8}$$

给出了 I 的一个无偏估计值。这时的方差为

$$\begin{aligned} V\{\eta'\} &= \int_0^1 [f^*(x) - I]^2 g(x)\mathrm{d}x \\ &= \int_0^1 \left[\frac{f(x)}{g(x)} - I\right]^2 g(x)\mathrm{d}x \\ &= \int_0^1 \frac{f^2(x)}{g(x)}\mathrm{d}x - I^2 \end{aligned} \tag{3.1.9}$$

在实际计算中,方差通过下式得到计算结果

$$\sigma^2 = \left\langle \left(\frac{1}{n}\sum_{i=1}^n f^*(x_i)\right)^2 \right\rangle - \left\langle \left(\frac{1}{n}\sum_{i=1}^n f^*(x_i)\right) \right\rangle^2$$

式中,角型括号 $\langle\rangle$ 表示对括号内所有可能的 $[0,1]$ 区间,按 $g(x)$ 分布的随机坐标数序列 $\{x_i\}$ 对应的计算函数数值求平均。方程右边第一项对 $\{f^{*2}(x_i)\}$ 求平均 $(\overline{f^{*2}})$,第二项表示求 $\{f^*(x_i)\}$ 平均值的平方 $(\overline{f^*}^2)$。上式可以经推导得到

$$\sigma^2 = \frac{1}{n}(\overline{f^{*2}} - \overline{f^*}^2) = \frac{V\{f^*\}}{n} \tag{3.1.10}$$

由此我们看出其误差平方与 f^* 在 $[0,1]$ 区间的方差成正比,并且 $\sigma \propto 1/\sqrt{n}$。这与

中心极限定理所得到的结果一致。

从公式(3.1.9)可以看出,如果能够使 $g(x)=\dfrac{f(x)}{I}$,则有 $V\{\eta'\}=0$。但实际上实现零方差抽样往往是不可能的。由式(3.1.10),可以给出选择优化的偏倚分布密度函数 $g(x)$ 的方法。当然重要抽样法不仅适用于定积分的计算,也适用于蒙特卡罗模拟的一切领域。这是蒙特卡罗方法中减小方差,加速收敛的原则之一。

2. 一维定积分计算的掷点法

计算式(3.1.1)的积分也可以这样来做:在如图 3.1.1(b)中的单位正方形内均匀投点,每个点的坐标为 (x_i, y_i),共做 N 个投点。如果投点满足不等式 $y_i \leqslant f(x_i)$,即在图 3.1.1(b)中点落在 $f(x)$ 曲线下,则记录下投点次数(认为试验成功);反之,则认为试验失败。用蒙特卡罗的语言来讲,就是产生随机数 ξ_1, ξ_2。如果 $\xi_1 \leqslant f(\xi_2)$,则认为试验成功;如果 $\xi_1 > f(\xi_2)$,则试验失败。若在 N 次试验中有 m 次成功,则比值 m/N 就给出 I 的一个无偏估计值

$$I \approx \frac{m}{N} \tag{3.1.11}$$

引入随机变量

$$\eta(\xi_1, \xi_2) = \begin{cases} 1, & \xi_1 \leqslant f(\xi_2) \\ 0, & \xi_1 > f(\xi_2) \end{cases} \tag{3.1.12}$$

则

$$I = E\{\eta(\xi_1, \xi_2)\} \tag{3.1.13}$$

它在 N 次试验下的一个 I 的无偏估计值为

$$I_N = \frac{1}{N} \sum_{i=1}^{N} \eta(\xi_{2i-1}, \xi_{2i}) = \frac{m}{N} \tag{3.1.14}$$

这是 I 的一个近似值,它的方差为

$$V\{\eta\} = E\{\eta^2\} - [E\{\eta\}]^2 = I - I^2 \tag{3.1.15}$$

容易证明掷点法的方差比平均值法的方差大

$$\begin{aligned} V\{\eta\} - V\{\eta_1\} &= I - I^2 - \int_0^1 [f(x) - I]^2 dx \\ &= I - I^2 - \int_0^1 f^2(x) dx + 2I \int_0^1 f(x) dx - I^2 \\ &= \int_0^1 f(x)[1 - f(x)] dx \geqslant 0 \end{aligned} \tag{3.1.16}$$

为什么会有这样的结果呢?我们可以给一个简单的证明。如果考虑随机变量 $\eta(\xi_1, \xi_2)$ 的期望值,它应当为

$$\int_0^1 \eta(x, \xi_2) dx = \int_0^{f(\xi_2)} \eta(x, \xi_2) dx + \int_{f(\xi_2)}^1 \eta(x, \xi_2) dx = f(\xi_2) \tag{3.1.17}$$

而在平均值法中 $I=E\{\eta_1\}=E\{f(\xi)\}$,恰恰用了 $\eta(\xi_1,\xi_2)$ 对 ξ_1 的期望值代替了 $\eta(\xi_1,\xi_2)$。这里可以反映出减小方差,加快收敛的又一个原则。这就是要尽量使用理论分析得到的期望值来代替模拟估计值。这个原则也同样适用于所有的蒙特卡罗模拟过程。实际上,使用这个原则可以减小方差、加快收敛的原因是显然的。因为一切随机模拟量总会有误差的,如果以精确的理论值来代替 $\eta(\xi_1,\xi_2)$,就必然会减小方差。所以在一切模拟过程中,能使用理论计算值的地方应当尽量使用。当然如果所有的模拟量都能用理论值的时候,也就不需要运用蒙特卡罗方法了。

以上我们介绍的这两个减小方差、加速收敛的原则,也正是在 2.5 节中已经讲到的重要抽样法、分层抽样法、对偶变量法、相关抽样法等的基本出发点。

3. 多重定积分的计算

物理上的许多问题都会涉及多重定积分。例如,一个粒子衰变到 n 体末态的相空间积分,由于每个末态粒子都有动量和能量四个分量,考虑到每个粒子满足质能公式和所有粒子的总能、动量守恒,则总的相空间积分重数为 $3n-4$。这样的物理问题往往都需要作数值积分。很明显,前面讲的一维定积分计算的平均值法和掷点法都可以推而广之,应用于多重定积分的计算。由于掷点法的精度较差,其推广也是很直观和简单的,所以我们在这里只考虑多重积分的平均值法。对于 s 维多重积分,我们也可以用前面讲述的"归一化"方法,使得积分变量 $x_i \in [0,1]$, $(i=1,\cdots,s)$,被积函数在积分范围内满足 $0 \leqslant f(x_1,x_2,\cdots,x_s) \leqslant 1$。然后再作积分

$$I = \int_0^1 \int_0^1 \cdots \int_0^1 f(x_1, x_2, \cdots, x_s) \mathrm{d}x_1 \mathrm{d}x_2 \cdots \mathrm{d}x_s \tag{3.1.18}$$

在实际蒙特卡罗积分计算中,在积分的超立方体内不同区域的积分贡献可能强烈的变化。如果我们在积分的超立方体内均匀抽样,积分的贡献可能主要来自少数仅仅只有几个蒙特卡罗投点的小区域,这就会导致很大的统计误差。从式(3.1.10)也可以看出,当在积分域内 $f(x_1,x_2,\cdots,x_s)$ 的方差很大时,就会产生这个效应。为了减少这些对误差的贡献,我们将随机投点更多地投在 $|f(x_1,x_2,\cdots,x_s)|$ 取值大的区间。这就是说,采用重要抽样的蒙特卡罗积分方法。具体操作步骤是:首先,选一个抽样比较简单的概率分布密度函数 $g(x_1,x_2,\cdots,x_s)$,并定义

$$f^*(x_1,x_2,\cdots,x_s) = \begin{cases} \dfrac{f(x_1,x_2,\cdots,x_s)}{g(x_1,x_2,\cdots,x_s)}, & g(x_1,x_2,\cdots,x_s) \neq 0 \\ 0, & g(x_1,x_2,\cdots,x_s) = 0 \end{cases}$$

$$\tag{3.1.19}$$

使得 $f^*(x_1,x_2,\cdots,x_s)$ 在积分域内的方差较小,则式(3.1.18)可以写为

$$I = E\{f^*(x_1,x_2,\cdots,x_s)\}$$

$$= \int_0^1 \int_0^1 \cdots \int_0^1 f^*(x_1, x_2, \cdots, x_s) g(x_1, x_2, \cdots, x_s) dx_1 dx_2 \cdots dx_s$$
(3.1.20)

按照偏倚密度函数 $g(x_1, x_2, \cdots, x_s)$ 在 $0 \leqslant x_i \leqslant 1, (i=1,\cdots,s)$ 空间中抽取 N 个子样 $(x_{i1}, x_{i2}, \cdots, x_{is}), i=1,2,\cdots,N$，则记录函数 $f^*(x_1, x_2, \cdots, x_s)$ 的平均值为

$$I_N = \frac{1}{N} \sum_{i=1}^{N} f^*(x_{i1}, x_{i2}, \cdots, x_{is}) \qquad (3.1.21)$$

它给出了 I 的一个无偏估计值，并可以作为 I 的近似值。

如果在 s 维体积 Ω 内作多重积分 $I = \int \cdots \int_\Omega f(x_1, x_2, \cdots, x_s) dx_1 dx_2 \cdots dx_s$ 时，在积分域 Ω 内 $f(x_1, x_2, \cdots, x_s)$ 的方差并不大，为了简化抽样，就取

$$g(x_1, x_2, \cdots, x_s) = \begin{cases} 1/\Omega, & (x_1, x_2, \cdots, x_s) \in \Omega \\ 0, & \text{其他} \end{cases} \qquad (3.1.22)$$

这时记录函数为

$$f^*(x_1, x_2, \cdots, x_s) = \frac{f(x_1, x_2, \cdots, x_s)}{g(x_1, x_2, \cdots, x_s)} = \Omega f(x_1, x_2, \cdots, x_s) \quad (3.1.23)$$

在 s 维体积 Ω 内抽取随机样本 $(x_{i1}, x_{i2}, \cdots, x_{is})$ 是容易的，若抽得 N 个样本之后

$$I_N = \frac{\Omega}{N} \sum_{i=1}^{N} f(x_{i1}, x_{i2}, \cdots, x_{is}) \qquad (3.1.24)$$

就给出了 I 的近似值。

从前面介绍的减小方差的第二个原则可以看出，在采用蒙特卡罗方法计算多重积分时，如果能够将其中的某几重积分解析地求出时，应当尽量地使用解析方法。这样便能减小方差，加速收敛。

为了使在积分的高维体积内的投点更加均匀，我们可以将积分空间分成许多相同体积的子空间，在每个子空间中都投以相同数目的随机点，从而减少蒙特卡罗积分误差。这就是采用前面 2.4 节中介绍的"分层抽样方法"。这种积分方法也叫做分层蒙特卡罗积分法。

现在我们总结一下蒙特卡罗方法用于计算定积分时的显著特点：首先，蒙特卡罗方法计算定积分的收敛速度与积分的重数无关。从公式 (2.1.18) 也可以看出，中心极限定理与维数无关。蒙特卡罗方法求定积分的误差仅仅与方差 $V\{f\}$ 和子样容量 n 有关，而与子样中的元素所在的集合空间 Ω 的组成无关。被求定积分的维数变化，除了引起抽样及计算时间有变化外，对计算结果的精度没有影响。这就是说，利用该方法处理多重积分问题时，维数越高，其优越性越明显。第二，利用蒙特卡罗计算定积分问题时受积分域的限制较小。只要积分空间 Ω 可以用数学形式描述出其范围，不论它的形状如何复杂，我们都可以用式 (3.1.24) 给出该积分的

估计值。相比之下，其他的数值求定积分的方法则受 Ω 的形状限制很大。因而蒙特卡罗方法是解决复杂几何空间定积分的有效方法。

3.2 事例产生器

在核及粒子物理研究中，往往要做出微分截面或全截面的理论预言，并将其与实验结果进行对比。为此，实验工作者需要知道，理论上得到的截面值在多大精度范围内会被实验装置测量出来。这就需要将理论上得到的精确微分截面表达式，在实验探测相空间内进行积分。这里存在一些很难处理的问题：首先，目前的各种实验装置都相当复杂，对这样的相空间作解析积分几乎是不可能的。即使对某一个实验装置可以解析积出，但是若对实验装置稍加改动，与之密切相关的探测相空间也随之改变。我们就只好重新解析求此积分。其次，我们在计算总截面时，往往都要变换相空间的变量。这样就要增加雅可比行列式的因子，因而相空间积分的运算就更加复杂。最后要提及的问题是，假如我们要考虑各探测器的效率，就必须引入各种随机统计的效应。解析求积分的方法这时就无法处理这类统计问题，而只能用蒙特卡罗探测器模拟方法来解决。这样的模拟程序需要使用蒙特卡罗事例产生器。所谓事例产生器是一个随机产生"非加权"事例的模拟程序。"非加权"的含义是指末态粒子的四动量是按精确的微分截面来产生的。通过该产生器产生的这些事例，最终可以得到全截面的蒙特卡罗的估计值。采用事例产生器，我们就很容易地只对某个运动学变量的值产生事例，来得到相对于该变量的微分截面。如果理论是正确的，由它产生的事例与实际测到的事例的内在规律是相同的。因而，我们可以采用这些蒙特卡罗事例去做探测器模拟。

假定微分截面公式用如下符号表示

$$d\sigma = \frac{d\sigma}{dx}(x)dx \tag{3.2.1}$$

这里，x 表示张开相空间的运动学变量。根据蒙特卡罗理论，总截面 $\sigma = \int d\sigma$ 的蒙特卡罗估计值为

$$\sigma' = \frac{1}{N}\sum_{i=1}^{N}\frac{d\sigma}{dx}(x_i) \cdot \int dx \tag{3.2.2}$$

式中，x_i 是均匀分布的随机矢量。由前面的蒙特卡罗基本知识的介绍，可以知道 σ' 应当具有如下的特性：

(1) 当 N 很大时，σ' 收敛于 σ；

(2) σ' 的期望值等于 σ；

(3) 当 N 足够大时，σ' 是服从正态分布的；

(4) σ' 的标准误差为 $\left[V\left\{\dfrac{\mathrm{d}\sigma}{\mathrm{d}\boldsymbol{x}}(\boldsymbol{x})\right\}/N\right]^{1/2}$。

因此蒙特卡罗计算的 σ' 值的标准误差可以通过增加 N 或减少函数 $\dfrac{\mathrm{d}\sigma}{\mathrm{d}\boldsymbol{x}}(\boldsymbol{x})$ 的方差来减小。后一种方法往往更有效果,因而应当优先予以考虑。下面我们不再区别精确截面 σ 和蒙特卡罗估计截面值 σ',把它们都记为 σ。

利用事例产生程序来产生非加权事例,常用的方法有两种。一种为适应性抽样法(参见 2.5 节中的适应性蒙特卡罗方法),它是将重要抽样法和分层抽样法结合起来的迭代算法;另一种为重要抽样法。它们都可以减小计算出的截面方差。

当事例产生程序采用适应性抽样法时,原则上并不需要事先对微分截面 $\dfrac{\mathrm{d}\sigma}{\mathrm{d}\boldsymbol{x}}(\boldsymbol{x})$ 的性质有一些了解。程序自身可以根据函数特性来调整。这样的程序在产生事例时是以如下的四个步骤来实现的:

(1) 随机地选择一个子空间。这些子空间的划分是适应性蒙特卡罗方法程序运行第一阶段自动调整子区间的边界得到的。

(2) 在这个子空间内随机地抽取一个事例样本,并计算该事例的权重 w。该权重定义为对应于该事例参数的微分截面值与在该子空间内的最大微分截面值之比。

(3) 采用舍选法选择事例:取 $[0,1]$ 上的均匀分布随机数 ξ,如果 $\xi \leqslant w$,该事例被接受;反之,该事例被舍弃。

(4) 重复上面 (1)~(3),直到获得所需要的事例数。

上述方法显然具有一定的通用性。原则上只要反应过程的微分截面公式给出后,就可以立即产生出事例。但是在实际应用中尚存在一些困难需要解决。如果过程的矩阵元平方有很明显的峰值特性时,这将会影响事例产生程序的有效性。按照相对论量子力学理论,总截面可以表示为

$$\sigma = \int \mathfrak{M} \rho \mathrm{d}v \tag{3.2.3}$$

$\mathfrak{M}$ 为描述过程的矩阵元平方,与过程发生相关的动力学机制则包含在其中;ρ 为相空间密度,它是运动学变量的函数。积分是对所有的运动学变量构成的空间 v 进行的。不变矩阵元平方 $\mathfrak{M}$ 显然与微分截面相关。在被积函数的峰值特性很强的情况下,采用这种具有自动调整子空间边界的适应性蒙特卡罗抽样的事例产生器往往不是很有效。因而我们只好事先要对矩阵元平方的函数特性有所了解,以便更合理地划分子空间。当矩阵元平方的峰数不多时,依函数的特性来划分子区间可能不太困难,但是如果峰数很多时,要这样做就很困难。我们有时采用将积分变量作变量代换。被选择的新积分变量要使矩阵元平方的峰变平坦。此时就可以使用适应性蒙特卡罗抽样程序的自调整功能来得到精确结果。

基于重要抽样法的非权重事例产生器程序也是人们所偏爱的一种类型。它产生事例的基本步骤为：

(1) 找出一个被积微分截面 $\frac{d\sigma}{dx}(x)$ 函数的近似表达式。该近似表达式在相空间内应当是解析可积的，并且其函数必须具有与 $\frac{d\sigma}{dx}(x)$ 的精确表达式有相同的峰值结构。

(2) 根据该微分截面近似表达式的分布，随机抽取事例样本。

(3) 对产生的事例加权重，其权重因子 w 等于该事例对应的精确截面值与对应的近似微分截面值之比。

(4) 采用舍选法抽取非权重事例。取 $[0,1]$ 区间上均匀分布随机数 ξ，若 $\xi \leqslant w/w_{max}$，则接收事例；反之，则舍弃该事例。这样得到的事例即为非加权事例。

(5) 重复 (2)~(4) 过程，直至获得所需数量的事例数。

显然，这种方法与具体处理的反应过程关系很密切。不同的研究过程，甚至不同实验参数截断值的选取，都需要选择不同的近似函数，甚至采用不同的事例产生程序。因而与适应性抽样法产生事例相比，重要抽样产生事例存在不具通用性的困难。重要抽样法存在的第二个困难也同样是出现在当矩阵元平方的峰值特性复杂的情况。此时难于得到精确结果。这个困难有时可以采用多道蒙特卡罗抽样方法来解决。如 2.5 节所介绍的，该方法是基于叠加原理。其具体做法是：将精确微分截面 $d\sigma$ 分成若干 $d\sigma_i$ 的叠加。每个 $d\sigma_i$ 有它自己的峰值结构特性。然后我们对每个 $d\sigma_i$ 编写按上述步骤产生事例的子产生器程序。在具体产生事例时，随机选择一个子产生器，而选择第 i 个子产生器的概率正比于对应于 σ_i 的近似截面值 $\widetilde{\sigma}_i$。对于由第 i 个产生器产生的事例计算权重因子 $w_i = d\sigma_i / d\widetilde{\sigma}_i$，最后用舍选法得到以 $d\sigma$ 分布的事例。从在产生事例过程中得到的 w_i 可以算出总截面值为

$$\sigma = \int d\sigma = \sum_{i=1}^{N} \int d\sigma_i = \sum_{i=1}^{N} \langle w_i \rangle_{d\widetilde{\sigma}_i} \widetilde{\sigma}_i = \langle w \rangle \widetilde{\sigma}$$

其中

$$\widetilde{\sigma} = \sum_{i=1}^{N} \widetilde{\sigma}_i, \qquad \widetilde{\sigma}_i = \int d\widetilde{\sigma}_i, \qquad (i=1,2,\cdots,N) \tag{3.2.4}$$

这里，$\langle w_i \rangle_{d\widetilde{\sigma}_i}$ 表示以近似微分截面 $d\widetilde{\sigma}_i$ 分布的事例的权重因子 w_i 的平均值；$\langle w \rangle$ 表示按如下方法产生事例的权重因子 w 的平均值，即选择在 $[0,1]$ 区域上均匀分布随机数 ξ，判断满足不等式

$$\sum_{j=1}^{i-1} \widetilde{\sigma}_j / \widetilde{\sigma} \leqslant \xi < \sum_{j=1}^{i} \widetilde{\sigma}_j / \widetilde{\sigma} \tag{3.2.5}$$

的 i 值。然后按 $d\widetilde{\sigma}_i$ 分布产生事例。

通常一个事例产生器的效率定义为

$$E = \frac{\langle w \rangle}{w_{\max}} \tag{3.2.6}$$

很明显事例产生器的效率 E 可以作为衡量在某时间范围内产生出的非加权事例数的数量效率。该值在产生器程序产生事例的过程中就可以一并计算出来。

3.3 粒子碰撞过程的相空间产生

高能碰撞实验中，其物理可观测量的计算公式常常具有如下一般的形式

$$A = \int_V d\Phi_n(p_a + p_b, p_1, \cdots, p_n) \frac{\mathfrak{M}}{8K(s)} F(A, p_1, \cdots, p_n) \tag{3.3.1}$$

其中，p_a 和 p_b 是入射碰撞粒子四动量，末态 n 个出射粒子四动量标记为 $p_1, \cdots, p_n$。洛伦兹不变的相空间体积元记为 $d\Phi_n$。$1/(8K(s))$ 为 Mandelstam 变量 $s = (p_a + p_b)^2$ 的函数，它是运动学因子，其中还包括对初态粒子自旋求平均（假定初态粒子有若干自旋态）的系数。$\mathfrak{M}$ 是相关过程的矩阵元绝对值的平方，它是一个 $3n-4$ 个独立运动学参数的函数。$F(A, p_1, \cdots, p_n)$ 是定义可观测量的函数表示，其中包括所有实验的截断值。它的积分域 V 可以是整个物理相空间，也可以是其中的一部分。例如，正负电子对撞湮没过程就具有公式(3.3.1)描写的可观测量，但是对于强子碰撞过程的可观测量的表示就与上式略有差别。在强子碰撞过程中，往往直接精确计算过程的矩阵元绝对值的平方是不可能的。例如，程序包 HERWIG[1] 和 PYTHIA[2] 事例产生器可以用来模拟强子碰撞过程。该程序中强子碰撞过程的矩阵元绝对值的平方近似地通过三阶段的处理来得到。首先，仅考虑该强作用过程所含部份子参与的子过程，对其进行微扰计算，写出其洛伦兹不变幅度。然后，硬对撞产生的部份子允许辐射部份子，这个阶段通常也称为部份子的级联簇射过程。最后，产生的部份子按照唯象理论模型转换为可以观测到的强子。在这个处理过程中，微扰计算也与常规方式不同。它在计算中做了如下的假定：① 可观测量是无红外发散的量。这是使人们相信微扰理论计算结果的起码要求。② 计算是基于强子的部份子理论，可观测量的计算在部份子图像中进行。这也是假定强子化过程引起的修正很小，因而可以忽略。这样，矩阵元平方 $\mathfrak{M}$ 在微扰理论中可以逐阶地进行计算。

在微扰计算和事例产生器过程中，在相空间中随机产生末态出射粒子的四动量常常会出现困难。假定对于 n 粒子末态，它的洛伦兹不变四动量记为 $p_1, \cdots, p_n$，对应的质量为 $m_1, \cdots, m_n$，则其洛伦兹不变的相空间体积元 $d\Phi_n$ 表示为

$$d\Phi_n(P, p_1, \cdots, p_n) = (2\pi)^4 \delta^{(4)}\left(P - \sum_{i=1}^n p_i\right) \prod_{i=1}^n \frac{d^4 p_i}{(2\pi)^3} \theta(p_i^0) \delta(p_i^2 - m_i^2)$$

$$\tag{3.3.2a}$$

该式表示的相空间体积元可按如下公式因子化

$$\mathrm{d}\Phi_n(P,p_1,\cdots,p_n) = \frac{1}{2\pi}\mathrm{d}Q^2\,\mathrm{d}\Phi_j(Q,p_1,\cdots,p_j)\mathrm{d}\Phi_{n-j+1}(P,Q,p_{j+1},\cdots,p_n)$$

(3.3.2b)

其中，$Q = \sum_{i=1}^{j} p_i$。

公式(3.3.2a)对于无质量的粒子($m_1=\cdots=m_n=0$)的相空间体积

$$\Phi_n = \int \mathrm{d}\Phi_n = (2\pi)^{4-3n}\left(\frac{\pi}{2}\right)^{n-1}(P^2)^{n-2}/[\Gamma(n)\Gamma(n-1)] \qquad (3.3.3)$$

在实际计算中，对相空间体积元的积分将会使表达式中的 δ 函数积掉。以计算粒子反应过程全截面为例，由可观测量公式(3.3.1)，得到 n 粒子末态的反应过程的全截面积分表示可以写为

$$\sigma_n = \int_V \mathrm{d}\Phi\rho_n(\Phi)\mathfrak{M}(\Phi) \qquad (3.3.4)$$

式(3.3.3)中 Φ 表示在 $3n-4$ 维相空间中一个相空间点的坐标，这个坐标基的选取可以是任意一组运动学变量。公式中的积分区域 V 也要表示为相应相空间变量 Φ 的表示。被积函数 $f_n(\Phi) = \rho_n(\Phi)\mathfrak{M}(\Phi)$ 是矩阵元平方与相空间密度的乘积。相空间密度 $\rho_n(\Phi)$ 是来自对 δ 函数积分和变量变换产生因子的乘积。由变量变换产生的因子也称为雅可比因子。

相空间积分的复杂性主要来自它是一个高维多重积分。被积函数中的 δ 函数表面上看起来很简单，但是它对积分域的限制却往往很复杂。并且被积变量间也可能是相关的。一般来讲，对两体末态的过程，相空间积分还比较简单，但是对三体末态的情况，就已经有多达四个非平庸变量，而且相空间积分域也可能找不到简单的形式表述出来。对这样的积分最常用的有效办法就是采用蒙特卡罗方法。下面我们介绍两种产生相空间的方法。

1. 顺序排列法

产生 n 粒子相空间的方法之一是基于反复利用因子化公式(3.3.2b)，使末态的 n 粒子体系是来源于顺序排列的两体衰变[3]。反复利用公式(3.3.2b)我们得到

$$\mathrm{d}\Phi_n(P,p_1,\cdots,p_n) = \frac{1}{(2\pi)^{n-2}}\mathrm{d}M_{n-1}^2\cdots\mathrm{d}M_2^2\,\mathrm{d}\Phi_2(n)\cdots\mathrm{d}\Phi_2(2) \qquad (3.3.5)$$

其中，$M_i^2 = q_i^2$，$q_i = \sum_{j=1}^{i} p_j$ 和 $\mathrm{d}\Phi_2(i) = \mathrm{d}\Phi_2(q_i,q_{i-1},p_i)$。不变质量的允许范围在 $(m_1+\cdots+m_i)^2 \leqslant M_i^2 \leqslant (M_{i+1}-m_{i+1})^2$ 区间。在 q_i 的静止坐标系中，两粒子相空间 $\mathrm{d}\Phi_2(q_i,q_{i-1},p_i)$ 有如下表示

$$d\Phi_2(q_i, q_{i-1}, p_i) = \frac{1}{(2\pi)^2} \frac{\sqrt{\lambda(q_i^2, q_{i-1}^2, m_i^2)}}{8q_i^2} d\varphi_i d(\cos\theta_i) \qquad (3.3.6)$$

其中,运动学函数 $\lambda(x,y,z)$ 定义为

$$\lambda(x,y,z) = x^2 + y^2 + z^2 - 2xy - 2yz - 2zx \qquad (3.3.7)$$

该相空间产生采用如下步骤:

(1) 首先,让 $i=n, q_i=P$ 和 $M_i=\sqrt{q_i^2}$;

(2) 洛伦兹变换到 q_i 的静止坐标;

(3) 产生两个 $[0,1]$ 区间的伪随机数 ξ_{i1}, ξ_{i2},并使 $\varphi_i = 2\pi\xi_{i1}, \cos\theta_i = \xi_{i2}$;

(4) 如果 $i \geqslant 3$ 就产生第三个伪随机数 ξ_{i3},并使 $M_{i-1} = (m_1 + \cdots + m_{i-1}) + \xi_{i3}(M_i - \sum_{j=1}^{i} m_j)$,如 $i=2$,置 $M_1 = m_1$。

(5) 取

$$|\boldsymbol{p}_i'| = \frac{\sqrt{\lambda(M_i^2, M_{i-1}^2, m_i^2)}}{2M_i} \qquad (3.3.8)$$

并且 $\boldsymbol{p}_i' = |\boldsymbol{p}_i'| \cdot (\sin\theta_i \sin\varphi_i, \sin\theta_i \cos\varphi_i, \cos\theta_i)$,进一步置

$$p_i' = (\sqrt{|\boldsymbol{p}_i'|^2 + m_i^2}, \boldsymbol{p}_i'), \qquad q_{i-1}' = (\sqrt{|\boldsymbol{p}_i'|^2 + M_{i-1}^2}, -\boldsymbol{p}_i'); \qquad (3.3.9)$$

(6) 变换回到原来的洛伦兹系统;

(7) 将 $i \Rightarrow i-1$。如果 $i \geqslant 2$,则回到第(2)步,反之,则置 $p_1 = q_1$。

该方法产生随机事例的权重为

$$w = (2\pi)^{4-3n} 2^{1-2n} \frac{1}{M_n} \prod_{i=2}^{n} \frac{\sqrt{\lambda(M_i^2, M_{i-1}^2, m_i^2)}}{M_i} \qquad (3.3.10)$$

2. RAMBO 算法

在高能物理现象学中,蒙特卡罗事例产生器被证明是特别有用的工具。一般人们常常要求事例产生器产生按照微分截面分布的非加权事例,即所有模拟事例与真实事例出现的概率都是相同的。实际上,蒙特卡罗产生程序最初产生的事例往往都带有权重,该权重是由散射矩阵元绝对值的平方和相空间密度决定。上面讨论的顺序排列法产生每个事例的权重与它产生的末态粒子的四动量密切相关 [见公式(3.3.10)]。我们如果希望产生非加权的事例,就要求去掉相空间中均匀分布事例上所加的权重。RAMBO 子程序就是一个能够在相空间中产生非加权事例的程序。RAMBO 算法[4]就是通过 $4n$ 个 $[0,1]$ 区间均匀分布的伪随机数,产生质心系能量为 $\sqrt{P^2}$ 情况下 n 个末态粒子的四动量。对无质量的末态粒子,粒子四动量是以均匀权重产生。我们首先讨论这种情况。

取 $P^\mu = (\omega, 0, 0, 0)$ 为类时四矢量。质心系能量为 ω 的 n 个无质粒子的相空

间体积为
$$\Phi_n = \int (2\pi)^4 \delta^{(4)}\left(P - \sum_{i=1}^n p_i\right) \prod_{i=1}^n \frac{\mathrm{d}^4 p_i}{(2\pi)^3} \theta(p_i^0)\delta(p_i^2) \tag{3.3.11}$$

为推导 RAMBO 算法,我们先来考查如下定义的量
$$R_n = \int (2\pi)^4 f(q_i^0) \prod_{i=1}^n \frac{\mathrm{d}^4 q_i}{(2\pi)^3} \theta(q_i^0)\delta(q_i^2) = (2\pi)^{4-2n}\left(\int_0^\infty x f(x) \mathrm{d}x\right)^n \tag{3.3.12}$$

R_n 量可以看作是描述 n 个无质量粒子,四动量为 q_i^μ 的系统的参数,四动量 q_i^μ 不受动量守恒限制,但其出现具有权重 f,以保持总体积有限。四矢量 q_i^μ 通过下式与物理四动量相关联
$$p_i^0 = x(\gamma q_i^0 + \boldsymbol{b} \cdot \boldsymbol{q}_i), \qquad \boldsymbol{p}_i = x(\boldsymbol{q}_i + \boldsymbol{b}q_i^0 + a(\boldsymbol{b}\cdot\boldsymbol{q}_i)\boldsymbol{b}) \tag{3.3.13}$$

其中
$$Q^\mu = \sum_{i=1}^n q_i^\mu, \qquad M = \sqrt{Q^2}, \qquad \boldsymbol{b} = -\frac{1}{M}\boldsymbol{Q}$$
$$\gamma = \frac{Q^0}{M} = \sqrt{1+\boldsymbol{b}^2}, \qquad a = \frac{1}{1+\gamma}, \qquad x = \frac{\omega}{M} \tag{3.3.14}$$

我们将这个变换和其逆变换表示为
$$p_i^\mu = x H_b^\mu(q_i), \qquad q_i^\mu = \frac{1}{x} H_{-b}^\mu(p_i) \tag{3.3.15}$$

作变量代换得到
$$R_n = \int (2\pi)^4 \delta^4\left(P - \sum_{i=1}^n p_i\right) \prod_{i=1}^n \frac{\mathrm{d}^4 p_i}{(2\pi)^3} \theta(p_i^0)\delta(p_i^2)$$
$$\cdot \left(\prod_{i=1}^n f\left(\frac{1}{x}H_{-b}^0(p_i)\right)\right) \frac{(P^2)^2}{x^{2n+1}\gamma} \mathrm{d}^3 b \mathrm{d}x \tag{3.3.16}$$

选择 $f(x) = \mathrm{e}^{-x}$,对 $\boldsymbol{b}$ 和 x 积分得到
$$R_n = \Phi_n \cdot S_n \tag{3.3.17}$$

其中
$$S_n = 2\pi(P^2)^{2-n}\Gamma\left(\frac{3}{2}\right)\Gamma(n-1)\Gamma(2n)/\Gamma\left(n+\frac{1}{2}\right) \tag{3.3.18}$$

这就给出了按照相空间式(3.3.11)产生无质量粒子四动量 p_i^μ 的蒙特卡罗算法。我们现在可以总结这个算法所包括的两个步骤:

(1) 产生相互独立的 n 个无质量粒子四动量 q_i^μ,它们具有角度各向同性分布,能量 q_i^0 服从分布密度函数 $g(q_i^0) = q_i^0 \mathrm{e}^{-q_i}$。利用 $4n$ 个 $[0,1]$ 区间均匀分布的伪随机数 ξ_i,则可以按以下公式得到按要求分布的四动量 q_i^μ
$$c_i = 2\xi_{i1} - 1, \qquad \varphi_i = 2\pi\xi_{i2}, \qquad q_i^0 = -\ln(\xi_{i3}\xi_{i4})$$

$$q_i^x = q_i^0 \sqrt{1-c_i^2}\cos\varphi_i, \qquad q_i^y = q_i^0 \sqrt{1-c_i^2}\sin\varphi_i, \qquad q_i^z = q_i^0 c_i,$$
(3.3.19)

(2) 利用公式(3.3.13)将四矢量 q_i^μ 变换为四矢量 p_i^μ。
这样得到的每个事例都有相同的权重,该权重等于

$$w_0 = (2\pi)^{4-3n}\left(\frac{\pi}{2}\right)^{n-1}(P^2)^{n-2}/[\Gamma(n)\Gamma(n-1)] \quad (3.3.20)$$

对于有质量粒子的相空间构造可以从无质量构造开始产生,然后再变换到要求的有质量构造。这是按如下步骤完成的:首先,让 p_i^μ 为一组无质量粒子的动量。我们又从无质量粒子相空间开始计算

$$\Phi_n(\{p\}) = \int (2\pi)^4 \delta^{(4)}\left(P - \sum_{i=1}^n p_i\right)\prod_{i=1}^n \frac{\mathrm{d}^4 p_i}{(2\pi)^3}\theta(p_i^0)\delta(p_i^2) \quad (3.3.21)$$

利用下式将 p_i^μ 变换到四动量 k_i^μ

$$k_i^0 = \sqrt{m_i^2 + \zeta^2(p_i^0)^2}, \qquad \boldsymbol{k}_i = \zeta \boldsymbol{p}_i \quad (3.3.22a)$$

其中,ζ 为如下方程的根

$$\omega = \sum_{i=1}^n \sqrt{m_i^2 + (p_i^0)^2 \zeta^2} \quad (3.3.22b)$$

它的逆变换,即将 k_i^μ 变换到四动量 p_i^μ 可以得到

$$p_i^0 = \sqrt{(k_i^{0\,2} - m_i^2)/\zeta^2}, \qquad \boldsymbol{p}_i = \boldsymbol{k}_i/\zeta \quad (3.3.23a)$$

与上面相似,ζ 为如下方程的根

$$\omega = \sum_{i=1}^n \sqrt{(k_i^{0\,2} - m_i^2)/\zeta^2} \quad (3.3.23b)$$

注意,(3.3.22b)和(3.3.23b)两个方程求解会得到同样的 ζ 值。需要说明一下,一般情况下,(3.3.22b)或(3.3.23b)两个方程并无 ζ 的解析解,因而只能用数值计算求出。经过一些数学计算后,我们得到

$$\Phi_n(\{p\}) = \int (2\pi)^4 \delta^{(4)}\left(P - \sum_{i=1}^n k_i\right)$$

$$\cdot \left\{\zeta^{3(1-n)}\left(\prod_{i=1}^n \frac{k_i^0}{p_i^0}\right)\left(\sum_{i=1}^n \frac{|\boldsymbol{k}_i|^2}{k_i^0}\right)\left(\sum_{i=1}^n \frac{|\boldsymbol{p}_i|^2}{p_i^0}\right)^{-1}\right\}$$

$$\cdot \prod_{i=1}^n \frac{\mathrm{d}^4 k_i}{(2\pi)^3}\theta(k_i^0)\delta(k_i^2 - m_i^2) \quad (3.3.24)$$

其中,$\{p\}$ 和 $\{k\}$ 分别为一组可能的四动量 p_i^μ 和 k_i^μ。明显地,我们可以看到交换两组四动量 $\{p\}$ 和 $\{k\}$,式(3.3.24)中的权重与原来的互为倒数,即相空间蒙特卡罗模拟权重可写为

$$w(\{p\},\{k\}) = \zeta^{3(n-1)}\left(\prod_{i=1}^n \frac{p_i^0}{k_i^0}\right)\left(\sum_{i=1}^n \frac{|\boldsymbol{p}_i|^2}{p_i^0}\right)\left(\sum_{i=1}^n \frac{|\boldsymbol{k}_i|^2}{k_i^0}\right)^{-1} \quad (3.3.25)$$

由公式(3.3.23b)我们得到

$$\zeta = \sum_{i=1}^{n} |k_i|/\omega \quad (3.3.26)$$

则权重等于

$$w_m = \omega^{4-2n} \Big(\sum_{i=1}^{n} |k_i|\Big)^{2n-3} \Big(\prod_{i=1}^{n} \frac{|k_i|}{k_i^0}\Big) \Big(\sum_{i=1}^{n} \frac{|k_i|^2}{k_i}\Big)^{-1} \quad (3.3.27)$$

与无质量的情况比较,这个权重不再是常数,而是在相空间中变化的。

现在总结一下在相空间中产生 n 个有质量末态粒子的步骤。它包括以下三个步骤:

(1) 产生 n 各无质量末态粒子的事例;

(2) 数值求解方程(3.3.23b)的根;

(3) 利用公式(3.3.22a)得到有质量粒子的动量。

这样的事例权重为

$$w = w_m \cdot w_0 \quad (3.3.28)$$

其中,w_0 和 w_m 的计算公式分别见(3.3.20)和(3.3.27)。有关 RAMBO 算法的详细证明参见文献[4]。RAMBO 子程序的 FORTRAN 源程序见附录 F。

3.4 高能物理实验中蒙特卡罗方法的应用

1. 实验设计中的蒙特卡罗方法的应用

在提出一个完整的高能物理实验建议书,或者设计一个实验装置的时候,应当采用蒙特卡罗方法对准备研究的物理过程、本底、判选条件、探测器性能、装置中各个探测器的设计安排等进行研究。这对于较大实验装置和实验建议在付诸实施之前,是非常必要并且具有很实用的价值。这是因为在蒙特卡罗模拟实验系统中,人们可以很容易地控制过程的进行,修改有关的参数,试验各种方案;并且通过对模拟实验结果的分析进一步了解实验装置各部分和总体的特性,从而可以在达到设计要求的前提下简化设计,减少投资,增加工程的可靠性。下面我们将对实验装置的性能及实验方案可行性研究中的蒙特卡罗方法分别举例说明。

(1) 实验装置性能的研究

高能粒子反应的终态粒子在探测器中的输运是个很复杂的过程。探测器是通过终态粒子在其中穿行过程中,留下的时间信息和(或)能量沉积信息来决定终态粒子的物理参数,如能量、动量、运动方向和粒子种类等。例如,要确定带电粒子的动量,通常可以从测量该粒子在磁场中径迹的曲率来得到

$$p = 3 \times 10^{-2} BZ\rho (\text{GeV}/c) \quad (3.4.1)$$

其中,p 为粒子动量,Z 为该粒子电荷(以电子电荷为单位)。B 为磁场强度,用

KGS 为单位。ρ 为径迹曲率，以 m(米) 为单位。该曲率是通过沿径迹取很多点的坐标测量值计算出来的。这样计算出的动量实际上包含了探测器对径迹空间的有限分辨率引起的误差，还包括了粒子的径迹穿过探测器内时，在其中各种材料上的多次散射造成的误差。

这些效应具有随机性。它们可以直接用蒙特卡罗的计算方法来确定这些效应的数值。我们首先产生这个粒子的动量 p 的数值及其方向，然后跟踪该粒子穿过探测装置的径迹（假定我们已在探测装置内施以磁场强度为 B 的磁场）。每当粒子穿过探测器中物质的一小段薄层时，我们根据随机多重散射的规律抽样，对粒子的运动方向进行修正。多次散射偏转角的分布密度函数近似为高斯分布

$$f(\theta_{空间})\mathrm{d}\Omega \approx \frac{1}{\pi\theta_0^2}\exp\left\{-\frac{\theta_{空间}^2}{\theta_0^2}\right\}\mathrm{d}\Omega \tag{3.4.2}$$

θ_0 为多次散射的角度均方根值，单位为弧度。它与介质的特征量 x_0（介质辐射长度），介质层厚度 L 及粒子的电荷 Z，动量 p 和速度 β 有关

$$\theta_0 = \frac{20(\mathrm{GeV/c})}{p\beta}Z\sqrt{\frac{L}{x_0}}\left[1+\frac{1}{9}\lg\left(\frac{L}{x_0}\right)\right] \tag{3.4.3}$$

粒子通过一小段物质薄层时，是否因为多重散射偏离原来的圆弧形径迹。这决定于粒子在该介质中的辐射长度 x_0。一般在跟踪粒子时，这些小薄层都选得很薄，速度 β 相对较大，因此可以近似将粒子在这小薄层的径迹长度 L 用粒子在这一小薄层起点和终点间的直线距离 $|\boldsymbol{x}_{i+1}-\boldsymbol{x}_i|$ 来近似。利用公式(3.4.2)和(3.4.3)，则可以抽样得到该粒子穿过物质小薄层后的偏转角 $\theta_{空间}$。据此再算出下一个小薄层终点处的坐标参数。如此一步一步地跟踪下去，就可以确定出入射粒子在探测器中的径迹。在实际跟踪粒子的时候，我们往往还要考虑到探测器的有限分辨率 σ 所带来的效应。这就要求对在每一个小薄层计算出的坐标值 $\boldsymbol{x}$，按方差为 σ^2 的高斯分布作模糊处理，即按 $N(\boldsymbol{x}_i,\sigma^2)$ 的分布重新抽样确定这一点的空间坐标值 $\boldsymbol{x}$。通过这样的跟踪过程，就得到一系列的空间坐标值，再利用公式(3.4.1)计算出该粒子的动量估计值。将此值与粒子入射到这个探测装置的动量值作比较，就可以得到该探测装置的动量分辨率。

一般情况下，模拟计算得到的动量分辨率是粒子动量的函数。但是如果模拟某个探测装置的动量分辨率值很大，则探测装置的这部分设计就应当做修改。例如，提高磁场强度、重新安排探测器以测量更多的空间坐标参数、改进探测器位置测量精度或者减小该装置中材料的密度等等。

上述处理随机误差的方法也可以用于研究探测器中某部分探测系统的安装位置偏差对系统误差的影响，以及磁场强度的波动对系统误差的影响。综合各种因素后，最后得到该装置测量的最大允许误差。

实际上，在对实验装置进行设计的阶段，需要对探测器做大量的类似上面介绍

的模拟研究,以了解该装置中各个探测器的响应,并进一步判断该装置是否能满足各项指标的要求以及探测器的安排和设计是否合理。

(2) 实验方案可行性研究

高能物理实验的目的之一是要检验某种理论或假说的正确性,并排除一些可能的理论和假说。因而在对实验装置进行评估时,判断它能否实现对理论或假说的检验是很必要的。例如,我们想要利用某个实验装置判断一个共振态的自旋。假定理论上该粒子的自旋可能是 0 或 1;并且如果自旋为 0,该粒子的衰变产物在静止系中的角分布应当是各向同性的;如果自旋为 1,则末态粒子在静止系中的角分布应当正比于 $\cos^2\theta$。现在我们要判断一下该装置是否能从 30 个事例测量中排除自旋为 0 的可能性。为此,我们可以作如下的讨论:

例如,我们采用 100 个蒙特卡罗"实验"来再现这个衰变过程,以检验这个实验检验理论的可能性。在这些模拟"实验"中,每个"实验"包括了 30 个事例;末态粒子产生的理论机制是按照自旋为 1 的情况来模拟的;模拟"实验"中将实验装置的探测效率和各探测器的分辨率对观测到的末态粒子分布的影响都考虑在内。

对由蒙特卡罗"实验"得到的一系列数据进行适当处理,然后分析到底有几个"实验"得到的数值与共振态自旋为 0 时,末态粒子分布各向同性所预言的数值相一致。如果这样的"实验"数有好几个,我们就断言:这个实验装置没有分辨共振态自旋为 0 或 1 的能力。这时我们就要设法增加事例数,使事例数大于 30 或者(和)改善该装置的角分辨率。

事实上,当今所有的大型高能物理实验的建议书都毫不例外地包括了大量的蒙特卡罗模拟计算。这样才能使主审委员会和从事该实验的所有成员相信该实验方案是可行的。

2. 实验数据分析中的蒙特卡罗模拟方法的应用

在高能物理实验中,常常用一些大型、复杂的程序来分析实验数据和对实验数据进行筛选分类。为了检验这些程序的可靠性,可以采用输入一些已知数据格式的蒙特卡罗数据,以检验该程序能否总是成功地重建输入数据。这种方法非常有用。特别是在实验装置运行之前,采用蒙特卡罗模拟数据来检验程序就更为必要。

假如有一束粒子与固定靶相互作用产生多达 6 个次级粒子径迹。这些径迹的空间坐标是由在作用点后面,置于不同平面上的计数器来测定的。整个探测器的探测部分都置于磁场之中。我们的分析程序首先必须解决径迹的形状分辨问题,即判断出在各个平面上获得的坐标参数中,哪些是相关的(即对应于同一个粒子径迹的)。然后必须由这些坐标参数计算出径迹参数,如电荷、方向和动量。

对这种问题,我们可以写一个蒙特卡罗程序来产生次级粒子径迹。看看该径迹是否与计数器平面相交。该相交的判断及位置的确定需要考虑到在径迹上粒子与各种物质的多重散射,并且要对交点的坐标按实验误差作模糊处理;此外,程序中还要包括考虑计数器的探测效率而引起的事例丢失;还要舍弃两个径迹击中同一个计数器,且位置间距小于计数器位置分辨率的事例样本。或许为了更接近于实验真实,我们还可以通过蒙特卡罗计算,产生一些本底污染过程的事例径迹。这些数据也输入到分析程序中,以得到这些径迹在穿越实验装置时的坐标数据。然后再对它们进行上面已介绍过的对径迹的分辨率模糊处理和取舍。通常我们感兴趣的是探测器的径迹探测效率(径迹探测效率与粒子的动量和动量方向有关。两个径迹间的距离太近也影响探测效率。这些相关性实际上反映出探测器的性能参数、位置安排以及理论上多径迹事例的产生机制对径迹探测效率有直接的影响)。因而只要把输入的蒙特卡罗事例的径迹参数与蒙特卡罗"实验"所得到的事例径迹参数进行比较,就可以估计出该实验装置的探测效率和分辨率。

上面这些过程往往作为在实验装置获取数据之前,编制、检验和准备分析程序的工作步骤。

要从分析程序的结果中,得到所要研究的反应过程的全截面,除了要算出该过程的探测效率外,还必须求出每一个污染过程对所研究的过程所造成的本底。事实上,为了尽可能地压低本底背景,在实验测量和分析中要采取许多措施。其中包括对电子学方面的触发选择、在线判选等等,以及在离线分析中广泛地采用对一些物理量的截断作为对各种反应过程的判选条件。但是即使使用了多种判选条件,某些本底过程的事例并不能完全排除。在粒子物理实验中,蒙特卡罗程序可以根据过程的理论规律,产生出主过程和本底过程事例,由此给出末态粒子的所有径迹参数。然后再将这些径迹参数输入到分析程序中就可以算出该装置的探测效率和本底过程对全截面测量的影响。

探测器本身所具有的鉴别粒子类型的特性,也导致一个与本底过程所产生的相似问题。例如,μ介子的鉴别是由于它具有比其他类型粒子更强的穿透能力;电子可以从它产生特有的电磁簇射来辨认;其他一些已知动量p的粒子,在一定程度上可以通过测定飞行时间、切连科夫辐射或能量沉积来得到其运动速度β,并由公式$m=p/\beta$得到的质量可以判断其粒子类型。但是所有这些方法都不能保证以100%的可靠性辨别出混在本底粒子中的某个粒子的类型。为此,我们常常需要做大量复杂的蒙特卡罗模拟,以决定采用何种方法才能使探测和分析鉴别某个被研究粒子的效率最高。实际上,本底事例的探测效率不仅与探测器的性能有关,而且还与待测粒子与其他各种类型的本底粒子的通量比有关。

通过蒙特卡罗方法的实验数据分析,还可以用来检验理论的正确与否。即使实验得到的结果似乎与某个理论预言不一致,我们还是必须说明:在多大的可信程度内,这个理论是不正确的。要做这样的分析,我们可以做一些蒙特卡罗"实验"(比如做100个这样的"实验")。每个"实验"中产生的事例数与真实实验中获取的事例数相同。这些蒙特卡罗模拟事例是按我们所要检验的理论来抽样产生的。蒙特卡罗"实验"程序中还应当考虑到探测效率和分辨率的效应。为了便于作定量的分析,我们可以将所有蒙特卡罗"实验"得到的某物理量的计算值绘在直方图上,分析真实实验测到的该物理量是否与模拟"实验"的典型值一致。如果蒙特卡罗"实验"得到的该物理量的分布范围,不含真实实验测得的值,则该理论预言与实验结果是完全不一致的。这种方法对物理量的偏差是非高斯分布的情况,是非常有用的。在这样的情况下通常的统计检验方法不再适用。

最好我们能从实验中测量到某个物理量的分布后,再与蒙特卡罗"实验"得到的分布进行比较。这样往往更精确一些。例如,胶子存在与否的实验数据分析就是基于这种对比的分析。在正负电子具有 30GeV 以上的质心系能量的对撞机上,强子产生的机制之一为过程

$$e^+ e^- \to \gamma \to q\bar{q} \tag{3.4.4}$$

q 和 $\bar{q}$ 为夸克和反夸克。它们碎裂后成为强子。TASSO 实验组的实验数据点(见图 3.4.1)以及按此机制所绘制的蒙特卡罗计算曲线(图 3.4.1 中的虚线所示)不相符。但是我们加上

$$e^+ e^- \to \gamma \to q\bar{q}g \tag{3.4.5}$$

过程(该过程除产生夸克对外,还有一个胶子。夸克对、胶子碎裂后均成为强子)。这样得到的蒙特卡罗计算曲线与实验点符合很好(图 3.4.1 实线所示)。这就证明了胶子的存在。

图 3.4.1 中 p_T 为仅在"事例平面"上的带电强子,垂直于喷注轴的动量分量。关于喷注轴和事例平面的定义见文献(M. Althoff et al. Z. fuer Physik, 1984, C22, 307)。$\langle p_T^2 \rangle_{in}$ 为 p_T 平方的平均值。

另一个应用蒙特卡罗方法的例子是寻找共振态粒子的数据分析。实验中为了寻找共振态,往往要绘出不变质量的分布图。如果在分布图上出现明显的一个峰,则该峰对应的质量值处存在一个共振态;如果分布是平坦的,则不存在共振态。但是在实验分布图中,往往会遇到不变质量谱上峰的形状并不明显,难于与事例数的统计涨落分辨开来的情况。造成这种情况的原因主要是:

(a) 由于共振态有较短的寿命,而探测装置的分辨率有限,因而会引起共振峰在不变质量谱上表现不明显。

(b) 由于本底过程可能对主过程的严重污染。

(c) 由于共振态衰变为某几个粒子的分支比很小,因而从绘出的这几个粒子的不变质量谱上,不容易辨认出峰存在与否。

(d) 主过程末态中也许有几个相同粒子,计算不变质量时可能有多种不变质量组合。其中一些组合并非全部由共振态的衰变产物构成。

要解决这个困难,可以采用蒙特卡罗模拟来分析。我们按理论对主过程进行

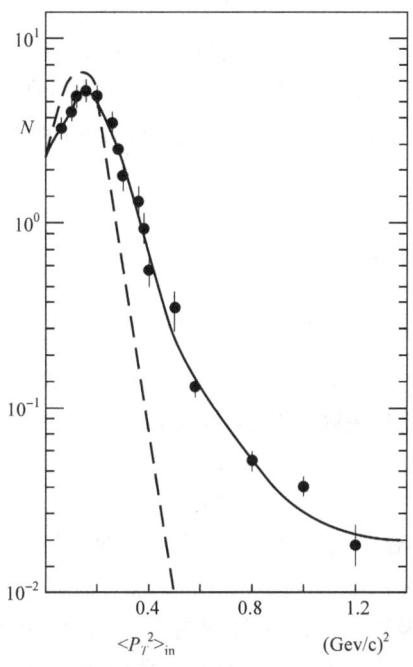

图 3.4.1　$e^+e^-\to$强子过程的蒙特卡罗
计算与实验数据的比较

模拟。模拟中认为没有该共振态的生成,产生出与实验所获得的相同事例数。用这样的蒙特卡罗"实验"做 100 次,然后绘出 100 个不变质量分布图。加上真实实验获得的不变质量分布图共 101 张。将这些图交给有经验的同事,让他从这 101 张图中选出 5 张看来最可能是有共振峰存在的图。如果这 5 张中包括了由真实实验所得到的不变质量谱图,则我们说:在 95% 的置信水平上,实验数据中包含了共振态的存在,不变质量谱上模糊的峰形不是由统计涨落引起的。

在实践中,我们要最后断言一个新共振态的发现,还必须在高于 95% 的置信水平上来判断。因而要从众多的实验不变质量分布图中,选择一个统计涨落大的来作上述分析。这样得到的实际置信度就要高一些。

3.5　在量子力学中的蒙特卡罗方法

量子力学中的波函数是直接与概率密度相关的量,与波函数相关的分布密度函数具有关系式

$$p(\boldsymbol{x},t)\mathrm{d}\boldsymbol{x} = c\,|\,\Psi(\boldsymbol{x},t)|^2\mathrm{d}\boldsymbol{x}$$

其中,c 为归一化常数,因此波函数 $\Psi(\boldsymbol{x},t)$ 也被称为概率幅度。因此人们很自然

地想到可以利用蒙特卡罗方法来求解量子力学问题。用于求解量子系统的薛定谔方程的蒙特卡罗模拟方法通称为量子蒙特卡罗方法。在实际应用中主要有路径积分蒙特卡罗方法(PIMC)，变分蒙特卡罗方法(VMC)和格林函数蒙特卡罗方法(GFMC)等。在本节我们将对这些方法的基础知识分别予以介绍。

1. 量子力学回顾

量子力学的基本方程是薛定谔方程

$$\hat{H}\Psi(\boldsymbol{x},t) = i\hbar\frac{\partial \Psi}{\partial t} \tag{3.5.1}$$

其中，$\hbar=h/2\pi$ 称为约化的普朗克常数，h 为普朗克常数。$\hat{H}$ 为微观体系的哈密顿量算符。对微观粒子，其哈密顿量算符 $\hat{H}$ 可以写为

$$\hat{H} = -\frac{\hbar^2}{2m}\nabla^2 + \hat{V} \tag{3.5.2}$$

$\hat{V}$ 为势函数算符。求解哈密顿量算符 $\hat{H}$ 所对应的能量本征态的波函数和能量本征值是量子力学的基本内容。若知道初始态的波函数为 $\Psi(\boldsymbol{x},t_0)$，波动方程(3.5.1)则有唯一的波函数解及以后时刻的概率密度 $|\Psi|^2$。从费曼的观点来看，一个粒子在某个时刻 t，某空间位置 $\boldsymbol{x}$ 的波函数应当是来自所有的初始态位置"传播"到该时空点的幅度。即

$$\Psi(\boldsymbol{x},t) = \int_{-\infty}^{+\infty} D_F(\boldsymbol{x},t;\boldsymbol{x}_0,t_0)\Psi(\boldsymbol{x}_0,t_0)\mathrm{d}\boldsymbol{x}_0 \tag{3.5.3}$$

上式中的 $D_F(\boldsymbol{x},t;\boldsymbol{x}_0,t_0)$ 称为"传播子"。它表示在初始时刻 t_0，空间位置 $\boldsymbol{x}_0$ 点的波函数值对下一时刻 t，在 $\boldsymbol{x}$ 点上的波函数值的贡献强度。该传播子可以表示为

$$D_F(\boldsymbol{x},t;\boldsymbol{x}_0,t_0) = \left\langle \boldsymbol{x}\left|\exp\left(-\frac{i}{\hbar}\hat{H}(t-t_0)\right)\right|\boldsymbol{x}_0\right\rangle \tag{3.5.4}$$

如果 $\psi_n(\boldsymbol{x})$ 为与时间无关的哈密顿量算符 $\hat{H}$ 的本征态波函数，则它满足的薛定谔方程为

$$\hat{H}\psi_n(\boldsymbol{x}) = E_n\psi_n(\boldsymbol{x}) \tag{3.5.5}$$

公式(3.5.3)所示的波函数也可以用展开式表示为

$$\Psi(\boldsymbol{x},t) = \sum_n c_n(t)\psi_n(\boldsymbol{x}) \tag{3.5.6}$$

其中，$c_n(t) = \int_{-\infty}^{+\infty}\mathrm{d}\boldsymbol{x}\psi_n^*(\boldsymbol{x})\Psi(\boldsymbol{x},t)$。由这些表达式，我们得到传播子的一个精确表示为

$$\begin{aligned}D_F(\boldsymbol{x},t;\boldsymbol{x}_0,t_0=0) &= \sum_n \langle \boldsymbol{x}|\psi_n\rangle e^{-iE_nt/\hbar}\langle \psi_n|\boldsymbol{x}_0\rangle \\ &= \sum_n \psi_n(\boldsymbol{x})\psi_n^*(\boldsymbol{x}_0)e^{-iE_nt/\hbar}\end{aligned} \tag{3.5.7}$$

假定该等式在延拓到 t 为虚值时仍成立,令 $t=-\mathrm{i}\tau$,则有

$$D_F(\boldsymbol{x},t;\boldsymbol{x}_0,t_0=0)=\sum_n \psi_n(\boldsymbol{x})\psi_n^*(\boldsymbol{x}_0)\mathrm{e}^{-E_n\tau/\hbar} \quad (3.5.8)$$

当 τ 足够大时,特别是在 $\tau \gg \hbar/(E_1-E_0)$ 时(E_0 是基态能量,E_1 为第一激发态的能量),式(3.5.8)的右边主要是来自能量最小的基态能量 E_0 的贡献。如果我们取 $\boldsymbol{x}=\boldsymbol{x}_0$ 并忽略其他的贡献项,则有

$$D_F(\boldsymbol{x},-\mathrm{i}\tau;\boldsymbol{x},t_0=0)\approx|\psi_0(\boldsymbol{x})|^2\mathrm{e}^{-E_0\tau/\hbar} \quad (3.5.9)$$

即

$$|\psi_0(\boldsymbol{x})|^2=\mathrm{e}^{E_0\tau/\hbar}D_F(\boldsymbol{x},-\mathrm{i}\tau;\boldsymbol{x},0) \quad (3.5.10)$$

利用归一化的要求:$\int|\psi_0(\boldsymbol{x})|^2\mathrm{d}\boldsymbol{x}=1$,基态波函数绝对值的平方可用传播子表示为

$$|\psi_0(\boldsymbol{x})|^2=\lim_{\tau\to\infty}\left[D_F(\boldsymbol{x},-\mathrm{i}\tau;\boldsymbol{x},0)\left(\int_{-\infty}^{+\infty}D_F(\boldsymbol{x},-\mathrm{i}\tau;\boldsymbol{x},0)\mathrm{d}\boldsymbol{x}\right)^{-1}\right]$$
$$(3.5.11)$$

我们现在必须计算传播子。将 $t-t_0$ 时间间隔分为 $N+1$ 个等时间间隔 ε 的小区间,则此间隔为 $\varepsilon=\dfrac{t-t_0}{N+1}$,并且 $t_k=t_0+k\varepsilon,(k=0,1,\cdots,N+1),t=t_{N+1}$。根据坐标表象的完备性恒等式

$$\int_{-\infty}^{+\infty}\mathrm{d}\boldsymbol{x}'\ |\boldsymbol{x}'\rangle\langle\boldsymbol{x}'|=1 \quad (3.5.12)$$

公式(3.5.4)可以改写为

$$D_F(\boldsymbol{x},t;\boldsymbol{x}_0,t_0)=\int_{-\infty}^{+\infty}\mathrm{d}\boldsymbol{x}_1\mathrm{d}\boldsymbol{x}_2\cdots\mathrm{d}\boldsymbol{x}_N\langle\boldsymbol{x}_{N+1}|\mathrm{e}^{-\mathrm{i}\varepsilon H/\hbar}|\boldsymbol{x}_N\rangle\langle\boldsymbol{x}_N|\mathrm{e}^{-\mathrm{i}\varepsilon H/\hbar}|\boldsymbol{x}_{N-1}\rangle$$
$$\cdots\langle\boldsymbol{x}_1|\mathrm{e}^{-\mathrm{i}\varepsilon H/\hbar}|\boldsymbol{x}_0\rangle$$
$$=\int_{-\infty}^{+\infty}\mathrm{d}\boldsymbol{x}_1\mathrm{d}\boldsymbol{x}_2\cdots\mathrm{d}\boldsymbol{x}_N\prod_{k=0}^{N}D_F(\boldsymbol{x}_{k+1},t_k+\varepsilon;\boldsymbol{x}_k,t_k) \quad (3.5.13)$$

当 $N\to\infty$ 时

$$\langle\boldsymbol{x}_n|\mathrm{e}^{-\mathrm{i}\varepsilon H/\hbar}|\boldsymbol{x}_{n-1}\rangle=\langle\boldsymbol{x}_n|\exp\left(-\frac{\mathrm{i}\varepsilon}{\hbar}\left(\frac{\hat{\boldsymbol{p}}^2}{2m}+\hat{V}(\boldsymbol{x})\right)\right)|\boldsymbol{x}_{n-1}\rangle$$
$$=\langle\boldsymbol{x}_n|[1-\mathrm{i}\hat{H}\varepsilon/\hbar+O(\varepsilon^2)]|\boldsymbol{x}_{n-1}\rangle$$
$$=\delta(\boldsymbol{x}_n-\boldsymbol{x}_{n-1})-\mathrm{i}\varepsilon/\hbar\langle\boldsymbol{x}_n|\hat{H}|\boldsymbol{x}_{n+1}\rangle \quad (3.5.14)$$

引入完备的动量态矢,则

$$\langle\boldsymbol{x}_n|\exp\left(-\frac{\mathrm{i}\varepsilon}{\hbar}\left(\frac{\hat{\boldsymbol{p}}^2}{2m}\right)\right)|\boldsymbol{x}_{n-1}\rangle=\int_{-\infty}^{+\infty}\frac{\mathrm{d}\boldsymbol{x}}{2\pi}\exp(\mathrm{i}\boldsymbol{p}\cdot(\boldsymbol{x}_n-\boldsymbol{x}_{n-1}))\exp\left(-\mathrm{i}\varepsilon\frac{\boldsymbol{p}^2}{2m\hbar}\right)$$
$$=\sqrt{\frac{m\hbar}{\mathrm{i}\varepsilon}}\exp\left(\mathrm{i}\frac{m\hbar}{2\varepsilon}(\boldsymbol{x}_n-\boldsymbol{x}_{n-1})^2\right) \quad (3.5.15)$$

取连续极限得到

$$D_F(\boldsymbol{x},t;\boldsymbol{x}_0,t_0) = \lim_{N\to\infty}\left(\frac{mh}{\mathrm{i}\varepsilon}\right)^{N/2}\int_{-\infty}^{+\infty}\prod_{j=1}^{N}\mathrm{d}\boldsymbol{x}_j$$

$$\cdot \exp\left[\frac{\mathrm{i}}{\hbar}\sum_{n=1}^{N}\left(m\frac{(\boldsymbol{x}_n-\boldsymbol{x}_{n-1})^2}{2\varepsilon}-\varepsilon V(\boldsymbol{x}_n)\right)\right]$$

$$= A^N\int\prod_{j=1}^{N}\mathrm{d}\boldsymbol{x}_j\exp[\mathrm{i}S[\boldsymbol{x}_0,\boldsymbol{x}]/\hbar] \qquad (3.5.16)$$

其中,常数 A 为 $A=\sqrt{\dfrac{mh}{\mathrm{i}\varepsilon}}$,$S$ 为沿路径的经典作用量。

$$S = \int_{t_0}^{t}L\mathrm{d}t = \int_{t_0}^{t}\left(\frac{1}{2}m\left(\frac{\mathrm{d}\boldsymbol{x}}{\mathrm{d}t}\right)^2 - V(\boldsymbol{x}(t))\right)\mathrm{d}t \qquad (3.5.17)$$

公式(3.5.16)表示传播子是由连接初态$(\boldsymbol{x}_{t_0},t_0)$和末态$(\boldsymbol{x}_t,t)$的所有路径,通过相因子 $\exp[\mathrm{i}S/\hbar]$ 所做的贡献。其中,L 是系统的拉氏量。公式(3.5.16)中$S[\boldsymbol{x}_0,\boldsymbol{x}]$是所有各种可能的分段直线段构成的路径$(\boldsymbol{x}_{t_0}\to\boldsymbol{x}_{t_0}+\varepsilon\to\cdots\to\boldsymbol{x}_t=\boldsymbol{x}_{t_0}+(N+1)\varepsilon)$之和的总作用量。同样,如果我们假定将时间 t 延拓到虚数范围时,上述等式仍然成立。令 $t=-\mathrm{i}\tau$,则式(3.5.17)中的作用量 $S[\boldsymbol{x}_k,\boldsymbol{x}_{k+1}]$ 可以推出为

$$S[\boldsymbol{x}_k,\boldsymbol{x}_{k+1}] = \int_{\tau_k}^{\tau_{k+1}}L\left(\boldsymbol{x},\frac{\mathrm{d}\boldsymbol{x}}{\mathrm{d}t},t\right)\mathrm{d}t = -\mathrm{i}\int_{\tau_k}^{\tau_{k+1}}\left(-\frac{m}{2}\left(\frac{\mathrm{d}\boldsymbol{x}}{\mathrm{d}\tau}\right)^2 - V(\boldsymbol{x})\right)\mathrm{d}\tau$$

$$= \mathrm{i}\int_{\tau_k}^{\tau_{k+1}}E(\boldsymbol{x},\tau)\mathrm{d}\tau \qquad (3.5.18)$$

利用上式,将式(3.5.16)用 τ 来表示,公式(3.5.11)可以重新写为

$$|\psi_0(\boldsymbol{x})|^2 = \lim_{\tau\to\infty}\int\prod_{j=1}^{N}\mathrm{d}\boldsymbol{x}_j\left[\exp\left(-\frac{1}{\hbar}\int_0^{\tau}E\mathrm{d}\tau\right)\right]Z^{-1} \qquad (3.5.19)$$

其中

$$Z = \int\mathrm{d}\boldsymbol{x}\int\prod_{j=1}^{N}\mathrm{d}\boldsymbol{x}_j\exp\left(-\frac{1}{\hbar}\int_0^{\tau}E\mathrm{d}\tau\right) \qquad (3.5.20)$$

类似公式(3.5.13)~(3.5.17)的推导,上式中指数中有一个路径积分,它的积分是沿路径 $\boldsymbol{x}=\boldsymbol{x}_{t_0}=\boldsymbol{x}_0\to\boldsymbol{x}_{t_0}+\varepsilon\to\cdots\to\boldsymbol{x}_t=\boldsymbol{x}_{t_0}+(N+1)\varepsilon=\boldsymbol{x}$,即我们把路径积分的空间起始点 $\boldsymbol{x}_0$ 和 $\boldsymbol{x}_{N+1}$ 分别放在 $\boldsymbol{x}$ 上,则该积分为

$$\frac{1}{\hbar}\int_0^{\tau}E\mathrm{d}\tau = \frac{\varepsilon}{\hbar}\sum_{k=0}^{N}\left[\frac{m}{2}\left(\frac{\boldsymbol{x}_k-\boldsymbol{x}_{k+1}}{\varepsilon}\right)^2 + V(\boldsymbol{x}_k)\right] = \frac{\varepsilon}{\hbar}E(\boldsymbol{x},\boldsymbol{x}_1,\cdots,\boldsymbol{x}_N)$$

$$(3.5.21)$$

因而对应每一条路径,就有一个能量。公式(3.5.19)于是有如下形式

$$|\psi_0(\boldsymbol{x})|^2 = Z^{-1}\int\prod_{j=1}^{N}\mathrm{d}\boldsymbol{x}_j\left[\exp\left(-\frac{\varepsilon}{\hbar}E(\boldsymbol{x},\boldsymbol{x}_1,\cdots,\boldsymbol{x}_N)\right)\right] \qquad (3.5.22)$$

由于取 $\boldsymbol{x}=\boldsymbol{x}_0$,并对 $\boldsymbol{x}_0$ 进行积分,此时须加进一个 $\delta(\boldsymbol{x}-\boldsymbol{x}_0)$ 函数在被积函数中,则

上式可以等价写为

$$|\psi_0(\boldsymbol{x})|^2 = \int d\boldsymbol{x}_0 \int \prod_{j=1}^{N} d\boldsymbol{x}_j \delta(\boldsymbol{x}-\boldsymbol{x}_0) Z^{-1} \left[\exp\left(-\frac{\varepsilon}{\hbar}E(\boldsymbol{x}_0,\boldsymbol{x}_1,\cdots,\boldsymbol{x}_N)\right)\right]$$
(3.5.23)

其中，Z 为配分函数

$$Z = \int \prod_{j=1}^{N} d\boldsymbol{x}_j \left[\exp\left(-\frac{\varepsilon}{\hbar}E(\boldsymbol{x}_0,\boldsymbol{x}_1,\cdots,\boldsymbol{x}_N)\right)\right] \quad (3.5.24)$$

上面的公式给出量子力学中的费曼路径积分在欧氏时空的表示，揭示出量子理论与统计力学之间的深刻联系。这时的路径积分与配分函数两者在数学上是相同的，因而我们可以用计算经典统计力学配分函数的做法来计算路径积分问题。

2. 路径积分量子蒙特卡罗方法

下面我们就用路径积分蒙特卡罗方法求解薛定谔方程的基态能量和基态波函数的数值。从上面(3.5.22)和(3.5.23)两个公式可以使我们联想到玻尔兹曼分布[参见公式(3.6.3)]，其中变量 $\{\boldsymbol{x}_i\}$ 的分布密度函数正好是将玻尔兹曼分布中的 k_BT 换成 $\hbar/\varepsilon$。$|\psi_0(x)|^2$ 可以被视为函数 $\delta(\boldsymbol{x}-\boldsymbol{x}_0)$ 在位形 $\{\boldsymbol{x}_0,\boldsymbol{x}_1,\cdots,\boldsymbol{x}_N\}$（每个位形对应一条路径）分布下的平均值。其分布的数学表示为

$$p(\boldsymbol{x}_0,\boldsymbol{x}_1,\cdots,\boldsymbol{x}_N) \prod_{j=1}^{N} d\boldsymbol{x}_j = \exp\left[-\frac{\varepsilon}{\hbar}E(\boldsymbol{x}_0,\boldsymbol{x}_1,\cdots,\boldsymbol{x}_N)\right] Z^{-1} \prod_{j=1}^{N} d\boldsymbol{x}_j$$
(3.5.25)

这里存在的一个关键问题是：上面公式中给出的 $p(\boldsymbol{x}_0,\boldsymbol{x}_1,\cdots,\boldsymbol{x}_N)$ 具体形式计算起来并不方便。在计算归一化常数 Z^{-1} 时，包含了一个由式(3.5.24)所示的积分。这个计算实际上是高维的多重积分的计算。费曼路径积分的欧氏积分表示式(3.5.23)中的积分计算也仍然主要是个蒙特卡罗计算问题，对它们的积分计算可以离散化为对路径的求和。但是采用一般随机抽取位形点的办法，效率是很低的。尤其是在此高维空间中做均匀抽样时，由于 $e^{-\varepsilon E/\hbar}$ 指数项的缘故，大量的点会落到对求和贡献非常小的区域。此时，如果我们采用马尔可夫随机游走的重要抽样方法——Metropolis 方法，将是十分有效的。利用 Metropolis 方法，按照式(3.5.25)中类似玻尔兹曼分布的分布函数来抽取若干位形 $\{\boldsymbol{x}_0,\boldsymbol{x}_1,\cdots,\boldsymbol{x}_N\}$，便可以计算出公式(3.5.22)中基态波函数 $|\psi_0(x)|^2$ 的估计值，然后对该估计值求平均便得到 $|\psi_0(x)|^2$ 的值。

这种方法在求解一维基态波函数时优越性并不明显。但是在更复杂的量子力学计算中，采用路径积分方法就显示出极大的优越性。这主要是由于在传统的场论计算中，势函数的作用是用微扰方法来处理的；而在路径积分中，是将势函数插入到作用量积分中去求数值解，事实上是在做精确计算的尝试。前一种方法对电

弱作用的计算很有效,但对于像强相互作用的问题,其使用价值不大。在强相互作用中,矩阵元不能够以强耦合常数展开为收敛的级数。另一个优点是该方法将时空离散化为格点,这将带来数值计算上的方便。此外,采用 Metropolis 游走方法来选择具有代表性的态是非常有用的。该方法不仅可以以简洁的数组方式给出场的描述,还能够对积分加上截断,以保证在将格点上的离散时空延拓到连续时空时微扰理论的重整化。

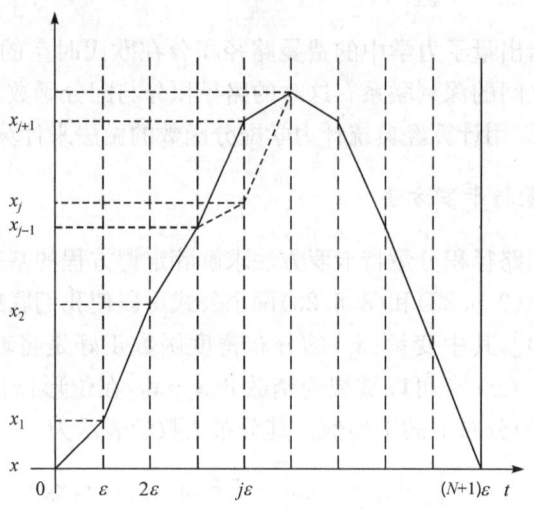

图 3.5.1　采用 Metropolis 方法时的路径选择
图中是连接时空点 $(x,0)$ 和 (x,τ) 的相邻的两条路径

作为利用公式(3.5.23),采用 Metropolis 方法来计算基态波函数的例子,下面我们将计算一维简谐振子的基态能级。假定系统中有一个质量为 m 的粒子,其一维简单简谐势为[5]

$$V(x) = m\omega^2 x^2/2 \qquad (3.5.26)$$

我们取 $\sqrt{\hbar/m\omega}$ 为单位长度,$1/\omega$ 为时间 $t=-\mathrm{i}\tau$ 中的 τ 的单位。公式(3.5.21)则为

$$\begin{aligned}
\frac{1}{\hbar}\int_0^\tau E\mathrm{d}\tau &= \frac{\varepsilon}{\hbar}\sum_{k=0}^N\left[\frac{m}{2}\left(\frac{x_k-x_{k+1}}{\varepsilon}\right)^2+V(x_k)\right]\\
&= \frac{\varepsilon}{\hbar}E(x_0,x_1,\cdots,x_N) \Rightarrow \frac{\varepsilon}{2}\sum_{k=0}^N\left[\left(\frac{x_k-x_{k+1}}{\varepsilon}\right)^2+x_k^2\right]\\
&= \varepsilon E(x_0,x_1,\cdots,x_N)
\end{aligned} \qquad (3.5.27)$$

首先,选择任意的、连接 $N+1$ 个时间间隔、且 $x_{N+1}=x_0$ 的一条路径,计算式(3.5.27)中的能量。然后,再接着选一系列路径,每条路径与前一条路径最多只有在一个时刻(例如 τ_j),有不相同的空间点(见图 3.5.1)。采用 Metropolis 方法来确定满足上面要求的新径迹。其中将随机定下的坐标 x_j 改变到 x_j' 的过渡概率为

$w_{jj'} = \min[1, \exp(-\varepsilon\Delta E)]$，$\Delta E$ 为两条分别包括在 τ_j 时刻坐标为 x'_j 和 x_j 的两条径迹的，由公式(3.5.27)算出的能量差。这样的随机游走抽样得到的径迹也许会与前一个径迹相同。每当新径迹选出后，就利用式(3.5.23)和(3.5.24)计算被积函数 $\delta(x-x_0)$ 的估计值，并累加到求和之中。最终求和所得的值与抽样路径的总数相除得到平均值，就得到 $|\psi_0(x)|^2$ 的数值结果。按上述方法，游走足够多的步数后，我们就可以得到 x 点上的 $|\psi_0(x)|^2$ 的值。

在离散化时，τ 选多大的数值才可以保证公式(3.5.11)有效？这个问题只有靠试验和结果的收敛性来决定。如采用上面所述的时间单位，τ 值一般选在 $10 \sim 16$ 的范围比较合适。确定波函数值时，变量 x 合适的取值范围必须由经验来确定。在这里我们建议：如采用前面所述的长度单位，x 取值范围在区间 $[-3, 3]$ 内。初始路径应该选择连接 $x_0 = x_{N+1} = 0$ 的路径。最终得到的结果应当与初始位形的选择无关。

波函数决定下来后，基态能量可以用哈密顿算符作用于波函数来得到，即

$$\frac{E_0}{\hbar\omega} = \frac{1}{2}\int \psi_0^* \left(-\frac{\partial^2}{\partial x^2} + x^2\right)\psi_0 \, dx \tag{3.5.28a}$$

由于基态波函数没有结点，因而

$$\psi_0(x) = \sqrt{|\psi_0(x)|^2} \tag{3.5.29b}$$

利用二阶偏微分的差分公式

$$\frac{\partial^2 f}{\partial x^2} = \frac{f(x-h) - 2f(x) + f(x+h)}{h^2}$$

和式(3.5.28)，我们就可以通过各个离散点 x_i 上的波函数值得到基态能量。

3. 变分量子蒙特卡罗方法

考虑一个量子体系，它的哈密顿量由公式(3.5.2)给出。$\psi_n(x)$ 为与时间无关的哈密顿量 H 的本征波函数，它满足的薛定谔方程为(3.5.5)。现在我们需要求解基态本征能量 E_0 和基态本征态波函数 $\psi_0(x)$。

我们首先选择一个试探波函数 ψ，然后用蒙特卡罗方法计算在此试探波函数下的变分能量，从而寻找基态波函数和基态能量。这里选择试探波函数 ψ 要求物理上要合理，它也可以用一个或几个调节参数来改变其值。假定试探函数为实函数，则变分原理要求在此试探波函数下的能量平均值应当大于或等于基态能量值，即

$$E_{\text{try}} = \langle H \rangle = \frac{\langle \psi | H | \psi \rangle}{\langle \psi | \psi \rangle} = \frac{\int \psi^2(x)[\psi^{-1}(x)H\psi(x)]dx}{\int \psi^2(x)dx} \geqslant E_0 \tag{3.5.29}$$

其中，$\psi^{-1}(x)H\psi(x)$ 可以看成为"局域能量" ε。如果试探波函数 ψ 就是基态波函数，则上式中的等号成立。一般情况下选择的试探函数只能是一个近似的估计函数。由哈密顿量的表示式(3.5.2)，可以得到该局域能量的公式

$$\varepsilon \equiv \psi^{-1}H\psi = -\frac{\hbar^2}{2m}\psi^{-1}\sum_{i=x}^{y,z}\nabla_i^2\psi + V \tag{3.5.30}$$

我们采用随机游走的方法，例如采用 Metropolis 方法，按 $\psi^2(x)$ 的分布产生 N 个位形 $\{x_1, x_2, \cdots, x_N\}$，则从公式(3.5.29)可以得到试探波函数对应的能量平均值 E_{try} 为

$$E_{\text{try}} = \langle H \rangle \approx \frac{1}{N}\sum_{i=1}^{N}\varepsilon(x_i) \tag{3.5.31}$$

不断改变试探波函数的值，并计算试探能量的平均值 $\langle H \rangle$，直到取得 $\langle H \rangle$ 的最小值。这时得到的试探波函数和能量平均值 $\langle H \rangle$ 下限就是基态波函数和基态能量本征值 E_0。

下面我们以一个一维的量子体系的变分法蒙特卡罗模拟步骤作为示范：

(1) 选择一个物理上合理的近似基态波函数 $\psi_i(x)$ 作为试探波函数。

(2) 采用 Metropolis 方法，按照分布密度函数 $\psi_i^2(x)$ 随机抽取 N 个位形 $\{x_1, x_2, \cdots, x_N\}$，利用公式(3.5.30)和(3.5.31)计算能量平均值 $E_{\text{try}}^{(i)}$。

(3) 改变试探波函数中的变分参数值，使得 $\psi_i(x)$ 的值在区间 $[-\delta, \delta]$ 内随机变化一个小量，即 $\psi_i(x) \to \psi_{i+1}(x)$，重复(2)中能量平均值的计算得到 $E_{\text{try}}^{(i+1)}$。

(4) 计算能量平均值的改变值 $\Delta E_{i+1} = E_{\text{try}}^{(i+1)} - E_{\text{try}}^{(i)}$，如果 $\Delta E_{i+1} \leqslant 0$，则接受这一个 $\psi_i(x) \to \psi_{i+1}(x)$ 的变化；否则，便拒绝这个改变回到第(3)步，重新选择试探波函数的变分参数值，改变试探波函数的值。

(5) 返回到第二步，反复循环直到能量平均值不再有明显的改变为止。

如果经过 M 次被接受的能量改变后，能量平均值不再有明显的改变，则 $\psi_M(x)$ 和 $E_{\text{try}}^{(M)}$ 分别是基态波函数和基态的能量本征值。变分蒙特卡罗方法与随机游走方法的结合可以得到很好的试探函数，进而求出很准确的基态能量。

4. 格林函数量子蒙特卡罗方法

还有一个量子蒙特卡罗方法叫作格林函数蒙特卡罗方法或扩散蒙特卡罗方法 (diffusion Monte Carlo method)[7]。这种方法虽然没有采用变分原则来获得基态特性，但是，该方法在实际运用中的收敛率仍然与试探波函数的精度密切相关。

我们首先介绍一下扩散方程、格林函数和朗之万(Langevin)方程。一维的简单扩散方程为

$$\frac{\partial \rho(x,t)}{\partial t} = \alpha \frac{\partial^2 \rho(x,t)}{\partial x^2} \tag{3.5.32}$$

该方程描述随时间演化的游走概率分布。上述扩散方程的格林函数为

$$G_0(x,y;t) = \frac{1}{\sqrt{4\pi\alpha t}} e^{-(x-y)^2/(4\alpha t)} \tag{3.5.33}$$

考察该函数，就可以发现它具有如下的性质：首先，如果 y 固定，它可以看成是一个 x 和 t 的函数，并且可以证明这就是式(3.5.32)的扩散方程的解。第二，如果 $t \to 0$，G_0 为 $\delta(x-y)$ 函数，即

$$\lim_{t \to 0} G_0(x,y;t) = \delta(x-y) \tag{3.5.34}$$

这样的格林函数可以用来表述任意初态分布 $\rho(x,0)$ 的时间演化公式

$$\rho(y,t) = \int dx G_0(x,y;t)\rho(x,0) \tag{3.5.35}$$

公式(3.5.35)可以用 G_0 函数的上述性质予以检验。格林函数的归一化表达式为 $\int dy G_0(x,y;t) = 1$。可以看出这个归一化公式的成立与 x 和 t 参数无关。物理上，这个格林函数可以解释成在 $t=0$ 时刻，在 x 位置出发的单步游走的概率分布。因此我们可以利用跃迁率

$$T_{\Delta t}(x \to y) = G_0(x,y;\Delta t) \tag{3.5.36}$$

来构造对应扩散方程的一个新的马尔可夫过程。根据格林函数的性质，可以看出该马尔可夫过程主方程的细致平衡条件等价于式(3.5.35)的积分形式。因此，该马尔可夫过程事实上模拟了方程(3.5.32)描写的扩散过程。根据朗之万动力学模拟算法，由方程(3.5.35)和(3.5.33)描写的马尔可夫过程可以总结为如下方程

$$x(t+\Delta t) = x(t) + \eta\sqrt{\Delta t} \tag{3.5.37}$$

其中，变量 η 是满足平均值为零，方差为 2α 的高斯分布（$N(0,2\alpha)$）

$$f(\eta) = \frac{1}{\sqrt{4\pi\alpha}} e^{-\eta^2/(4\alpha)} \tag{3.5.38}$$

式(3.5.37)这样的表达式叫作离散时间的朗之万方程（这里我们并不详细讨论朗之万动力学，但是有兴趣的读者可以阅读文献[6]）。

对于一般的扩散方程，其形式为

$$\frac{\partial \rho}{\partial t} = \hat{L}\rho(x,t) \tag{3.5.39}$$

其中，$\hat{L}$ 为一个二阶微分算符。可以验证上面微分方程的形式解为 $\rho(x,t) = \exp(t\hat{L})\rho(x,0)$，其中 $\rho(x,0)$ 为初态分布密度函数。如果采用狄拉克符号，满足扩散方程(3.5.39)的格林函数形式上可以写为

$$G_0(x,y;t) = \langle x | \exp(t\hat{L}) | y \rangle \tag{3.5.40}$$

与满足式(3.5.32)扩散方程的格林函数相似，格林函数 $G_0(x,y;t)$ 它作为 y 和 t 的函数，在 $t=0$ 时等于 $\delta(x-y)$。如果该格林函数的归一化与 t 无关，满足

$$\int G_0(x,y;t)\mathrm{d}y = 1 \tag{3.5.41}$$

扩散方程(3.5.39)才能用来构造马尔可夫链。但是,实际情况并不总是如此。我们下面再考察形式如下的特定扩散方程

$$\frac{\partial \rho}{\partial \tau} = -(\hat{T}+\hat{V})\rho(x,\tau) = \left[\frac{1}{2}\frac{\partial^2}{\partial x^2} - \hat{V}(x)\right]\rho(x,\tau) \tag{3.5.42}$$

其中,$\tau = it$ 为虚时。这个方程看起来很像一维的,具有单位质量粒子,$\hbar \equiv 1$ 的含时薛定谔方程。类似方程(3.5.39)的形式解,式(3.5.42)的形式解为

$$\rho(x,\tau) = \exp[-\tau(\hat{T}+\hat{V})]\rho(x,0) \tag{3.5.43}$$

其中,$\hat{T} = \hat{p}^2/2 = -1/2(\partial^2/\partial x^2)$ 为动能算符。由于算符 $\hat{T}$ 和 $\hat{V}$ 不对易,因而指数无法算出。如果 τ 非常小,我们可以有

$$\exp[-\tau(\hat{T}+\hat{V})] = \exp(-\tau\hat{T})\exp(-\tau\hat{V}) + O(\tau^2) \tag{3.5.44}$$

为了计算出格林函数的确切形式,我们必须找出式(3.5.44)等号右边指数算符的矩阵元。由于势函数算符只是 x 的函数,因而其矩阵元计算不是问题。剩下来的只是计算动能算符的矩阵元,它的结果为

$$G_{\mathrm{kin}}(x,y;\tau) = \langle x | \exp(\tau\hat{p}^2/2) | y \rangle = \int \mathrm{d}p \langle x | p \rangle \exp(\tau p^2/2) \langle p | y \rangle$$
$$= \frac{1}{\sqrt{2\pi\tau}} \exp[-(y-x)^2/(2\tau)] \tag{3.5.45}$$

上面推导中用到了 $\int \mathrm{d}p | p \rangle \langle p | = 1$ 和 $\langle x | p \rangle = \frac{1}{\sqrt{2\pi}}\exp(\mathrm{i}px),(\hbar \equiv 1)$。这就是简单扩散方程($\hat{V}=0$)的格林函数的形式。因此,格林函数的动能部分,就是简单扩散方程的格林函数。事实上在 $\hat{V}=0$ 时,虚时薛定谔方程也推导得到这个格林函数的形式。对式(3.5.42)的扩散方程的完整格林函数为

$$G_0(x,y;\tau) = G_{\mathrm{kin}}(x,y;\tau)\exp[-\tau\hat{V}(y)] + O(\tau^2) \tag{3.5.46}$$

但是,包含势函数部分的项破坏了整个格林函数的归一性,这就妨碍了我们用它来构造马尔可夫链的模拟。我们可以通过归一化,将它的过渡率置为马尔可夫链的,即将格林函数乘上适当的因子 $\exp(\tau E_T)$ 来实现。当然,我们事先并不知道这个前缀因子的值到底是多少,但是我们在下面将讲述如何得到它的值的方法。归一化以后的新格林函数已经不再是满足方程(3.5.42)的格林函数,而是方程(3.5.42)中的势函数被移动 E_T 后的新的微分方程

$$\frac{\partial \rho}{\partial \tau} = \left[\frac{1}{2}\frac{\partial^2}{\partial x^2} - (\hat{V}(x)-E_T)\right]\rho(x,\tau) \tag{3.5.47}$$

的格林函数。如果我们调节 E_T 使得这个格林函数被归一化,这样它就描述了一个马尔可夫过程,并且确定它的一个不变分布。这个不变的分布是由方程

(3.5.47)所确定的。它的时间定态微分方程可以由方程(3.5.47)导出

$$-\frac{1}{2}\frac{\partial^2 \rho(x)}{\partial x^2} + \hat{V}(x)\rho(x) = E_T \rho(x) \tag{3.5.48}$$

这正是我们熟悉的定态薛定谔方程。

我们现在通过 Fokker-Planck (F-P)方程,来讨论更一般的朗之万方程形式。假定该 F-P 方程的形式为

$$\frac{\partial \rho(x,t)}{\partial t} = \frac{1}{2}\frac{\partial}{\partial x}\left[\frac{\partial}{\partial x} - F(x)\right]\rho(x,t) \tag{3.5.49}$$

其中,$F(x)$称为"力",它与确定分布 $\rho(x)$有关,并有如下关系式

$$F(x) = \frac{1}{\rho(x)}\frac{\mathrm{d}\rho(x)}{\mathrm{d}x} \tag{3.5.50}$$

可以很容易地检验出:如果方程(3.5.49)左边的时间偏微商置为零,$\rho(x)$的确是满足该方程的。

采用前面从公式(3.5.44)推导出式(3.5.46)时,将指数中含动量算符与坐标算符的两项分开,并忽略 $O(\tau^2)$ 阶的误差的办法,我们计算

$$G_0(x,y;\Delta t) = \langle x \mid \exp[-\Delta t \hat{p}(\hat{p}-\mathrm{i}F(x))/2] \mid y\rangle \tag{3.5.51}$$

将含动量算符部分进行高斯傅里叶变换后,得到虚时薛定谔方程的含动能部分和势能部分的格林函数的 Δt 的一阶近似式为

$$G_0(x,y;\Delta t) = \frac{1}{\sqrt{2\pi\Delta t}}\exp[-(y-x-F(x)\Delta t/2)^2/(2\Delta t)] \tag{3.5.52}$$

上式是归一化的,因此我们就可以构造马尔可夫链。其随机游走的步骤是以如下方式实现的:首先,从原来位置 x 走到位置 $x+F(x)\Delta t/2$,然后再加上一个随机位移 $\eta\sqrt{\Delta t}$。这里 η 是方差为 1,平均值为 0 的标准正态分布的随机数。该方法的游走可以用下式表示

$$x(t+\Delta t) = x(t) + \Delta t F[x(t)]/2 + \eta\sqrt{\Delta t} \tag{3.5.53}$$

这是一个具有"力"F,对时间离散的朗之万方程。

前面关于一维格林函数的讨论结果可以直接扩展到高维问题上。如果 $\boldsymbol{R} = (\boldsymbol{r}_1, \boldsymbol{r}_2, \cdots, \boldsymbol{r}_N)$ 为 $3N$ 维位形矢量,由一维简单扩散方程(3.5.32),可以得到与式(3.5.33)表示相似的,$3N$ 维简单扩散方程($\alpha=1/2$)的格林函数为

$$G_0(\boldsymbol{R},\boldsymbol{R}';t) = \frac{1}{(2\pi t)^{3N/2}}\exp\{-(\boldsymbol{R}'-\boldsymbol{R})^2/(2t)\} \tag{3.5.54}$$

类似一维格林函数式(3.5.52),$3N$ 维的 Fokker-Planck 方程的格林函数则为

$$G_0(\boldsymbol{R},\boldsymbol{R}';\Delta t) = \frac{1}{(2\pi\Delta t)^{3N/2}}\exp\{-[\boldsymbol{R}'-\boldsymbol{R}-\Delta t \boldsymbol{F}(\boldsymbol{R})/2]^2/(2\Delta t)\}$$

$$\tag{3.5.55}$$

其中，$F(R)$ 为三维矢量，其定义与式(3.5.50)相似，表示为

$$F(R) = \nabla \rho(R)/\rho(R) \tag{3.5.56}$$

对于 $3N$ 维的多体定态薛定谔方程形式上总可以写为

$$\hat{H}\psi_n(R) = E_n\psi_n(R) \tag{3.5.57}$$

$\psi_n(R)$ 和 E_n 分别是第 n 个本征态波函数和其对应的哈密顿算符的能量本征值。大多数情况下我们无法解析求出该方程的解。一般来说，在多体哈密顿量的研究中，数值求解是可供选择的方法。下面我们将介绍采用格林函数量子蒙特卡罗方法求多体哈密顿量问题的基态能量。该方法将薛定谔方程的基态解当作扩散方程的定态解来处理。在某些情况下运用该方法，我们甚至可以求出精确的基态波函数。虚时薛定谔方程的形式为（我们选取 $\hbar=m=1$）

$$-\frac{\partial \Psi(R,\tau)}{\partial \tau} = [\hat{H}-E_T]\Psi(R,\tau) = [\hat{T}+V(R)-E_T]\Psi(R,\tau) \tag{3.5.58}$$

这是一个具有势函数的扩散方程。方程(3.5.58)中 $\Psi(R,\tau)$ 为含时波函数，$\hat{T}\Psi(R,\tau) = \left[-\frac{1}{2}\sum_{i=1}^{N}\nabla_i^2\right]\Psi(R,\tau)$ 为动能项，起到扩散的作用。$(\hat{V}(R)-E_T)\Psi(R,\tau)$ 为分支项。E_T 为可调常数，在模拟中可以通过它的值的调整使 $\Psi(R,\tau)$ 与 $\Psi_0(R)$ 的交叠为 1 的量级。从方程(3.5.58)可以看出，动能项的作用会使波函数向外扩散。我们运用"归一化"形式的格林函数

$$G(R,R';\Delta\tau) = \exp\{-[\hat{V}(R)-E_T]\Delta\tau\}$$

$$\cdot \frac{1}{(2\pi\Delta\tau)^{3N/2}}\exp\{-(R'-R)^2/(2\Delta\tau)\} + O(\Delta\tau^2) \tag{3.5.59}$$

其中，$\exp\{-[\hat{V}(R)-E_T]\Delta\tau\}$ 为归一化因子。上面的格林函数正是虚时算符 $\exp\{-(\hat{H}-E_T)\tau\}$ 的短时间近似。我们如采用能量本征态表象 $|\phi_n\rangle$ 来展开算符，则有

$$\exp\{-(\hat{H}-E_T)\tau\} = \sum_n |\phi_n\rangle\exp\{-(E_n-E_T)\tau\}\langle\phi_n| \tag{3.5.60}$$

当 τ 足够大时，特别是在 $\tau \gg \hbar/(E_1-E_0)$ 时（E_0 是基态能量，E_1 为第一激发态的能量），式(3.5.60)的右边主要是来自基态能量 E_0 的贡献。因而在 τ 足够大时，这个算符行为就如同作用在基态波函数上。根据这样的格林函数短时近似，我们在格林函数蒙特卡罗模拟中，就必须进行大量的短时间间隔的扩散步，最终使其分布近似满足基态波函数。每个扩散步包含两个进程：扩散步和分支步。扩散步是以格林函数的扩散部分给出的跃迁率移动到新的位形位置，即与动能有关的部分。包含势函数的部分在第二个进程中来处理。由于考虑到势能项，从 R 游走到 R' 位置的权重需要乘上因子 $\exp\{-[(V(R')+V(R))/2-E_T]\Delta\tau\}$。因此，这样模拟的效率是不高的。

最后，我们介绍 Reynolds 等发展的一个抽样效率较好的方法，该方法构造一

个类概率函数来对波函数进行抽样[8]。对于该 3N 维多体问题,我们可以将任意时刻的波函数用格林函数式(3.5.59)表示为演化积分方程

$$\Psi(\boldsymbol{R},\tau) = \int G(\boldsymbol{R},\boldsymbol{R}',\tau-\tau')\Psi(\boldsymbol{R}',\tau')\mathrm{d}\boldsymbol{R}' \quad (3.5.61)$$

我们选取一个基态试探波函数作为起始基态波函数 $\Psi(\boldsymbol{R},0)=\Phi(\boldsymbol{R})$,很容易得到方程(3.5.58)的时间相关联的波函数解为

$$\Psi(\boldsymbol{R},\tau) = \exp\{-(\hat{H}-E_T)\tau\}\Phi(\boldsymbol{R}) \quad (3.5.62)$$

利用起始波函数构造一个类概率的函数

$$P(\boldsymbol{R},\tau) = \Psi(\boldsymbol{R},\tau)\Phi(\boldsymbol{R}) \quad (3.5.63)$$

可以证明,$P(\boldsymbol{R},\tau)$ 满足下面的扩散方程

$$\frac{\partial P}{\partial \tau} = \frac{1}{2}\nabla[\nabla P - \boldsymbol{F}]P - [E_T - E(\boldsymbol{R})]P \quad (3.5.64)$$

其中,"力"定义为

$$\boldsymbol{F}(\boldsymbol{R}) = 2\boldsymbol{U} = 2\nabla\ln\Phi(\boldsymbol{R}) = 2\Phi^{-1}(\boldsymbol{R})\cdot\nabla\Phi(\boldsymbol{R}) \quad (3.5.65)$$

$\boldsymbol{U}$ 为漂移速度。在给定位形 $\boldsymbol{R}=(r_1,r_2,\cdots,r_N)$ 的局域能量定义为

$$\varepsilon(\boldsymbol{R}) = \Phi^{-1}(\boldsymbol{R})\hat{H}\Phi(\boldsymbol{R}) \quad (3.5.66)$$

如果引入在虚时刻 τ 的能量期望值

$$E(\tau) = \frac{\langle\Phi(\boldsymbol{R})\mid H\mid\Psi(\boldsymbol{R},\tau)\rangle}{\langle\Phi(\boldsymbol{R}')\mid\Psi(\boldsymbol{R}',\tau)\rangle} = \frac{\int P(\boldsymbol{R},\tau)\varepsilon(\boldsymbol{R})\mathrm{d}\boldsymbol{R}}{\int P(\boldsymbol{R}',\tau)\mathrm{d}\boldsymbol{R}'} \quad (3.5.67)$$

我们可以得到基态能量的真值为

$$E_0 = \lim_{\tau\to\infty}E(\tau) \quad (3.5.68)$$

公式(3.5.67)中的多重积分可以采用蒙特卡罗积分进行,如果 $P(\boldsymbol{R},\tau)$ 满足分布密度函数的要求,可以按时间关联的 $P(\boldsymbol{R},\tau)$ 分布抽样进行蒙特卡罗积分。在实际计算中,模拟是将 $P(\boldsymbol{R},\tau)$ 的扩散方程(3.5.64)重新写为积分形式

$$P(\boldsymbol{R}',\tau+\tau') = \int P(\boldsymbol{R},\tau)G(\boldsymbol{R}',\boldsymbol{R};\tau')\mathrm{d}\boldsymbol{R} \quad (3.5.69)$$

其中,$G(\boldsymbol{R}',\boldsymbol{R};\tau')$ 是扩散方程(3.5.64)的格林函数。如果 τ' 非常小,格林函数可以近似写为

$$G(\boldsymbol{R}',\boldsymbol{R};\tau') \approx W(\boldsymbol{R}',\boldsymbol{R};\tau')G_0(\boldsymbol{R}',\boldsymbol{R};\tau') \quad (3.5.70)$$

其中,$G_0(\boldsymbol{R}',\boldsymbol{R};\tau')$ 为 3N 维的 Fokker-Planck 方程[类似一维的方程式(3.5.49)]的格林函数,其表达式可以由式(3.5.55)改写为

$$G_0(\boldsymbol{R}',\boldsymbol{R};\tau') = \left(\frac{1}{2\pi\tau'}\right)^{3N/2}\exp\{-[\boldsymbol{R}'-\boldsymbol{R}-\boldsymbol{U}\tau']^2/2\tau'\} \quad (3.5.71)$$

它是漂移的一个传播子。其分支因子为

$$W(\boldsymbol{R}',\boldsymbol{R};\tau') = \exp\{-\{[E(\boldsymbol{R})+E(\boldsymbol{R}')]/2 - E_T(\tau)\}\tau'\} \tag{3.5.72}$$

要将 $P(\boldsymbol{R},\tau)$ 处理为分布密度函数,则它必须是正值函数。通常在实践中采用固定节点(fixed-node)近似法,即在 $P(\boldsymbol{R},\tau)$ 为负值时强令它的值为零。这种固定节点近似对基态能量计算仍然提供了上限,如果试探波函数选得合适可以对小系统给出很好的分子能量值。模拟过程包含两个步骤:扩散和分支步骤。在扩散阶段,游走到一个新位置的过渡率由格林函数的扩散部分(即动能部分)决定;在分支阶段含势函数的项起作用。下面把实际格林函数蒙特卡罗方法的主要计算步骤总结如下[7]:

(1) 首先,确定通过变分蒙特卡罗模拟优化后的试探波函数中的变分参数值。

(2) 采用变分蒙特卡罗模拟产生具有多个独立变量的初态位形 $\{\boldsymbol{R}_0\}$。

(3) (3)~(4)为扩散阶段。从每个初态位形开始,游走到下一个位形空间点的位形参数等于由前一时刻的位形加上一个漂移项和一个高斯随机游走位移 $\boldsymbol{\eta}_i$,其新位形为

$$\boldsymbol{R}_{i+1} = \boldsymbol{R}_i + \boldsymbol{U}\tau' + \boldsymbol{\eta}_i \tag{3.5.73}$$

其中,$\boldsymbol{\eta}_i$ 是一个 $3N$ 维高斯分布($N(0,\sigma^2=\tau'^2)$)的随机数。

(4) 每一步游走到下一步被接受的概率为

$$p = \min[1, w(\boldsymbol{R}_{i+1}, \boldsymbol{R}_i; \tau')] \tag{3.5.74}$$

其中,$w(\boldsymbol{R}_{i+1}, \boldsymbol{R}_i; \tau')$ 必须满足方程

$$w(\boldsymbol{R}_{i+1}, \boldsymbol{R}_i; \tau') = \frac{\Phi(\boldsymbol{R}_{i+1})^2 G(\boldsymbol{R}_i, \boldsymbol{R}_{i+1}; \tau')}{\Phi(\boldsymbol{R}_i)^2 G(\boldsymbol{R}_{i+1}, \boldsymbol{R}_i; \tau')} \tag{3.5.75}$$

以便实现 $\boldsymbol{R}_{i+1}$ 与 $\boldsymbol{R}_i$ 点间的细致平衡。在固定节点近似法中,任何横过节点的游走都被舍去。

(5) 该步为分支阶段。按分支(branching)产生新的位形,即计算

$$M = [W(\boldsymbol{R}_{i+1}, \boldsymbol{R}_i; \tau_a) + \xi] \tag{3.5.76}$$

这里,$[s]$ 表示取 s 的整数部分;ξ 为 $[0,1]$ 区间均匀分布的随机数。当 $M=[s]\neq 0$ 时,开始新的游走;而当 $M=[s]=0$ 时,游走被舍弃。这一步骤保证 W 的部分得到适当的考虑。τ_a 是与 τ' 成正比的有效扩散时间,其比例系数等于接受游走的均方距离与试图游走的均方距离之比。

(6) 在第 $i+1$ 个时间步的局域平均能量 $\bar{\varepsilon}(\boldsymbol{R}_{i+1})$ 可以通过每步位形的 $\varepsilon(\boldsymbol{R})$ 乘上对应的权重因子 $W(\boldsymbol{R}_{i+1}, \boldsymbol{R}_i; \tau_a)$ 求和得到。第 $i+1$ 步的时间关联能量 $E_T^{(i+1)}$ 由下式算出后予以更新,以保证平滑的收敛

$$E_T^{(i+1)} = \frac{\bar{\varepsilon}(\boldsymbol{R}_i) + \bar{\varepsilon}(\boldsymbol{R}_{i+1})}{2} \tag{3.5.77}$$

在得到最后计算结果前,必须足够多次地重复上述步骤,使得结构的误差主要来自统计误差。数据结果本身一般可在十步左右的时间游走后获得。间隔的确切

大小可以从模拟中计算的物理量的自关联函数来决定。然后才可以对数据按要求的精度分类和求平均。

3.6 在统计力学中的蒙特卡罗方法

统计力学的研究中包含了不少随机的概念,因而在这个领域采用蒙特卡罗模拟方法是一点不奇怪的。在实际问题中,体系中微观粒子的某物理量在相空间的分布的平均值就决定了这个物理量的观测值。采用蒙特卡罗方法的中心任务是要计算这些物理量在相空间的数学期望值。其最终目标是要计算一些高维积分。在统计力学中采用的方法是:首先用一个哈密顿量来描述系统,并选择一个对问题合适的系综;然后用和这个系综相联系的分布函数和配分函数来计算所有的可观测量。这里蒙特卡罗模拟的关键是要选择合适的抽样技术,才能够得到可观测量的平均值。

假定我们对一个处于热平衡的恒温(T)体系感兴趣。对该热力学问题我们做如下的表述。设有一个包含 N 个粒子的恒温的平衡态系统,我们要计算该系统的可观测量 A,即该物理量的平均值

$$\langle A(T)\rangle = Z^{-1}\int_\Omega A(\boldsymbol{x}')f(H(\boldsymbol{x}'))\mathrm{d}\boldsymbol{x}' \tag{3.6.1}$$

其中,$H(\boldsymbol{x}')$ 为系统的哈密顿量描述,$f(\boldsymbol{x}')$ 为分布密度函数,Z 称为配分函数,它是归一化常数

$$Z = \int_\Omega f(H(\boldsymbol{x}'))\mathrm{d}\boldsymbol{x}' \tag{3.6.2}$$

上面公式中 $\boldsymbol{x}'$ 表示在相空间中的态矢(例如,其坐标为各个粒子的空间位置、动量和自旋等),它给出该状态在相空间中点的坐标。显然上面的公式计算都是涉及很高维数的积分问题。在统计力学的实际问题中,只有像理想气体、简谐振子系统、二维 Ising 模型等极少数类型的问题可以解析地严格积分求解。在大多数情况下用公式(3.6.1)计算物理量$\langle A\rangle$,我们只能借助于近似方法求出。如果用蒙特卡罗方法来积分时,只是在把相空间离散化时可能会引起误差,采用蒙特卡罗方法时本身存在的统计误差以及由于计算机有限字长所引起的数值有限大小的限制,此外一般不存在任何其他的近似误差。然而统计误差和有限字长引起的误差是可以控制的,只要时间足够长,字长足够大,就可以减小误差。因此我们经常将公式(3.6.1)中的积分计算转化为求和的计算。

下面来看一下如何用蒙特卡罗方法来计算式(3.6.1)。假定相应的系综是正则系综,系统对应于粒子的位形空间参数矢量 $\boldsymbol{x}'$ 的哈密顿量为 $H(\boldsymbol{x}') = \sum_{i=1}^{N} p_i^2/2m_i + \Phi(\boldsymbol{x}')$。如果粒子间的作用力与速度无关,则可以将 $H(\boldsymbol{x}')$ 中的动能

项去掉。这是由于在这时动能项的贡献可以积分积掉。则在平衡态时其概率分布为玻尔兹曼(Boltzmann)分布。即分布密度函数为

$$p(\bm{x},T)\mathrm{d}\bm{x}=(\mathbb{Z})^{-1}f(\Phi(\bm{x}))\mathrm{d}\bm{x}=\exp\{-\Phi(\bm{x})/(k_BT)\}(\mathbb{Z})^{-1}\mathrm{d}\bm{x} \quad (3.6.3)$$

$\bm{x}$ 为对动量积分后剩余的相空间坐标，k_B 为玻尔兹曼常数。上式中的配分函数为

$$\mathbb{Z}=\int\mathrm{d}\bm{x}\exp\{-\Phi(\bm{x})/(k_BT)\}$$

从上式中可以看出，所有对应于大能量值的状态 $\bm{x}$ 对式(3.6.1)的积分贡献都很小。只有某些状态才贡献很大。因此我们预计在 $\Phi(\bm{x})$ 的平均值附近分布有很陡峭的峰。采用相空间离散化后的物理量 A 的系综平均值表示

$$\langle A(T)\rangle=\frac{\sum_{i=1}^{n}A(\bm{x}_i)f(\Phi(\bm{x}_i))}{\sum_{i=1}^{n}f(\Phi(\bm{x}_i))} \quad (3.6.4)$$

我们期望通过随机选择 n 个状态 $\bm{x}_i(i=1,\cdots,n)$，并对贡献求和的方法来计算式 (3.6.1)中的积分。生成的状态越多，物理量 A 平均值的估计就越精确。由于相空间是高维的，这就需要产生大量的状态参数，并且其中大部分的状态对求和的贡献是非常小的。为了使问题可以有效地进行计算，我们采用重要抽样法的技术。这种抽样的基本想法是设法产生一个状态的子集合，使其分布概率为

$$p(\bm{x},T)\mathrm{d}\bm{x}=\exp\{-\Phi(\bm{x})/(k_BT)\}(\mathbb{Z})^{-1}\mathrm{d}\bm{x} \quad (3.6.5)$$

即取分布概率为系统的热力学平衡态分布。于是系综的物理量 A 的平均值就仅仅是对这个状态子集合求平均

$$\langle A(T)\rangle\approx\frac{1}{n}\sum_{i=1}^{n}A(\bm{x}_i) \quad (3.6.6)$$

n 为抽取的状态数。n 越大，计算得到的精度越高。这个收敛性是由中心极限定理保证的。由于采用了重要抽样法，我们明显地提高了数值求解统计力学问题式(3.6.1)的计算效率。

下面我们必须解决如何产生满足式(3.6.5)分布概率的状态子集合。Metropolis 等[9]提出采用马尔可夫链，该链从任何一个初态出发，进一步生成一个状态序列(参见 2.6 节)。最终生成的状态子集合满足 $p(\bm{x})\equiv p(\bm{x},T)$ 分布。我们先从一个初始状态 $\bm{x}_0$ 出发，通过某种抽样方法产生一个状态序列 $\bm{x}_1\to\bm{x}_2\to\bm{x}_3\to\cdots$。我们规定在单位时间内从系统的一个状态 $\bm{x}$ 到另一个状态 $\bm{x}'$ 的过渡概率为 $w(\bm{x},\bm{x}')=\min\left[1,\dfrac{p(\bm{x}')}{p(\bm{x})}\right]$。抽样方法的选择是至关重要的。它要能保证抽出的状态子集合满足热力学平衡态分布 $p(\bm{x})$。细致平衡条件 $w(\bm{x},\bm{x}')p(\bm{x})=w(\bm{x}',\bm{x})p(\bm{x}')$ 是马尔可夫链最后收敛到所要求的分布的充分条件，但并非必要条件。选取不同的过渡概率函数，即选用不同的方法。这为趋于平衡分布的收敛快慢留下了选择

的余地。从细致平衡条件给出过渡概率只依赖于概率分布的比值这一事实还可以得到一个重要的结论,即由于状态的分布最终必须对应于平衡分布 $p(x) = Z^{-1} f(\Phi(x))$,因而比例常数即配分函数 Z 不会进入过渡概率。这个结论正反映出这个方法的有用之处。但是由于不能在一次模拟中直接计算得到配分函数,使用该方法时就不能直接算出自由能 $F = -k_B T \ln Z$ 或熵 $S = (U-F)/T$。选取过渡概率函数 $w(\boldsymbol{x}, \boldsymbol{x}')$ 之后,我们就可以按如下步骤进行蒙特卡罗模拟:

(1) 在相空间中确定一个起始状态 $\boldsymbol{x}_0$。由于马尔可夫链会失去对初始态的记忆,因而在很大程度上起始状态的精确位置是什么并不重要。但是如果初始状态选到与问题无关的那一部分相空间中时,趋于平衡分布的收敛速度则大大降低。一般选择初始状态处在分布概率密度最大的区域。

(2) 如果已经游走到第 n 步,现在要游走到第 $n+1$ 步。产生一个试探状态或位形 $\boldsymbol{x}_{\text{try}}$,使 $\boldsymbol{x}_{\text{try}} = \boldsymbol{x}_n + \boldsymbol{\eta}_n$(其中 $\boldsymbol{\eta}_n$ 为在间隔 $[-\boldsymbol{\delta}, \boldsymbol{\delta}]$ 内均匀分布的随机数)。该状态的选择是:要使 δ 取得合适。选得太大或太小,都将很难收敛到平衡分布。选取 $\boldsymbol{\delta}$ 大小的标准是要使 $1/3$ 到 $1/2$ 的试探状态被接受。

(3) 计算过渡概率 $w(\boldsymbol{x}_n, \boldsymbol{x}_{\text{try}})$。

(4) 产生一个 $[0,1]$ 区间的均匀分布随机数 r。

(5) 如果 $r \leqslant w(\boldsymbol{x}_n, \boldsymbol{x}_{\text{try}})$,那么接受这一步游走,取 $\boldsymbol{x}_{n+1} = \boldsymbol{x}_{\text{try}}$。

(6) 如果 $r > w(\boldsymbol{x}_n, \boldsymbol{x}_{\text{try}})$,则把老状态当作新状态,即取 $\boldsymbol{x}_{n+1} = \boldsymbol{x}_n$,并重新回到第(2)步。

重复上面的过程,我们就可以完成系统的蒙特卡罗模拟。这样的模拟过程实际上是对时间的平均。但是,这是对位形空间中随时间变化的运动轨道上的物理量所做的平均。统计力学中的蒙特卡罗模拟方法,按系综不同分为:正则系综蒙特卡罗方法、微正则系综蒙特卡罗方法、等温等压系综蒙特卡罗方法、巨正则系综蒙特卡罗方法……。

我们以 Ising 模型为例来说明正则系综蒙特卡罗方法。Ising 模型[10]是用于解释铁磁性的一个著名的统计格点模型。该模型的定义如下:令 $G = L^d$ 为一个 d 维、共有 N 个格点的体系;在每个格子 i 上有一个自旋,可以取朝上或朝下的方向。用自旋变量 s_i 来表示

$$S_i = \begin{cases} 1, & \text{如果自旋} \uparrow \\ -1, & \text{如果自旋} \downarrow \end{cases} \tag{3.6.7}$$

这些自旋之间通过一个交换耦合能 J 相互作用。如果还存在一个外磁场 B,则体系的哈密顿量为

$$H = -\frac{J}{2} \sum_{i=1}^{N} S_i \sum_{\langle i,j \rangle} S_j - \mu B \sum_{i=1}^{N} S_i \tag{3.6.8}$$

其中,$\langle i,j \rangle$ 表示只对格点 i 周围最邻近的格点 j 求和。μ 代表单个自旋的磁矩。

式(3.6.8)中交换耦合能 J 为正时,为铁磁体的模型,各个自旋倾向于同方向排列;J 为负值时,为反铁磁性的模型,各个自旋倾向于反方向排列。该模型的最大优点就是简单。它忽略了与格点相关的原子的动能,而仅仅只包括了最相邻原子间的相互作用能,自旋也仅仅只有两个离散取向。Ising 模型尽管简单,但是利用它仍然可以发现许多有趣的统计性质。

下面我们假定相互作用是铁磁性的,即 $J>0$。描述体系性质的配分函数为

$$Z = \sum_S e^{-\beta H(S)} \tag{3.6.9}$$

其中,$\beta = 1/(k_B T)$,$S = \{S_i\}$ 为系统格点上的自旋态位形。任何物理量都可以由配分函数得到。例如,在温度 T 时的磁化强度为

$$M = \frac{1}{\beta}\frac{\partial \ln Z}{\partial B} = \sum_S M(S) e^{-\beta H(S)} \tag{3.6.10}$$

其中

$$M(S) = \sum_{i=1}^N S_i \tag{3.6.11}$$

通常我们对磁化强度的平均值 $\langle M(S) \rangle$ 及涨落 $\langle M^2(S) \rangle - \langle M(S) \rangle^2$ 随系统的温度和外加磁场的变化感兴趣。它们的计算公式为

$$\langle M(S) \rangle = Z^{-1} \sum_S M(S) e^{-\beta H(S)} = \sum_S M(S) e^{-\beta H(S)} \bigg/ \sum_S e^{-\beta H(S)}$$

$$\langle M^2(S) \rangle = Z^{-1} \sum_S M^2(S) e^{-\beta H(S)} = \sum_S M^2(S) e^{-\beta H(S)} \bigg/ \sum_S e^{-\beta H(S)}$$

$$\tag{3.6.12}$$

按上面公式中的求和来计算的计算量太大,是不可能具体在计算机上计算的。蒙特卡罗方法则是通过重要抽样,从所有状态的集合中,抽出一个状态子集合,使得对此子集合中状态的平均与对所有状态的平均接近,从而算出平均值。然而产生这个状态子集合是通过一个多次抽样过程来模拟从非平衡态到平衡的弛豫过程来实现的。

我们首先随机地给每个格点选取自旋初始值 S_i,然后按照顺序,逐个地对每个自旋变量通过合适的蒙特卡罗抽样步骤来决定它改变为另一个状态或者保持不变。对自旋位形抽样的一种基本、常用方法是 Metropolis 方法。其具体抽样步骤如下:首先,选择任意的初始位形 $S = \{s_1, s_2, \cdots, s_i, \cdots, s_N\}$,然后按 $1/N$ 的等概率,随机抽取一个格点 i,将其上的自旋反向,得到一个新的位形 $S' = \{s_1, s_2, \cdots, -s_i, \cdots, s_N\}$;然后利用公式(3.6.8)计算能量差 $\Delta E = E(S') - E(S)$,如果 $\Delta E \leqslant 0$,则改变有效,取自旋改变,位形改变 $S_i \to S_i'$。这对应于 $p(S') > p(S)$ 和 $W(S \to S') = 1$。如果 $\Delta E > 0$,则再产生一个 $[0,1]$ 区间的随机数 r_i,如 $r_i < e^{-\beta \Delta E}$,则改变仍有效,取自旋改变 $S \to S'$,反之(即 $r_i \geqslant e^{-\beta \Delta E}$),则 S 仍保持不变,这对应于

$$W(\boldsymbol{S} \to \boldsymbol{S}') = \exp\{-H(\boldsymbol{S}')/(k_BT)\}/\exp\{-H(\boldsymbol{S})/(k_BT)\}$$

在多次抽样后,一般就可以逐渐趋于平衡态,得到接近玻尔兹曼分布

$$p(\boldsymbol{x},T)\mathrm{d}\boldsymbol{x} = (\mathscr{Z})^{-1}f(H(\boldsymbol{S}))\mathrm{d}\boldsymbol{x} = \exp\{-\beta H(\boldsymbol{S})\}(\mathscr{Z})^{-1}\mathrm{d}\boldsymbol{x}$$

假定我们已经进行了 m 次"迭代",发现系统已经趋于平衡态,再"迭代"n 次,于是磁化强度的平均值为

$$\langle M \rangle = \frac{1}{n}\sum_{i=m+1}^{m+n} M(S_i) \tag{3.6.13}$$

上面的计算涉及有 2^N 个不同位形的复杂计算,这对于许多大尺寸的宏观物质的模拟是难于实现的。为了估计出宏观系统的性质,我们往往给系统强加上周期性边界条件。即

$$A(\boldsymbol{x}) = A(\boldsymbol{x}+\boldsymbol{L}_i), \quad (i=1,\cdots,d) \tag{3.6.14}$$

其中,$\boldsymbol{L}_i=(0,\cdots,0,L_i,0,\cdots,0)$,$L_i(i=1,\cdots,d)$ 为超立方体的线度尺寸。这样就可以决定下来粒子怎样跨过边界相互作用。在上面的 Ising 模型中相互作用仅仅在最临近的格点上的自旋之间,因而这样的周期重复仅仅是一层格点的复制。周期性边界条件建立起了平移不变性,这在很大程度上消除了表面效应。

3.7 粒子输运问题的蒙特卡罗模拟

在原子核工程设计领域,计算物理方法的应用是非常广泛的。如反应堆结构设计采用有限差分法和有限元素法;在反应堆功率输出估计和射线屏蔽研究时采用蒙特卡罗方法。从反应堆内热流计算的角度,中子流起着关键作用。中子在反应堆堆芯和堆防护层的扩散就是典型的随机过程。在设计反应堆时,中子流的两个特性极为重要:一个是反应堆是否对中子进行了有效的屏蔽,以保证反应堆外不会再有有害的辐射影响;另一个是在装置内中子密度随时间的变化情况。前者实际上是一个中子输运问题,后者也称为"临界问题",它们都可以用蒙特卡罗方法进行研究讨论。

粒子在物质中的传输是个典型的随机统计过程,一般的数学方法对它是无能为力的。蒙特卡罗方法对解决粒子传输这类本身就具有统计特性的问题应当是非常有效的。对光子、中子输运问题我们可以采用很多种方法进行蒙特卡罗模拟。本节我们将介绍粒子输运问题的直接模拟法,以及在此基础上发展起来的权重法和统计估计法。

1. 直接模拟法

直接模拟法是基于粒子输运过程的随机统计特性的考虑,认为物理上的可观测量就是大量粒子的行为共同贡献的统计结果。因此,该方法就是考虑一个一个

粒子的传输,模拟它们在物质中随机运动的历史,记录其在运动中对感兴趣的物理模拟量的贡献。在对单个粒子运动历史进行大量的重复模拟之后,就可以对物理模拟量进行统计平均,得到所需要的物理结果。

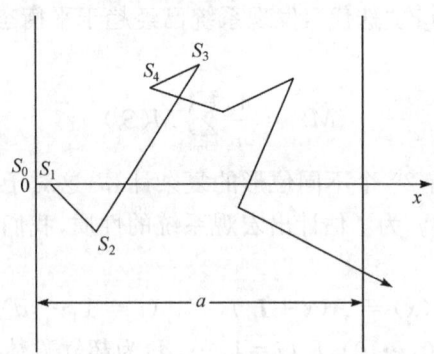

图 3.7.1　中子穿越物质层模拟示意图

我们现在用蒙特卡罗方法研究反应堆设计中中子辐射屏蔽的问题。这实际上是中子穿越物质层的模拟。考虑一个简化的物理模型：平行入射的中子束从 O 点处,垂直入射到一个厚度为 a 的物质层(参见图 3.7.1)。中子与物质作用后,一部分会被吸收,另一部分经过多次散射后会穿透物质层透射出去。中子与物质层作用后可能会产生次级粒子,为了简化问题的讨论,我们不考虑这些次级粒子的迁移。如果中子和物质材料中第 m 种原子核作用的全截面为

$$\sigma_t^m(E) = \sigma_s^m(E) + \sigma_a^m(E) \tag{3.7.1}$$

$\sigma_s^m(E)$ 和 $\sigma_a^m(E)$ 分别表示中子被一个原子核 m 的散射和吸收截面。如果单位体积第 m 种原子核的数量记为 ρ_m,则中子作用在单位体积内,第 m 种元素上的总截面 $\sigma_T^m(E)$ 和散射截面 $\sigma_{T,s}^m(E)$ 分别表示为

$$\sigma_T^m(E) = \rho_m \sigma_t^m(E), \qquad \sigma_{T,s}^m(E) = \rho_m \sigma_s^m(E) \tag{3.7.2}$$

假如材料中有多种元素,该中子与材料作用的总截面为

$$\sigma_T(E) = \sum_m \sigma_t^m(E) \tag{3.7.3}$$

假定中子与第 m 种原子核散射后的角分布表示为 $\mathrm{d}\sigma_s^m(E)/\mathrm{d}\Omega$,当散射角分布对方位角 φ 是各向同性时,方位角 φ 可以被积分掉,得到微分散射截面 $\mathrm{d}\sigma_s^m(E)/\mathrm{d}(\cos\theta)$。无论微分截面 $\mathrm{d}\sigma_s^m(E)/\mathrm{d}\Omega$ 或者 $\mathrm{d}\sigma_s^m(E)/\mathrm{d}(\cos\theta)$,我们都可以得到相应的理论公式。

设在图 3.7.1 中的 O 点有一个能量为 E_0 的中子垂直入射到物质层中。我们记录这时该中子的状态位形为 $s_0 = (x_0 = 0, E_0, \cos\theta_0 = 1)$,经过第一次碰撞后散射到状态位形 $s_1 = (x_1, E_1, \cos\theta_1)$,再经过第二次碰撞后散射到状态位形 $s_2 = (x_2, E_2, \cos\theta_2), \cdots\cdots$,如此进行下去,我们可以依次记下该中子在物质层中运动历史上

的位形点的轨迹

$$s_0 \to s_1 \to s_2 \cdots \to s_M \tag{3.7.4}$$

直到在 s_M 状态,该中子被物质层吸收,透射或背射出来,或者在 s_M 处该中子的能量 E_M 低于某一阈值,则程序就停止跟踪。

现在我们讨论程序如何具体模拟跟踪式(3.7.4)所示的运动历程。初始状态位形如前所述已经给出,假定记为 $s_0 = (x_0 = 0, E_0, \cos\theta_0 = 1)$,现在要由位形 $s_{i-1} = (x_{i-1}, E_{i-1}, \cos\theta_{i-1})$ 确定下一个状态位形 $s_i = (x_i, E_i, \cos\theta_i)$。我们采用如下步骤来确定状态 s_i 的各个参数:

(1) 首先确定坐标参数 x_i。中子到达 s_i 状态点以前,经历过第 $i-1$ 次碰撞后做匀速直线运动,其运动的自由程 y 满足分布密度函数 $f(y) = \sigma_T(E_{i-1}) \cdot \exp[-y\sigma_T(E_{i-1})]$。我们可以采用直接抽样法得到自由程 y 的抽样值

$$y = -\frac{1}{\sigma_T(E_{i-1})}\ln\xi \tag{3.7.5}$$

则 x_i 由下式给出

$$x_i = x_{i-1} + y\cos\theta_{i-1} = x_{i-1} - \frac{\ln\xi}{\sigma_T(E_{i-1})}\cos\theta_{i-1} \tag{3.7.6}$$

(2) 确定碰撞的原子核种类。根据公式(3.7.2)和(3.7.3),中子与物质层中第 m 原子核碰撞的概率为

$$p_m^{(i-1)} = \sigma_T^m(E_{i-1})/\sigma_T(E_{i-1}) \tag{3.7.7}$$

则可以由离散型分布随机变量的直接抽样法,很容易确定发生碰撞的是何种原子核。

(3) 确定碰撞的性质是吸收还是散射。根据公式(3.7.1)中子与第 m 原子核发生散射的概率为

$$p_{m,s}^{(i-1)} = \sigma_s^m(E_{i-1})/\sigma_t^m(E_{i-1}) \tag{3.7.8}$$

同样可以采用离散型随机变量的直接法抽取。若抽样结果为吸收,则停止跟踪回到 s_0 状态,开始下一个中子的跟踪;若抽样结果为散射,则进入第(4)步。

(4) 确定中子散射角 θ_i 和能量 E_i。由于理论上一般给出的是质心系中的散射微分截面公式 $\mathrm{d}\sigma_s^m(E_{i-1})/\mathrm{d}\cos\theta_{i-1}$,因此我们需要首先按照质心系的微分截面抽取散射角余弦 $\cos\theta_c$,$\cos\theta_c$ 满足的分布密度函数为

$$f(\cos\theta_c) = \frac{\mathrm{d}\sigma_s^m(E_{i-1})}{\mathrm{d}\cos\theta_c} \bigg/ \int_{-1}^{1} \frac{\mathrm{d}\sigma_s^m(E_{i-1})}{\mathrm{d}\cos\theta_c} \mathrm{d}\cos\theta_c \tag{3.7.9}$$

理论上,散射后的中子能量 E_i 由下式计算得到

$$E_i = \frac{1}{2}E_{i-1}[(1+r) + (1-r)\cos\theta_c] \tag{3.7.10}$$

其中,$r = \left(\frac{A-1}{A+1}\right)^2$,$A$ 是原子核质量与中子质量之比。质心系散射角 θ_c 可以用下

面公式换算为对应的实验室系的散射角 θ_L

$$\cos\theta_L = (1+A\cos\theta_c)/\sqrt{1+A^2+2A\cos\theta_c} \tag{3.7.11}$$

再根据下面的球面三角公式，通过实验室系散射角 θ_L 来确定 θ_i

$$\cos\theta_i = \cos\theta_{i-1}\cos\theta_L + \sin\theta_{i-1}\sin\theta_L\cos\varphi \tag{3.7.12}$$

其中，φ 为方位角。如考虑的中子散射过程是各向同性的，方位角 φ 是通过抽样 $\varphi = 2\pi\xi$ 确定抽样值。

按照上面的计算步骤，我们就完成了从 s_{i-1} 到 s_i 状态的跟踪。重复上述中子跟踪计算过程，直到中子在物质层中运动历程的终点。如果我们一共模拟了 N 个中子的运动过程，接下来，我们就要对感兴趣的模拟物理量进行统计平均。

下面我们以计算投射率为例，说明如何通过对单个中子的跟踪，计算可观测的物理量。我们定义在模拟过程中第 n 个中子对透射率的贡献 η_n 为

$$\eta_n = \begin{cases} 1, & x_M \geqslant a \\ 0, & x_M \leqslant a \text{ 或被吸收} \end{cases} \tag{3.7.13}$$

其中，下标 M 为该中子在物质层中碰撞的次数。我们得到穿透物质层的中子数 N_1 为

$$N_1 = \sum_{n=1}^{N} \eta_n \tag{3.7.14}$$

由此得到透射率的一个估计值为

$$\overline{P} = \frac{N_1}{N} = \frac{1}{N}\sum_{n=1}^{N} \eta_n \tag{3.7.15}$$

在 $1-\alpha$ 置信水平下，$\overline{P}$ 的误差估计为

$$|\overline{P} - P| < t_\alpha \sigma_\eta / N \tag{3.7.16}$$

σ_η 是 η_n 的均方差。由于 η_n 是一个二项式分布的随机变量，所以

$$\sigma_\eta^2 = P(1-P) \approx \overline{P}(1-\overline{P}) \tag{3.7.17}$$

通过对大量中子运动过程的跟踪，我们也很容易求出透射中子的能量和角分布。只要将能量 E 和极角 θ 分成若干个小区间，如

$$E_0 > E_1 > E_2 > \cdots > E_{\min}$$
$$0 = \theta_0 < \theta_1 < \theta_2 < \cdots < \theta_M = \pi/2 \tag{3.7.18}$$

将透射中子的能量 E 和极角 θ 记入图中对应区间，统计落入各个能量区间或角度区间的中子数，并画出直方图。这样我们就得到相应的散射中子的能量分布或角分布图形。

2. 权重法

从前面的介绍，我们可以感受到直接模拟法具有的优点是：模拟过程重复了物理过程的机制，模拟思想朴素、简单。但是它在计算透射率时的最大缺点是：当物

质层较厚时,透射率会很小,导致误差较大。实际上,在模拟大量粒子穿过较厚物质层时,只有很少数的粒子对透射率有贡献。从公式(3.7.16)和(3.7.17)可以看出,这时透射率估计值的误差涨落也比较大。为了克服这个缺点,可以采用对散射过程加权重的办法。具体来说,就是假定到达某一状态的中子一定以一个概率权重 w_i 被散射,而不再判断中子是否会被吸收。当中子离开物质或能量小于某一阈值时,就停止对它的运动历程的跟踪。

采用权重法时,我们将散射的概率权重 w_i 加到状态的位形参数中,此时中子的状态描写为

$$s = (x, E, \cos\theta, w) \tag{3.7.19}$$

其中,w 即是散射权重因子。类似在直接模拟法中,在跟踪一个中子前,先给出它的初始状态位形 $s_0=(x_0, E_0, \cos\theta_0, w_0)$,并取 $w_0=1$。在位形 $s_{i-1}=(x_{i-1}, E_{i-1}, \cos\theta_{i-1}, w_{i-1})$ 确定后,下一个状态位形 $s_i=(x_i, E_i, \cos\theta_i, w_i)$ 中的参数 $x_i, E_i, \cos\theta_i$ 的确定方法与前面描述的直接模拟法相同。w_i 由下面公式确定

$$w_i = w_{i-1} \cdot \frac{\sigma_{T,s}^m(E_{i-1})}{\sigma_T^m(E_{i-1})} \tag{3.7.20}$$

上式中,上标 m 仍然指的是第 m 种原子核。这时第 n 个中子对透射率的贡献为

$$\delta_n = \begin{cases} w_{i-1}, & x > a \\ 0, & \text{其他} \end{cases} \tag{3.7.21}$$

假定我们一共跟踪了 N 个中子,则透射率 $\overline{P}'$ 的估计值为

$$\overline{P}' = \frac{1}{N} \sum_{n=1}^{N} \delta_n \tag{3.7.22}$$

它的方差为

$$\sigma_\delta^2 = \frac{1}{N} \sum_{n=1}^{N} \delta_n^2 - (\overline{P}')^2 \tag{3.7.23}$$

比较公式(3.7.17)和(3.7.23),我们得到两种方法的方差的差别

$$\sigma_\eta^2 - \sigma_\delta^2 \approx \frac{1}{N} \sum_{n=1}^{N} (\delta_n - \delta_n^2) \tag{3.7.24}$$

由于 $\delta_n \leqslant 1$,所以存在不等式

$$\sigma_\eta^2 > \sigma_\delta^2 \tag{3.7.25}$$

这个不等式说明权重法的方差小于直接模拟法的方差。

3. 统计估计法

在权重法中,第 n 个被跟踪的中子在第 i 个状态由位形 $s_i=(x_i, E_i, \cos\theta_i, w_i)$ 描述。其状态参数 $x_i, E_i, \cos\theta_i$ 的确定与直接法一样,由前一个状态参数 $x_{i-1}, E_{i-1}, \cos\theta_{i-1}$ 确定;参数 w_i 由权重法中的公式(3.7.20)确定。处在这一状态的中

子直接穿透物质层的概率显然为

$$\bar{P}_n^i = \begin{cases} w_i \exp\left\{-\sigma_T(E_i)\dfrac{a-x_i}{\cos\theta_i}\right\}, & \cos\theta_i > 0 \\ 0, & \text{其他} \end{cases} \quad (3.7.26)$$

在这个中子的运动历程中,每个碰撞点都有可能以概率 $\bar{P}_n^i$ 透射出去。我们可以充分利用这一信息,利用下式计算这个中子对透射率的贡献

$$\bar{P}_n = \sum_{i=0}^{M-1} \bar{P}_n^i \quad (3.7.27)$$

式中,M 是被跟踪的第 n 中子在物质层中的碰撞点数。如果我们一共跟踪了 N 个中子,则最后得到透射率的估计值为这 N 个中子贡献的叠加

$$\bar{P}'' \approx \frac{1}{N}\sum_{n=1}^{N} \bar{P}_n = \frac{1}{N}\sum_{n=1}^{N}\sum_{i=0}^{M-1} \bar{P}_n^i \quad (3.7.28)$$

它的方差为

$$\sigma_w^2 \approx \frac{1}{N}\sum_{n=1}^{N}(\bar{P}_n^2) - (\bar{P}'')^2 \quad (3.7.29)$$

这种计算透射率的方法就叫统计估计法。

除了上面介绍的直接模拟法和在此基础上发展起来的权重法和统计估计法外,还有其他许多发展出来的模拟方法,如,碰撞点积分法、半解析方法等模拟方法。这些方法发展的初衷就是要有效地降低模拟计算的方差,节约计算时间。

习 题

(1) 利用蒙特卡罗方法计算三维、四维、五维和六维空间的单位半径球的体积。

(2) 利用分布密度函数 $f(x)=Ae^{-x}$ 做重要抽样来求积分,并分析误差与投点数的关系。

$$I = \int_0^{+\infty} x^{5/2} e^{-x} dx$$

(3) 用事例证明蒙特卡罗求积分的标准误差为

$$\sigma^2 = \langle A^2 \rangle - \langle A \rangle^2 \propto \frac{1}{N}$$

其中,A 为物理观测量,N 为蒙特卡罗投点个数。

(4) 采用 Metropolis 方法产生一维分子速度分布密度函数为

$$f(v) = Cv^2 e^{-\alpha v^2}$$

的游走样本点,并将其分布和上述分布函数曲线进行比较(上式中 C,α 为常数)。

(5) 写出采用 Metropolis 方法对高斯分布 $f(x)=A\exp(-x^2/2\sigma)$ 的抽样框图和程序(A 和 σ 为常数)。

(6) 编写采用 Metropolis 算法计算一维积分

$$\int_{-\infty}^{+\infty} \exp(-x^2/2) x^2 dx$$

的程序。用该程序计算三维积分

$$\int_{-\infty}^{+\infty} x^2 \mathrm{d}x \int_{-\infty}^{+\infty} y^2 \mathrm{d}y \int_{-\infty}^{+\infty} z^2 \exp(-r^2/2) \mathrm{d}z$$

然后将得到的结果与解析计算得到的精确结果进行比较,并分析模拟游走点数与误差的关系。

(7) 对以下一维扩散方程

$$\kappa \frac{\partial^2 U}{\partial x^2} = \frac{\partial U}{\partial t}, \quad \begin{cases} U(x,0) = f(x) \\ U(0,t) = U_0 \\ U(1,t) = U_1 \end{cases}$$

可以通过在 $h \times \tau$ 的矩形格点上的随机游走来求解(其中 h, τ 分别为 x 和 t 划分的格点长度)。在 x 方向向前和向后游走的概率为 $W_{01} = W_{03} = [2 + h^2/(\tau^2)]^{-1}$,而在 t 方向向前和向后游走的概率为 $W_{02} = W_{04} = (1 + 2\tau^2/h^2)^{-1}$。试编程予以计算。

(8) 编写程序,采用路径积分量子力学蒙特卡罗方法求液态 He^4 的基态能量。

(9) 编写程序,采用变分量子力学蒙特卡罗方法求氢分子的基态能量。其中两质子和两电子应当按四体系统来处理。

(10) 修改习题(9)的程序,采用格林函数量子蒙特卡罗方法求氢分子基态能量,并与习题(9)的结果进行比较。

参 考 文 献

1 G Marchesini et al. Comp Phys Comm, 1992, 67:465

2 T Sjoestrand. Comp Phys Comm, 1994, 82:74

3 E Byckling and K Kajantie. Particle Kenematics. London: John Wiley and son, 1973

4 R Kleiss, W J Stirling and S D Ellis. Comp Phys Comm, 1996, 40:359

5 Davis D H. Methods in Computational Physics, B Adler et al. vol 1:67~88 New York: Academic 1963

6 D W Heermann. Computer Simulation Methods in Theoretical Physics. Berlin: Springer-Verlag, 1989

7 Tao Pang. An Introduction to Computational Physics. Cambridge: Cambridge University Press., 1997

8 P J Reynolds, M Ceperley, B J Alder and W A Jr Laster. Journal of Chemical Physics, 1982, 77:5593

9 N Metropolis, A W Rosenbluth, M N Rosenbluth, A H Teller, E Teller. J Chem Phys, 1953, 21:1087

10 E Ising. Z Phys. 1925, 31:253

第四章 有限差分方法

4.1 引　　言

物理学和其他学科领域的许多问题往往在被分析研究之后，都可以归结为常微分方程或偏微分方程的求解问题。一般说来，处理一个特定的物理问题，除了需要知道它满足的数学方程外，还应当同时知道这个问题的定解条件，然后才能设计出行之有效的计算方法来求解。有限差分法是一种得到广泛应用的较好的数值求解的方法。

在有限差分方法中，我们放弃了微分方程中独立变量可以取连续值的特征，而关注独立变量离散取值后对应的函数值。但是从原则上说，这种方法仍然可以达到任意满意的计算精度。因为方程的连续数值解可以通过减小独立变量离散取值的间格，或者通过离散点上的函数值插值计算来近似得到。这种方法是随着计算机的诞生和应用而发展起来的。其计算格式和程序的设计都比较直观和简单，因而，它的实际应用已经构成了计算数学和计算物理的重要组成部分。我们在这一章中将介绍这种方法和它的应用举例。

有限差分法的具体操作分为两个部分：①用差分代替微分方程中的微分，将连续变化的变量离散化，从而得到差分方程组的数学形式；②求解差分方程组。在第一步中，我们通过所谓的网络分割法，将函数定义域分成大量相邻而不重合的子区域。通常采用的是规则的分割方式。这样可以便于计算机自动实现和减少计算的复杂性。网络线划分的交点称为节点。若与某个节点 P 相邻的节点都是定义在场域内的节点，则 P 点称为正则节点；反之，若节点 P 有处在定义域外的相邻节点，则 P 点称为非正则节点。在第二步中，数值求解的关键就是要应用适当的计算方法，求得特定问题在所有这些节点上的离散近似值。

一个函数在 x 点上的一阶和二阶微商，可以近似地用它所临近的两点上的函数值的差分来表示。如对一个单变量函数 $f(x)$，x 为定义在区间 $[a,b]$ 的连续变量。以步长 $h=\Delta x$ 将 $[a,b]$ 区间离散化，我们得到一系列节点 $x_1=a, x_2=x_1+h, x_3=x_2+h=a+2\Delta x,\cdots,x_{n+1}=x_n+h=b$，然后求出 $f(x)$ 在这些点上的近似值。显然步长 h 越小，近似解的精度就越好。与节点 x_i 相邻的节点有 x_i-h 和 x_i+h，因此在 x_i 点可以构造如下形式的差值

$$f(x_i+h)-f(x_i)$$
$$f(x_i)-f(x_i-h)$$

$$f(x_i+h)-f(x_i-h)$$

分别称为节点 x_i 的一阶向前、向后和中心差分。我们知道与 x_i 点相邻两点的泰勒展开式可以写为

$$f(x_i - h) = f(x_i) - hf'(x_i) + \frac{h^2}{2}f''(x_i) - \frac{h^3}{3!}f'''(x_i) + \frac{h^4}{4!}f''''(x_i) - \cdots \tag{4.1.1}$$

$$f(x_i + h) = f(x_i) + hf'(x_i) + \frac{h^2}{2}f''(x_i) + \frac{h^3}{3!}f'''(x_i) + \frac{h^4}{4!}f''''(x_i) + \cdots \tag{4.1.2}$$

将上面两个式子相减,并忽略 h 的平方和更高阶的项得到一阶微分的中心差商表示

$$f'(x_i) \approx \frac{f(x_i+h)-f(x_i-h)}{2h} \tag{4.1.3}$$

利用式(4.1.1)和(4.1.2)我们还可以得到一阶微分的向前、向后一阶差商表示

$$f'(x_i) \approx \frac{f(x_i+h)-f(x_i)}{h} \tag{4.1.4}$$

$$f'(x_i) \approx \frac{f(x_i)-f(x_i-h)}{h} \tag{4.1.5}$$

将式(4.1.1)和(4.1.2)相加,忽略 h 的立方及更高阶的项得到二阶微分的中心差商表示

$$f''(x_i) \approx \frac{f(x_i+h)-2f(x_i)+f(x_i-h)}{h^2} \tag{4.1.6}$$

式(4.1.6)的截断误差为 $O(h^2)$。

利用式(4.1.3)~(4.1.6),我们就可以构造出微分方程的差分格式。这里要指出的是:在构造差分格式时,究竟应该选择向前、向后还是中间差分或差商来代替微分方程中的微分或微商,应当根据由此得到的差分方程解的稳定性和收敛性来考虑。同时兼顾到差分格式的简单和求解的方便。

上面的差分步骤可以推广用于偏微分。例如,对于 $f=f(x,y)$ 的情况,拉普拉斯算符在 0 点作用在此函数上的值 $\left(\nabla^2 f = \left(\frac{\partial^2 f}{\partial x^2} + \frac{\partial^2 f}{\partial y^2}\right)\right)$,也可以用临近的点上的函数值表示出来(见图 4.1.1,且 $h_1=h_2=h_3=h_4=h$ 时)

$$\nabla^2 f \approx \frac{f_1+f_2+f_3+f_4-4f_0}{h^2} - \frac{2h^2}{4!}\left(\frac{\partial^4 f}{\partial x^4} + \frac{\partial^4 f}{\partial y^4}\right) \tag{4.1.7}$$

一般在对微分方程数值求解的过程中,误差的来源有两类:第一,方法误差(或截断误差)。这是由于采用的计算方法所引起的误差。例如,上面我们介绍的差商表示中,采用的泰勒展开式展开到第 $n+1$ 项时的截断误差阶数为 $O(h^{n+1})$。具体

方法的误差阶数取决于在离散化时的近似阶数。因此若改进算法就可以减小截断误差。第二，舍入误差(或计算误差)。这是由于计算机的有限字长而造成数据在计算机中的表示出现误差。在计算机运算的过程中，随着运算次数的增加舍入误差会积累得很大。如果在多次运算后，舍入误差的精度影响是有限的，那么这个算法是稳定的，否则是不稳定的。不稳定的算法是不能用的。

本书中我们将略去对差分法稳定性和收敛性理论的讨论，尽管这方面的内容是相当重要的。以下的讨论中所讲到的各种差分格式，我们均假定求解方法满足稳定性和收敛性的要求。

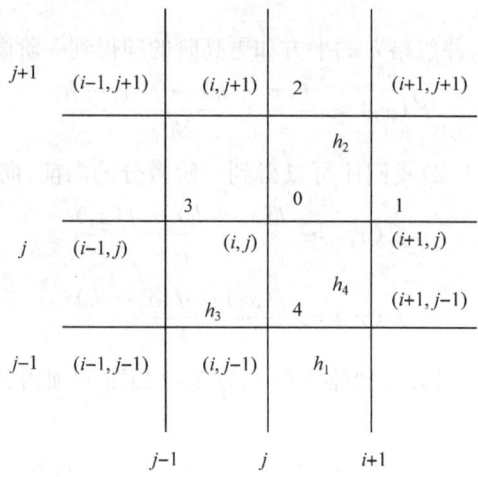

图 4.1.1 节点 0 及邻近节点

4.2 有限差分法和偏微分方程

利用 4.1 节所介绍的微分的差分表示，我们就很容易地将微分方程离散化为差分方程组的形式。但是由差分方程所得的解完全取决于待求微分方程的特性。正如我们在物理上所知道的，边界条件的情况变化将会引起差分方程组的不同。在求解微分方程中，我们会遇到两类问题：一类是初始值问题；另一类是边值条件的问题。在初始值问题中，部分边界上的函数值和部分的函数偏导值是给定的。通常在这类问题中的独立变量之一是时间 t。在边界值问题中，边界上的信息是给定的。本书中我们仅讨论后一类问题。更复杂的情况可以参考文献[1]。

假定某方程形式上可以写为

$$L\phi = q \tag{4.2.1}$$

其中，L 为含偏微商的算符。它的边界条件一般可写为

$$\phi\Big|_G + g_1(s)\frac{\partial \phi}{\partial \boldsymbol{n}}\Big|_G = g_2(s) \tag{4.2.2}$$

这里,G 表示场域 D 的边界,$g_1(s)$,$g_2(s)$ 为边界上 s 点的逐点函数。由于这些边界上的函数不同,我们给它们不同的名称。

(1) 第一类边界条件,或称为狄利克莱(Dirichlet)问题($g_1=0$,$g_2\neq 0$)

$$\phi|_G = g(s) \tag{4.2.3}$$

(2) 第二类边界条件,或称诺伊曼(Neumann)问题($g_1\neq 0$,$g_2=0$)

$$\frac{\partial \phi}{\partial \boldsymbol{n}}|_G = g(s) \tag{4.2.4}$$

(3) 第三类边界条件,或称混合问题($g_1\neq 0$,$g_2\neq 0$)。

对于算符 L 为斯杜-刘维尔(Sturm-Liouville)算符的特定情况,即

$$L \equiv -\nabla(p\nabla) + f \tag{4.2.5}$$

公式中的 p 和 f 是给定的函数。我们将会得到一类很重要的微分方程。它是在流体力学、等离子物理、天体物理等学科中,势函数起关键作用的许多问题当中的基本方程。当 $p=1$,$f=0$ 时,我们得到式(4.2.1)的特殊情况——泊松(Poisson)方程。

在天体物理中,星系的运动是可以通过对 N 个相互间由万有引力支配运动的体系进行研究来模拟再现的。这样的研究首先是要确定每一个星球受到其他所有星球所给予的引力;然后再据此确定每个星球在经历 Δt 时间的运动后所处的空间位置;反复上面的步骤,我们就可以描绘出整个系统的运动过程。星球间的作用力可以直接通过两星球间相互作用力的叠加计算来得到。但是当 N 很大时,这样的矢量叠加计算可能会很慢,有时还会很困难。通常我们是用标量势函数来计算这些力。此时,若要计算下一个时刻星系所处的状态,我们就必须解泊松方程。同样,在对不同束缚条件下的带电等离子体的特性研究中,我们也可以采用几乎与前面相同的步骤来研究。描述核反应堆中中子的输运也是这种类型方程的重要应用。它的求解可以决定在何种条件下反应堆装置将会处于临界状态。

我们现在考虑式(4.2.5)中 p 为常数的情况,二维的方程(4.2.1)可以写为

$$\frac{\partial^2 \phi}{\partial x^2} + \frac{\partial^2 \phi}{\partial y^2} + f(x,y)\phi = q(x,y) \tag{4.2.6}$$

设函数 ϕ 在区域 D 内满足方程(4.2.6)(区域 D 的边界为 G)。采用差分法来计算,我们首先需要将区域 D 离散化,即通过任意的网络划分方法把区域 D 离散为许许多多的小单元。原则上讲这种网格分割是可以任意的,但是在实际应用中,常常是根据边界 G 的形状,采用最简单、最有规律和边界的拟合程度

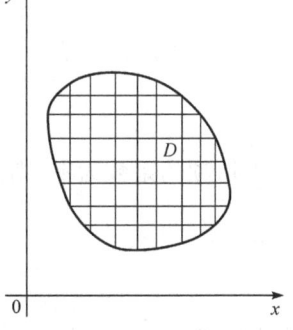

图 4.2.1 求解区域的矩形分割

最佳的方法来分割。常用的有正方形分割法和矩形分割法(如图 4.2.1)。有时也用三角形分割法(见图 4.2.2)。对圆形区域,应用图 4.2.3 所示的极网络格式也许更方便些。这些网络单元通常称为元素。

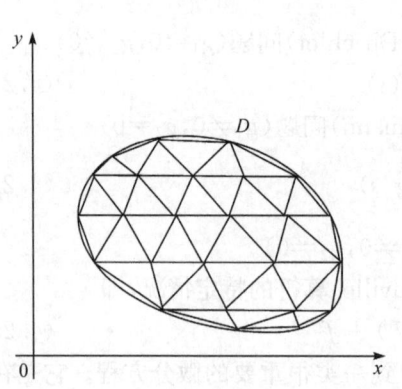

图 4.2.2 求解区域的三角形分割　　　图 4.2.3 求解区域的极网络分割

下面我们把节点上偏导的数值用节点上的函数值来表示出来。设区域内部某节点 0 附近的各节点如图 4.1.1 所示。这里我们取步长 h 不相等的最一般情况。以 $\phi_0, \phi_1, \phi_2, \phi_3, \phi_4$ 分别代表在节点 0,1,2,3,4 处 ϕ 的函数值。如前所述,0 点的一阶偏导数可以通过向前或向后的差商,由 1 和 3 节点近似写出

$$\left(\frac{\partial \phi}{\partial x}\right)_0 \approx \frac{\phi_1 - \phi_0}{h_1} \tag{4.2.7}$$

或

$$\left(\frac{\partial \phi}{\partial x}\right)_0 \approx \frac{\phi_0 - \phi_3}{h_3} \tag{4.2.8}$$

显然这种单侧差商的误差较大。如果要寻求更精确的差分格式,我们可以引入待定常数 α, β,由 ϕ_1 和 ϕ_3 的泰勒展开,构造出如下的关系式

$$\alpha(\phi_1 - \phi_0) + \beta(\phi_3 - \phi_0) = \left(\frac{\partial \phi}{\partial x}\right)_0 (\alpha h_1 - \beta h_3) + \frac{1}{2}\left(\frac{\partial^2 \phi}{\partial x^2}\right)_0 (\alpha h_1^2 + \beta h_3^2) + \cdots \tag{4.2.9}$$

令 $\left(\frac{\partial^2 \phi}{\partial x^2}\right)_0$ 项的系数为零,则得到 α 和 β 之间应当满足

$$\alpha = -\frac{h_3^2}{h_1^2}\beta \tag{4.2.10}$$

将公式(4.2.10)代入式(4.2.9),并舍去高阶项,得到 $\left(\frac{\partial \phi}{\partial x}\right)_0$ 的另一个差分表达式

$$\left(\frac{\partial \phi}{\partial x}\right)_0 \approx \frac{h_3{}^2(\phi_1-\phi_0)-h_1{}^2(\phi_3-\phi_0)}{h_1 h_3(h_1+h_3)} \tag{4.2.11}$$

当选用等步距 $h_1=h_3=h_x$ 时,上式成为

$$\left(\frac{\partial \phi}{\partial x}\right)_0 \approx \frac{\phi_1-\phi_3}{2h_x} \tag{4.2.12}$$

这就是我们前面已提到的中心差商表达式。下面将继续推导二阶偏导数的差分表达式。在式(4.2.9)中,如果令 $\left(\frac{\partial \phi}{\partial x}\right)_0$ 的系数为零,则有 α 和 β 间存在关系式

$$\alpha = \frac{h_3}{h_1}\beta \tag{4.2.13}$$

将上式代入式(4.2.9)中,并忽略 h 三阶以上的高次项,则得到表达式

$$\left(\frac{\partial^2 \phi}{\partial x^2}\right)_0 \approx 2\frac{h_3(\phi_1-\phi_0)+h_1(\phi_3-\phi_0)}{h_1 h_3(h_1+h_3)} \tag{4.2.14}$$

当用等步长 $h_1=h_3=h_x$ 时,上式成为

$$\left(\frac{\partial^2 \phi}{\partial x^2}\right)_0 \approx \frac{\phi_1-2\phi_0+\phi_3}{h_x{}^2} \tag{4.2.15}$$

它的误差为 $O(h_x{}^2)$。

用完全相同的计算方法,我们可以推导出 $\left(\frac{\partial^2 \phi}{\partial y^2}\right)_0$ 的差分表达式

$$\left(\frac{\partial^2 \phi}{\partial y^2}\right)_0 \approx 2\frac{h_4(\phi_2-\phi_0)+h_2(\phi_4-\phi_0)}{h_2 h_4(h_2+h_4)} \tag{4.2.16}$$

当采用等步长 $h_2=h_4=h_y$ 时,有

$$\left(\frac{\partial^2 \phi}{\partial y^2}\right)_0 \approx \frac{\phi_2-2\phi_0+\phi_4}{h_y{}^2} \tag{4.2.17}$$

将公式(4.2.14)和(4.2.16)代入方程(4.2.13),我们就得到该方程的差分表达式为

$$(\nabla^2 \phi)_0 = 2\left[\frac{h_3(\phi_1-\phi_0)+h_1(\phi_3-\phi_0)}{h_1 h_3(h_1+h_3)}+\frac{h_4(\phi_2-\phi_0)+h_2(\phi_4-\phi_0)}{h_2 h_4(h_2+h_4)}\right]+f_0\phi_0$$
$$= q_0 \tag{4.2.18}$$

如果在 x 和 y 方向的步长分别相等,即 $h_1=h_3=h_x$ 和 $h_2=h_4=h_y$ 时,则上式化为

$$\frac{\phi_1-2\phi_0+\phi_3}{h_x{}^2}+\frac{\phi_2-2\phi_0+\phi_4}{h_y{}^2}+f_0\phi_0=q_0 \tag{4.2.19}$$

一般可以用角标来表示节点的标记,将上式写为

$$\frac{1}{h_x{}^2}(\phi_{i+1,j}-2\phi_{i,j}+\phi_{i-1,j})+\frac{1}{h_y{}^2}(\phi_{i,j+1}-2\phi_{i,j}+\phi_{i,j-1})+f_{i,j}\phi_{i,j}=q_{i,j}$$

$$\tag{4.2.20}$$

这就是 $\phi_{i,j}$ 所满足的差分方程。通常称为"五点格式"或"菱形格式",特别是当 $h_x = h_y = h$ 时,我们得到

$$\phi_{i+1,j} + \phi_{i-1,j} + \phi_{i,j+1} + \phi_{i,j-1} + (h^2 f_{i,j} - 4)\phi_{i,j} = h^2 q_{i,j} \quad (4.2.21)$$

对于 $f=0$ 的时候,方程(4.2.6)为泊松方程,由式(4.2.21)得到

$$\phi_{i+1,j} + \phi_{i-1,j} + \phi_{i,j+1} + \phi_{i,j-1} - 4\phi_{i,j} = h^2 q_{i,j} \quad (4.2.22)$$

对于 $f=q=0$ 的时候,方程(4.2.6)为拉普拉斯方程,从式(4.2.21)得

$$\phi_{i+1,j} + \phi_{i-1,j} + \phi_{i,j+1} + \phi_{i,j-1} - 4\phi_{i,j} = 0 \quad (4.2.23)$$

关于边界条件的离散化的处理一般是:若场域的网络节点都落在边界 G 上,则显然无需再做处理。但是在一般情况下,边界 G 是不规则的。网络节点不可能全部都落在边界 G 上。对式(4.2.3)给出的第一类边界条件,通常有两种处理办法。一种是所谓的直接转移法,如果 0 节点靠近边界,则取最靠近 0 点的边界节点上的函数作为 0 点的函数值。这是一种比较粗糙的近似。另一种方法是较为精确的线性插值法。对第二、三类边界条件也可以用插值法求出临近边界节点上的函数值。下面我们对第一、二、三类边界条件的离散化分别进行介绍。

(1) 第一类边界条件

在二维情况下,第一类边界条件如公式(4.2.3)所示。如果网格的边界节点恰好落在边界 G 上,则显然无需再做近似处理,边界节点的函数值就等于边界条件式(4.2.3)给出的函数值。但是一般情况下网格边界节点不在边界上,我们通常用以下三种方法处理。

(a) 直接转移法

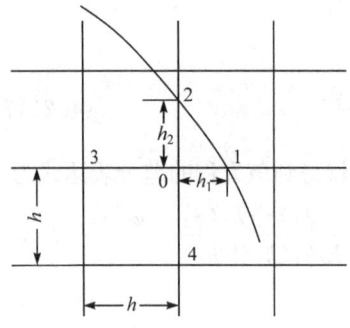

图 4.2.4 场域的第一类边界条件

在图 4.2.4 中网格是按正方形分割,步长为 h。0 点为靠近边界 G 的一个网格节点,1 和 2 为边界节点。我们取最靠近 0 点的边界节点 1 上的函数值作为 0 点的函数值。即取 $\phi_0 \approx \phi_1$。这种方法称为直接转移法,又称为零次插值法。

(b) 线性插值法

如图 4.2.4 所示,先判断 x 方向的边界节点 1 和 y 方向的边界节点 2 哪一个更靠近 0 点。如果 1 更靠近 0 点,则可以用 x 方向的线性插值给出 0 点的函数值

$$\phi_0 = \frac{h\phi_1 + h_1\phi_3}{h + h_1} \quad (4.2.24)$$

如果边界节点 2 更靠近 0 点,则可以类似地用 y 方向 2,4 边界节点的函数值 ϕ_2 和 ϕ_4 的线性插值求出 0 点函数值 ϕ_0。

$$\phi_0 = \frac{h\phi_2 + h_2\phi_4}{h + h_2} \tag{4.2.25}$$

上面两个式子中 h_1 和 h_2 分别为边界节点 1,2 到 0 点的距离。这种方法的误差为 $O(h^2)$。更为精确的方法是采用双向插值。如果 $h_1 = \alpha h, h_2 = \beta h$,将它们代入公式 (4.2.14) 和 (4.2.16)(注意,这里 $h_x = h_y = h$),由方程 (4.2.18) 得到 0 点附近的差分计算格式

$$\frac{1}{\alpha(1+\alpha)}\phi_1 + \frac{1}{\beta(1+\beta)}\phi_2 + \frac{1}{1+\alpha}\phi_3 + \frac{1}{1+\beta}\phi_4 - \left(\frac{1}{\alpha} + \frac{1}{\beta}\right)\phi_0 + \frac{h^2}{2}f_0\phi_0 = \frac{h^2}{2}q_0 \tag{4.2.26}$$

(2) 第二类和第三类边界条件

第二类和第三类边界条件可以统一写为

$$\left(\frac{\partial \phi}{\partial \hat{n}} + \alpha \phi\right)\Big|_G = g \tag{4.2.27}$$

其中,$\alpha = 0$ 时,即为第二类边界条件;$\alpha \neq 0$ 时,即为第三类边界条件。我们这里介绍一种比较简单的处理方法。如图 4.2.5 所示,过 O 点向边界 G 做垂线 PQ 交边界于 Q 点,交网线段 VR 于 P,假定 OP,PR 和 VP 的长度分别为 ah,bh 和 ch,则对 O 点有

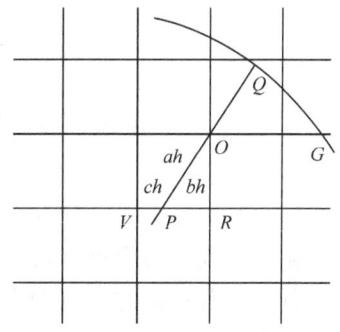

$$\frac{\phi_0 - \phi_P}{ah} = \left(\frac{\partial \phi}{\partial \hat{n}}\right)_O + O(h) \tag{4.2.28}$$

因为 P 点一般不是节点,其值应当以 V 点和 R 点的插值给出

图 4.2.5 场域的混合边界条件

$$\phi_P = b\phi_V + c\phi_R + O(h^2) \tag{4.2.29}$$

将其代入公式 (4.2.27),并由于 $\left(\frac{\partial \phi}{\partial \hat{n}}\right)_O = \left(\frac{\partial \phi}{\partial \hat{n}}\right)_Q + O(h)$,得到

$$\frac{1}{ah}(\phi_0 - b\phi_V - c\phi_R) = \left(\frac{\partial \phi}{\partial \hat{n}}\right)_Q + O(h) \tag{4.2.30}$$

从边界条件式 (4.2.27),有关系式

$$\left(\frac{\partial \phi}{\partial \hat{n}}\right)_Q = -\alpha(Q)\phi_Q + g(Q) \tag{4.2.31}$$

结合上面两个公式 (4.2.30) 和 (4.2.31),并将 ϕ_Q 用 ϕ_0 来近似,就得到 O 点的差分计算公式

$$\frac{1}{ah}(\phi_O - b\phi_V - c\phi_R) + \alpha(Q)\phi_O = g(Q) \tag{4.2.32}$$

我们现在看一下 $\frac{\partial \phi}{\partial n}$ 的方向与网格线平行的特殊情况。如 $\frac{\partial \phi}{\partial n}$ 与 x 方向平行,设图 4.2.5 中 O 点与 R 点重合,则式(4.2.28)成为

$$\left(\frac{\partial \phi}{\partial \hat{n}}\right)_O = \left(\frac{\partial \phi}{\partial x}\right)_O \approx \frac{\phi_O - \phi_V}{h} \tag{4.2.33}$$

得到 O 点的差分计算公式为

$$\frac{1}{h}(\phi_O - \phi_V) + \alpha(Q)\phi_O = g(Q) \tag{4.2.34}$$

如 $\frac{\partial \phi}{\partial n}$ 与 y 方向平行,设图 4.2.5 中 V 点与 R 点重合,则式(4.2.28)成为

$$\left(\frac{\partial \phi}{\partial \hat{n}}\right)_O = \left(\frac{\partial \phi}{\partial y}\right)_O \approx \frac{\phi_O - \phi_R}{h} \tag{4.2.35}$$

得到 O 点的差分计算公式为

$$\frac{1}{h}(\phi_O - \phi_R) + \alpha(Q)\phi_O = g(Q) \tag{4.2.36}$$

4.3 有限差分方程组的迭代解法

前面我们导出了微分方程的差分格式,下一步便是要考虑如何对该差分方程组求解了。我们回到求解微分方程(4.2.6)。假定该问题是个在边界 G 上的狄利克莱问题。其求解的区域 D 是个单位矩形区间($0 \leqslant x, y \leqslant 1$)。我们在平行于 x, y 轴的方向分别用 $N+1$ 和 $M+1$ 个点以等步长作网络划分,边界 G 上的节点函数值为 $g_{i,j}$(如图 4.3.1 所示)。则用 $N \times M$ 个网格划分的单位矩形求解区间 D 中,

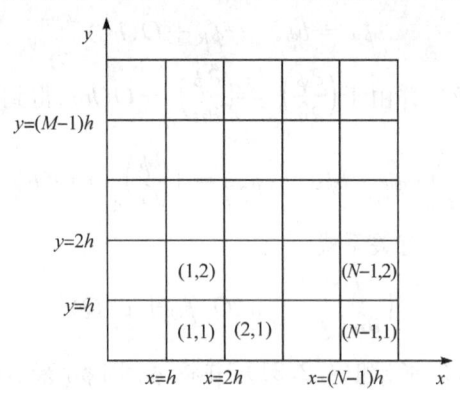

图 4.3.1 用 $N \times M$ 个网格划分的方程
(4.2.6)求解的范围——单位矩形区间 D

x,y 方向的步长分别是 $h=1/N$ 和 $k=1/M$。对这样的问题利用差分计算格式[公式(4.2.21)],并取 $M=N$(即 $h=k$),则方程(4.2.6)可以近似写为

$$\phi_{i+1,j}+\phi_{i-1,j}+\phi_{i,j+1}+\phi_{i,j-1}-[4-h^2 f_{ij}]\phi_{ij}=h^2 q_{ij}, \quad 在区域 D 内$$
$$\phi_{i,j}=g_{i,j}, \quad 在 D 的边界 G 上 \quad (4.3.1)$$

为了进一步作求解的详细分析,我们现在在考虑 $f=0(f_{i,j}=0)$ 的特殊情况,此时要求解的是狄利克莱边界问题的泊松方程,它可以写成为

$$\frac{\partial^2 \phi}{\partial x^2}+\frac{\partial^2 \phi}{\partial y^2}=q(x,y), \quad 在 D 内$$
$$\phi|_G=g(p), \quad 在 D 的边界 G 上 \quad (4.3.2)$$

微分方程问题式(4.3.2)对应的差分方程组为[参见公式(4.3.1)]

$$\phi_{ij}-\frac{1}{4}(\phi_{i+1,j}+\phi_{i-1,j}+\phi_{i,j+1}+\phi_{i,j-1})=-\frac{h^2}{4}q_{ij}, \quad 在 D 内$$
$$\phi_{i,j}=g_{i,j}, \quad 在 D 的边界 G 上 \quad (4.3.3)$$

引入 y 方向的层向量(也可以取 x 方向分层的层向量)

$$\phi_j=\begin{pmatrix}\phi_{1,j}\\ \phi_{2,j}\\ \vdots \\ \phi_{N-1,j}\end{pmatrix}, \quad q_j=-\frac{1}{4}\begin{pmatrix}h^2 q_{1,j}\\ h^2 q_{2,j}\\ \vdots \\ h^2 q_{N-1,j}\end{pmatrix}$$

并记

$$\Phi=\begin{pmatrix}\phi_1\\ \phi_2\\ \vdots\\ \phi_{N-1}\end{pmatrix}, \quad B=\begin{pmatrix}b_1\\ b_2\\ \vdots\\ b_{N-1}\end{pmatrix}$$

则方程组(4.3.3)就可以写为

$$K\Phi=B \quad (4.3.4)$$

其中,K 矩阵的形式如

$$K=\begin{pmatrix}G & -I/4 & \cdots & 0\\ -I/4 & G & -I/4 & \vdots\\ \vdots & \vdots & \vdots & -I/4\\ 0 & \cdots & -I/4 & G\end{pmatrix} \quad (4.3.5)$$

I 是 $(N-1)\times(N-1)$ 阶的单位矩阵。G 为 $(N-1)\times(N-1)$ 阶方阵,其具体表示为

$$G=\begin{pmatrix}1 & -1/4 & \cdots & 0\\ 1/4 & 1 & \cdots & \vdots\\ \vdots & \vdots & \vdots & -1/4\\ 0 & \cdots & -1/4 & 1\end{pmatrix} \quad (4.3.6)$$

从公式(4.3.3)~(4.3.6)，我们可以得到 $y=h$ 上各个节点的差分方程有如下形式

$$\begin{bmatrix} 1 & -1/4 & \cdots & 0 \\ -1/4 & 1 & \cdots & \vdots \\ \vdots & \vdots & \vdots & -1/4 \\ 0 & \cdots & -1/4 & 1 \end{bmatrix} \begin{bmatrix} \phi_{1,1} \\ \phi_{2,1} \\ \vdots \\ \phi_{N-1,1} \end{bmatrix} - \frac{1}{4} \begin{bmatrix} 1 & 0 & \cdots & 0 \\ 0 & 1 & \cdots & \vdots \\ \vdots & \vdots & \vdots & \vdots \\ 0 & \cdots & 0 & 1 \end{bmatrix} \begin{bmatrix} \phi_{1,2} \\ \phi_{2,2} \\ \vdots \\ \phi_{N-1,2} \end{bmatrix}$$

$$= \frac{-1}{4} \begin{Bmatrix} h^2 q_{1,1} - g_{0,1} - g_{1,0} \\ h^2 q_{2,1} - g_{2,0} \\ \vdots \\ h^2 q_{N-1,1} - g_{N,1} - g_{N-1,0} \end{Bmatrix} = b_1 \tag{4.3.7}$$

即

$$G\phi_1 - \frac{1}{4} I\phi_2 = b_1 \tag{4.3.8}$$

同样沿 $y=2h$ 上的各节点可以列出差分方程为

$$-\frac{1}{4} I\phi_1 + G\phi_2 - \frac{1}{4} I\phi_3 = b_2 \tag{4.3.9}$$

其中

$$b_2 = \frac{-1}{4} \begin{Bmatrix} h^2 q_{1,2} - g_{0,2} \\ h^2 q_{2,2} \\ \vdots \\ h^2 q_{N-1,2} - g_{N,2} \end{Bmatrix} \tag{4.3.10}$$

原来求解微分方程(4.3.2)现在已经变成为求解式(4.3.4)的线性代数方程。原则上，只要我们取网格间距足够小，这个方程可以得到精确解。但是我们注意到差分方程的解不大可能与原来的偏微分方程(4.3.2)的解完全相同。两者间的偏差正是由于用差分公式代替偏微分所带来的。在实践中，有必要在求解方程(4.3.4)时采用不同的网格间距 h 值来计算以检验结果的收敛性。求解方程(4.3.4)有各种各样的方法，常用的有三种方法。

第一种方法是采用直接求解法来解方程(4.3.4)。这是通过求系数矩阵 K 的逆矩阵来得到方程的解

$$\Phi = K^{-1} B \tag{4.3.11}$$

在实际运用中，由于矩阵 K 的维数通常都很大，且计算机计算的舍入误差会引起数值结果的不稳定，因而在实际应用中还存在较大困难。但对像泊松方程这类问题的求解，就可以采用直接法。泊松方程用傅里叶变换改写后，采用直接求解法计算会非常快。这部分内容我们将在本章第四节中介绍。

第二种方法是用随机游走。我们已在 2.6 节中对此做了详细介绍。

实际上,在采用有限差分法求解微分方程的实践中得到广泛应用的是第三种方法,即迭代求解法,其中尤以超松弛迭代法的使用效果最佳。迭代求解法实际上是一种极限方法,它被用来求方程组的近似解。本节我们仅详细介绍迭代求解法。

从前面的分析可以看出差分方程组(4.3.4)中的系数矩阵 K 具有如下特征:系数矩阵 K 是一个仅有少数不为零的元素的大型稀疏矩阵。K 矩阵的每一行元素中只有少数几个不为零的事实可以从上面我们给出的五点格式中看出:它的每一行元素中非零元素的个数不超过 5 个。因而在程序中只需记存系数矩阵 K 中的非零元素及每个非零元素在此一维数组中地址码的信息便足够了。这样就可以极大节省计算机的存储空间。当边界与网格节点重合时,矩阵 K 是个对称正定矩阵,其非零元素都是实数。可以证明这时的矩阵 K 有 $(N-1)^2$ 个正交本征向量,其对应的本征值为

$$\lambda_{pq}(K) = 1 - \frac{1}{2}(\cos p\pi h + \cos q\pi h), \quad (p,q = 1,2,\cdots,N-1)$$

(4.3.12)

但是,当边界与网格节点不重合时,K 的对称性将被破坏。K 矩阵通常是不可约的,因而该方程组不能由其中的某一部分单独求解。

现在我们就根据矩阵 K 的这些特性,来讨论求解方程组(4.3.4)的迭代求解法。求解差分方程组(4.3.4)的最简单的办法是雅可比方法,又称直接迭代法。我们可以将公式(4.3.4)等价地写成如下形式

$$\Phi = R\Phi + B \quad (4.3.13)$$

其中,$R=I-K$,I 为单位矩阵。该公式就是直接迭代法的基本公式。如果已经得到一组势函数估计值 $\Phi^{(k-1)}$,则我们可以通过如下公式得到"改进"后的估计值 $\Phi^{(k)}$。即

$$\Phi^{(k)} = R\Phi^{(k-1)} + B, \quad \phi_i^{(k)} = \sum_j R_{ij}\phi_j^{(k-1)} + B_i \quad (4.3.14)$$

如果 K 矩阵为实对称矩阵,则 R 矩阵也应当是实对称矩阵。R 也称为雅可比(Jacobi)迭代矩阵。这个矩阵的一个重要特征是它有一个特定的谱半径 $\rho(R)$,此谱半径等于该矩阵最大本征值的绝对值。从 K 矩阵的本征值表示式(4.3.12)可知矩阵 R 的本征值为

$$\lambda_{pq}(R) = \frac{1}{2}(\cos p\pi h + \cos q\pi h), \quad (p,q = 1,2,\cdots,N-1) \quad (4.3.15)$$

如果我们开始时给出一组任意的猜测势函数值 $\Phi^{(0)} = \{\phi_i^{(0)}\}$,我们可以证明在连续使用公式(4.3.14)的迭代后,会得到的改进值收敛到满足差分方程组(4.3.3)或(4.3.4)的解 $\Phi = \{\phi_i\}$。设在第 k 次迭代后的一组误差为 $E_i^{(k)} = \phi_i^{(k)} - \phi_i$,初始时误差为 $E_i^{(0)} = \phi_i^{(0)} - \phi_i$,我们有

$$E^{(k)} = \Phi^{(k)} - \Phi = R\Phi^{(k-1)} + B - (R\Phi + B) = R(\Phi^{(k-1)} - \Phi) = RE^{(k-1)} \tag{4.3.16}$$

即

$$E^{(k)} = R^k E^{(0)} \tag{4.3.17}$$

R^k 应当在 $k \to \infty$ 时收敛到零矩阵,迭代得到的值才收敛到满足微分方程(4.3.4)的解,并且与初始选择的 $\Phi^{(0)}$ 无关。数学上,$R^k \to 0$ 的条件是 R 矩阵的谱半径应满足不等式 $\rho(R) < 1$。由式(4.3.5)和(4.3.6)可以看出 R 矩阵的每一行元素之和均小于 1,而只要有一行元素之和小于 1,则可保证 R 矩阵具有满足不等式 $\rho(R) < 1$ 的特性。因此在连续使用公式(4.3.13)的迭代后可以得到与初始估计值 $\Phi^{(0)}$ 无关的满足差分方程组(4.3.4)的解。

定义误差矢量和迭代矩阵的范数为

$$\|E^{(k)}\| = \left(\sum_{i=1}^{N} e_i^{(k)\,2}\right), \qquad \|R\| = \max_i \left(\sum_j |R_{ij}|\right) \tag{4.3.18}$$

谱范数 $\|R\|$ 表示当矩阵 R 作用在单位矢量上时被放大的最大因子。则从公式(4.3.16)可导出

$$\|E^{(k)}\| \leqslant \|R\| \|E^{(k-1)}\| \tag{4.3.19}$$

当 k 足够大时,从式(4.3.19)可以写为(参考文献[2])

$$\|E^{(k)}\| \widetilde{\lesssim} \rho(R) \|E^{(k-1)}\| \tag{4.3.20}$$

因此矩阵 R 的谱半径越接近 1,则迭代收敛速度越慢。

我们将直接迭代式(4.3.14)具体写成为

$$\phi_{i,j}^{(k+1)} = \frac{1}{4}(\phi_{i+1,j}^{(k)} + \phi_{i-1,j}^{(k)} + \phi_{i,j+1}^{(k)} + \phi_{i,j-1}^{(k)} - h^2 q_{i,j}) \tag{4.3.21}$$

直接迭代方法的实际计算步骤是:首先,任意给出各内节点处的初始函数值 $\phi_{i,j}^{(0)}$,代入上面方程(4.3.21)的右端,求出各内节点的第一次迭代法的函数近似值 $\phi_{i,j}^{(1)}$。然后,依次循环下去,以第 k 次迭代法的近似值来求出 $k+1$ 次的近似值。这种所谓松弛迭代法的缺点是:它需要两套存储单元,分别存储两次相邻次数迭代的函数近似值,因而需占用的内存较大。此外,该方法的收敛速度也慢,因此它也就没有什么实用价值。

一种改进后比较好的迭代方法是所谓的高斯-赛德尔迭代法。它实际上是在 $k+1$ 次迭代中,将已经得到的某些相关节点上的第 $k+1$ 次迭代近似值代入进行计算。具体地说,如果在沿 y 方向(或 x 方向)求得了 $y = (j-1)h$(或 $x = (i-1)h$)层的 $k+1$ 次迭代值,则可在 $y = jh$(或 $x = ih$)层节点的计算中,将临近的点上已有的 $k+1$ 次迭代值代入进行计算。这实际上就是将直接迭代公式(4.3.21)作如下的改写

$$\phi_{i,j}^{(k+1)} = \frac{1}{4}(\phi_{i+1,j}^{(k)} + \phi_{i,j+1}^{(k)} + \phi_{i-1,j}^{(k+1)} + \phi_{i,j-1}^{(k+1)} - h^2 q_{i,j}) \tag{4.3.22}$$

这就是高斯-赛德尔迭代式。我们也可以将迭代式写成对应矩阵的形式

$$\Phi_{\text{GS}}^{(k+1)} = L\Phi^{(k+1)} + U\Phi^{(k)} + B \tag{4.3.23}$$

其中,矩阵间存在关系式 $L+U=I-K=R$。L 矩阵的所有对角线和对角线以上的元素为零,而 U 矩阵则有所有对角线和对角线以下的元素为零。该迭代方法的误差矢量是以下面公式逐步减小的

$$\|E^{(k)}\| = \rho^2(R)\|E^{(k-1)}\| \tag{4.3.24}$$

高斯-赛德尔迭代方法在起始阶段的收敛速度可能比简单的直接迭代法快些,但仍然不是很理想。为了加快收敛速度,通常引入一个松弛因子 ω,而把用式(4.3.22)迭代计算出的结果作为一个中间结果,它表示为

$$\bar{\phi}_{i,j}^{(k+1)} = \frac{1}{4}(\phi_{i+1,j}^{(k)} + \phi_{i,j+1}^{(k)} + \phi_{i-1,j}^{(k+1)} + \phi_{i,j-1}^{(k+1)} - h^2 q_{i,j}) \tag{4.3.25}$$

取 $k+1$ 次迭代的最后近似值为 $\bar{\phi}_{i,j}^{(k)}$ 和 $\phi_{i,j}^{(k)}$ 的加权平均,即

$$\begin{aligned}
\phi_{i,j}^{(k+1)} &= \phi_{i,j}^{(k)} + \omega(\bar{\phi}_{i,j}^{(k+1)} - \phi_{i,j}^{(k)}) = \omega\bar{\phi}_{i,j}^{(k+1)} + (1-\omega)\phi_{i,j}^{(k)} \\
&= \phi_{i,j}^{(k)} + \frac{\omega}{4}(\phi_{i+1,j}^{(k)} + \phi_{i,j+1}^{(k)} + \phi_{i-1,j}^{(k+1)} + \phi_{i,j-1}^{(k+1)} \\
&\quad - h^2 q_{i,j} - 4\phi_{i,j}^{(k)})
\end{aligned} \tag{4.3.26}$$

这就是所谓的超松弛迭代法。利用公式(4.3.23)我们得到

$$\begin{aligned}
\Phi^{(k)} &= \Phi^{(k-1)} + \omega(\Phi_{\text{GS}}^{(k)} - \Phi^{(k-1)}) = \omega\Phi_{\text{GS}}^{(k)} + (1-\omega)\Phi^{(k-1)} \\
&= R_\omega \Phi^{(k-1)} + \omega(I-\omega L)^{-1}B
\end{aligned} \tag{4.3.27}$$

迭代矩阵 R_ω 的表示式为

$$R_\omega = (I-\omega L)^{-1}[\omega U + (1-\omega)I] \tag{4.3.28}$$

其中,矩阵 L,U 的定义同前。式(4.3.27)与(4.3.13)相似。类似与前面由公式(4.3.13)导出式(4.3.16),我们可以由式(4.3.26)推出

$$E^{(k)} = R_\omega E^{(k-1)} \tag{4.3.29}$$

同样,当 k 足够大时,从式(4.3.29)可以得到

$$\|E^{(k)}\| \lesssim \rho(R_\omega)\|E^{(k-1)}\| \tag{4.3.30}$$

$\rho(R_\omega)$ 为矩阵 R_ω 的谱半径。因此,超松弛迭代法的收敛速度决定于松弛因子 ω 的选取。公式(4.3.30)告诉我们,松弛因子 ω 的值的选择标准应当是它能减小矩阵 R_ω 的最大本征值的数值。ω 的取值范围在 $1 \leqslant \omega \leqslant 2$ 时,收敛速度较好。当 $\omega=1$ 时,这就是高斯-赛德尔迭代法。一般情况下确定 ω 的最佳值 ω_0,只能靠经验来选取。但对正方形区域的第一类边值问题,最佳的 ω 可从理论上选为

$$\omega_0 = \frac{2}{1+\sin(\pi/l)} \tag{4.3.31}$$

$l+1$ 为每边的节点数。若是矩形区域,用正方形网格分割,每边的节点数分别为 $l+1$ 和 $m+1$,则可选取

$$\omega_0 = 2 - \pi\sqrt{2\left(\frac{1}{l^2} + \frac{1}{m^2}\right)} \tag{4.3.32}$$

一般地讲,只要超松弛因子 ω 选得合适,就可以大大地加快收敛速度,可以做到有阶的改善。

由于我们事先不可能知道满足方程(4.3.4)的函数值 $\Phi = \{\phi_i\}$,要决定迭代值是否满足精度要求 $|\phi_i^{(k)} - \phi_i| < \varepsilon \phi_i$,我们可以采用判断不等式

$$\frac{\|\Delta^{(k)}\|}{\|\Phi^{(k)}\|} < \varepsilon \tag{4.3.33}$$

是否满足。如果满足,则迭代可以结束。其中,ε 为设定的相对精度值,移位矢量 $\Delta^{(k)}$ 的定义为

$$\Delta^{(k)} = \{\Delta_i^{(k)}\} \equiv \{|\phi_i^{(k)} - \phi_i^{(k-1)}|\} \tag{4.3.34}$$

一般将 ε 值取得比要求的精度要小 10 倍以上,以保证实际所要求的精度。

4.4 求解泊松方程的直接法

利用迭代法来求解差分方程组往往计算量非常大。当然,我们可以采用 4.3 节中介绍的一些有效的办法来加快有限差分法数值求解的收敛速度。但是,即使是这样,我们仍然感觉到这样来加快求解速度的效果是有限的。例如,我们在模拟静电场中电离气体的"雪崩"过程时,往往以离散的时间间隔来分析系统中电子和正离子的运动状态。若我们在系统的 x,y,z 三度空间中,以等步长 h 的正方形分割法划分网格,取在某一个节点周围 x,y,z 正反方向上各 $h/2$ 长度的体积元内的平均电荷密度值为该节点上的电荷密度值。此时节点的势函数可以通过求解差分方程组得到。通过势函数对空间坐标做微分计算则可以得到单个粒子上的受力。利用牛顿方程就可以确定这些粒子在力的作用下的运动轨迹,进而可以计算出在经过 Δt 时间间隔后,各个节点上新的电荷密度分布值。然后我们又必须再次求解泊松方程,……这样我们在模拟过程中需要不断地对微分方程求解以得到势函数随时间的演化值,而这个求解时间又不能远远大于模拟中其他的计算时间,否则微分方程求解这一步的计算大量耗时,就限制了所能模拟的系统中的粒子数量。当然,在这类问题中,一般假定是在场域和边界条件都十分简单的情况下对势函数求解。鉴于上述困难情况,我们可能会用到直接法求解。

本节我们介绍 Hockney 于 1970 年提出的基于有限傅里叶级数展开和循环相消法的直接求解法[3]。我们以一个非常简单的第一类边界条件情况下的泊松方程的求解问题来说明。该问题的数学形式为

$$\frac{\partial^2 \phi}{\partial x^2}+\frac{\partial^2 \phi}{\partial y^2}=q(x,y), \qquad (x,y)\in D$$

$$\phi\mid_G=0, \qquad (G \text{ 为 } D \text{ 的边界}) \qquad (4.4.1)$$

其中，场域 D 为一个边长为 L 的正方形，在边界 G 上的势函数值均为零。我们采用离散傅里叶级数展开的方法，数学上，将任意周期性函数 $f(x)$（$f(x)=f(x+mL), m=1,2,\cdots, L$ 为周期）作离散傅里叶级数展开的形式为

$$f(x)=\frac{A_0}{2}+\sum_{j=1}^{\infty}\left[A_j(x)\cos\left(\frac{2\pi jx}{L}\right)+B_j(x)\sin\left(\frac{2\pi jx}{L}\right)\right] \qquad (4.4.2)$$

对正方形场域 D 内任意确定的 x 值，将位势函数 $\phi(x,y)$ 作以 y 为变量的有限傅里叶级数展开，则得到与式 (4.4.2) 对应的有限傅里叶级数为

$$\phi(x,y)=\frac{A_0}{2}+\sum_{j=1}^{n/2}\left[A_j(x)\cos\left(\frac{2\pi jy}{L}\right)+B_j(x)\sin\left(\frac{2\pi jy}{L}\right)\right] \qquad (4.4.3)$$

这里，取 $L=n\Delta x=n\Delta y$。考虑到后面将采用快速傅里叶变换，我们取 $n=2^k$（其中 k 为正整数）。又注意到边界上位势为零的特殊情况，上式中傅里叶级数的系数为

$$A_0(x)=0, \qquad A_j(x)=0, \qquad B_j(x)=\frac{2}{L}\int_0^L \phi(x,y)\sin\left(\frac{2\pi jy}{L}\right)\mathrm{d}y,$$

$$(j=1,2,\cdots,n/2) \qquad (4.4.4)$$

则公式 (4.4.3) 就写为

$$\phi(x,y)=\sum_{j=1}^{n/2}B_j(x)\sin\left(\frac{2\pi jy}{L}\right) \qquad (4.4.5)$$

如果我们把式 (4.4.5) 代入泊松方程 (4.4.1)，并利用三角函数的正交特性，则得到系数 $B_j(x)$ 应当满足的方程为

$$B''_j(x)-\frac{4\pi^2 j^2}{L^2}B_j(x)=C_j(x) \qquad (j=1,2,\cdots,n/2) \qquad (4.4.6)$$

C_j 是电荷分布 $q(x,y)$ 对确定的 x，以 y 为变量的傅里叶级数展开的系数。它等于

$$C_j(x)=\frac{2}{L}\int_0^L q(x,y)\sin\left(\frac{2\pi jy}{L}\right)\mathrm{d}y \qquad (4.4.7)$$

这里可以看到：通过有限傅里叶级数展开，我们已经把求解满足泊松方程 (4.4.1) 的势函数 $\phi(x,y)$ 值的问题变成了计算与之对应的系数 $B_j(x)$ 值（在此问题中 $A_j(x)=0$）。所以下面要做的事就是要求解这个系数应满足的微分方程 (4.4.6)。

我们采用差分法来解微分方程 (4.4.6)。首先，对该正方形场域 D 采用正方形分割法离散化，即选择 x,y 方向等步长 h 的网格划分，使得 $L=nh$。然后，再利用公式 (4.2.15) 将方程 (4.4.6) 改变为差分方程。这就是将任意一个网络的内节点 $x_i=ih$ 上系数函数 $B_j(x)$ 的微商值，用临近两节点的函数值来表示。为表示方

便,我们记系数 $B_j(x_i)$ 为 $B_j^{(i)}$。于是我们得到式(4.4.6)对应的差分方程为

$$B_j^{(i-1)} - \lambda_j B_j^{(i)} + B_j^{(i+1)} = h^2 C_j^{(i)},$$
$$(i = 1, 2, \cdots, (n-1), \quad j = 1, 2, \cdots, n/2) \tag{4.4.8}$$

其中,我们定义了

$$\lambda_j = \left(\frac{4\pi^2 j^2 h^2}{L^2} + 2\right) \tag{4.4.9}$$

$$C_j^{(i)} = \frac{2}{n} \sum_{m=0}^{n} q_{i,m} \sin\left(\frac{2\pi mj}{n}\right) \tag{4.4.10}$$

由于边界上位势为零的条件要求[见式(4.4.1)],在边界节点上的系数 $B_j^{(0)}$ 和 $B_j^{(n)}$ 都必须为零。我们采用直接法对差分方程组(4.4.8)求解,也就是在确定的 $y_j = jh$ 层的网格节点上,计算 $n/2$ 个系数值 $B_j^{(i)}(j=1,2,\cdots,n/2)$。通过这些系数值,利用公式(4.4.5)就可以构造出计算内节点上势函数值的公式

$$\phi(x_i, y_k) = \sum_{j=1}^{n/2} B_j^{(i)} \sin\left(\frac{2\pi jk}{n}\right) \tag{4.4.11}$$

总结上面的数学推导,我们可以将其求解步骤分为三步:①对电荷分布函数作离散傅里叶变换,见公式(4.4.10);②求解方程组(4.4.8)中的 $n(n-1)/2$ 个系数 $B_j^{(i)}$;③利用 $B_j^{(i)}$ 的数值作公式(4.4.11)下的傅里叶分析,就得到位势函数的解。对这样的三步求解步骤,计算量一般还是很大的。但是我们注意到在这个问题中我们可以采用一些数学技巧。由于我们取 $n=2^k$(其中 k 为正整数),因而我们可以在第一和第三步中采用快速傅里叶变换的方法。此外方程组(4.4.8)还可以采用循环相消的方法来求解。下面我们以一个例子来说明循环相消方法的求解步骤。

为了叙述方便,我们将方程(4.4.1)的场域 D 作进一步的简化。我们在 x 和 y 方向上分别将正方形场域 D 划分为仅只有 8×8 个小区间,即 $L=nh(n=8)$。对任意的 $j(j=1,2,\cdots,8)$,我们可以将方程组(4.4.8)中的三个含 i 点的函数值的方程写出

$$B_j^{(i-2)} - \lambda_j B_j^{(i-1)} + B_j^{(i)} = h^2 C_j^{(i-1)}$$
$$B_j^{(i-1)} - \lambda_j B_j^{(i)} + B_j^{(i+1)} = h^2 C_j^{(i)}$$
$$B_j^{(i)} - \lambda_j B_j^{(i+1)} + B_j^{(i+2)} = h^2 C_j^{(i+1)}, \quad (i=1,2,\cdots,8) \tag{4.4.12}$$

显然,公式(4.4.12)已将 x 方向节点上的系数值联系在一起。将 λ_j 乘上上面方程组中的第二式,再与另外两个公式相加,我们就得到

$$B_j^{(i-2)} - \lambda_j' B_j^{(i)} + B_j^{(i+2)} = h^2 C_j^{(i)'}, \quad (i=2,4,6) \tag{4.4.13}$$

其中,我们定义

$$\lambda_j' \equiv \lambda_j^2 - 2, \quad C_j^{(i)'} \equiv C_j^{(i-1)} + \lambda_j C_j^{(i)} + C_j^{(i+1)}$$

按照上面一样的处理办法,我们又可以得到

$$B_j^{(i-4)} - \lambda_j'' B_j^{(i)} + B_j^{(i+4)} = h^2 C_j^{(i)''}, \quad (i=4) \tag{4.4.14}$$

即
$$B_j^{(0)} - \lambda_j'' B_j^{(4)} + B_j^{(8)} = h^2 C_j^{(4)''} \quad (4.4.15)$$

公式(4.4.12)和(4.4.13)中又定义
$$\lambda_j'' \equiv (\lambda_j')^2 - 2, \quad C_j^{(i)''} \equiv C_j^{(i-1)'} + \lambda_j' C_j^{(i)'} + C_j^{(i+1)'}$$

式(4.4.15)说明 $B_j^{(4)}$ 可以用已知的边界节点系数值 $B_j^{(0)}$, $B_j^{(8)}$ 和由公式(4.4.10)所示的系数 $C_j^{(i)}$ 来表示,从而得到 $B_j^{(4)}$;再取公式(4.4.11)中的 i 分别为 2 和 6,则 $B_j^{(2)}$ 和 $B_j^{(6)}$ 就也可以用已知的数值表示。最后,我们再应用所有已经得到的数值代入方程(4.4.12),就可以计算出剩下的系数 $B_j^{(1)}$, $B_j^{(3)}$, $B_j^{(5)}$ 和 $B_j^{(7)}$。这样对于边界上势函数为零的泊松方程求解问题就完全解决了。

实际上,循环相消方法的操作就是对差分方程组(4.4.8)做连续相消,直到只剩下少量可以求解的方程组。当然,这种方法的应用范围也是有限的,它只适合于具有特殊类型的边界条件情况,并且在实际应用中,其运算往往也比上面所举的简单例子要复杂得多。但是在某些特殊情况下,尽管计算复杂些,但是仍然比超松弛迭代法要快。

关于周期性边界条件下的泊松方程的求解也可以采用上述方法。Hockney 在 1970 年就已经讨论过这个问题[3]。

习 题

(1) 用有限差分法发展一个程序,数值求解正方形场域($0 \leqslant x \leqslant 1, 0 \leqslant y \leqslant 1$)的拉普拉斯方程
$$\begin{cases} \nabla^2 \varphi(x, y) = 0 \\ \varphi(x, 0) = \varphi(x, 1) = 0, \quad \varphi(0, y) = \varphi(1, y) = 1 \end{cases}$$

(2) 用有限差分法发展一个程序,数值求解极坐标下的泊松方程
$$\begin{cases} \nabla^2 \varphi(r, \theta) = -4\pi \rho(r, \theta) \\ \varphi(a, \theta) = V_1, \quad \varphi(b, \theta) = V_2 \end{cases}$$
然后,选择 $\rho(r, \theta) = 0$,边界条件 $a = 1, b = 2, V_1 = 0, V_2 = 1$ 时,两个圆圈中间的势分布。

(3) 第(2)题中若
$$\rho(r, \theta) = \begin{cases} \dfrac{1}{10} \exp[-(r-a)/a], & a < r < b \\ 0, & \text{其他} \end{cases}$$
其余取值相同,数值求解两个圆圈中间的势分布。

(4) 在一个二维 $L \times L$ 的反应堆中,中子的扩散方程为
$$\left(\frac{\partial^2}{\partial x^2} + \frac{\partial^2}{\partial y^2} - a^2 \right) \varphi(x, y) + \sin\left(\frac{\pi x}{L} \right) \sin\left(\frac{\pi y}{L} \right) = 0$$
用 $h_x = h_y = h$ 的正方形网格离散化后,证明它的有限差分方程满足
$$\varphi_{ij} = \sin\left(\frac{i\pi h}{L} \right) \sin\left(\frac{j\pi h}{L} \right) \left[a^2 + \frac{8}{h^2} \sin^2\left(\frac{\pi h}{2L} \right) \right]^{-1}$$

参 考 文 献

1 W F Ames. Numerical Methods for Partial Differential Equations. New York: Academic, 1977;

G D Smith. Numerical Solution of Partial Differential Equations. Oxford: Clarenden, 1978; L Lapidus and G F Pinder. Numerical Solution of Partial Differential Equations in Science and Engineering. New York: John Wiley, 1982

2 G D Smith. Numerical Solution of Partial Differential Equations. Oxford: Clarenden, 1978

3 R W Hockney. Methods in Computatinal Physics ed. B Adler et at vol. 9. New York: John Wiley

第五章 有限元素方法

5.1 有限元素方法的基本思想

在第四章中，我们学过了怎样用有限差分法来求偏微分方程的解，但是它不能处理复杂区域和复杂边界条件的求解问题。在这一章中我们将介绍一种能在很大程度上克服有限差分法这一缺点的有限元素法。

有限元素法是一套求解微分方程的系统化数值计算方法。它比传统解法具有理论完整可靠，物理意义直观明确，解题效能强等优点。特别是由于这种方法适应性强，形式单纯、规范，因而自 20 世纪 50 年代以来，在计算机的配合下，有限元素法在物理和工程设计计算的许多领域得到了广泛的应用。该方法不仅适用于电磁场问题的求解，也是对其他具有复杂边值问题的数学物理方程求解时的高效能的方法。对连续体的问题采用有限元素法，实际上是将连续问题离散化的数值求解方法。

一般来讲，一个物理系统的数学描述并不是唯一的。强调系统的相互作用的不同方面，就会得到大不相同的数学公式。从一些定域的物理习性，例如定域的力或流体的通量的平衡，就能得到描写该系统某些函数的偏微分方程组。另外一种方法是强调所有局域相互作用的纯物理效应应当满足一些普遍的原则，例如能量守恒的定律和其他一些原则。从数学的角度看，这就会引起完全不同的描述系统特性的方程，例如温度分布的方程。

从数学上来说，有限元素方法是基于变分原理。它不像差分法那样直接去解偏微分方程，而是求解一个泛函取极小值的变分问题。有限元素法是在变分原理的基础上吸收差分格式的思想发展起来的，是变分问题中欧拉法的进一步发展。它是人们在尝试求解具有复杂区域、复杂边界条件下的数学物理方程的过程中，找到的一种比较完美的离散化方法。它比有限差分法的矩形网格划分方法在布局上更为合理，在处理复杂区域和复杂边界条件时更方便和适当。采用有限元素法还能使物理特性基本上被保持，计算精度和收敛性进一步得到保证。正是由于有限元素法有这样一些优点，尽管其计算格式比较复杂，但仍然在很多场合代替了差分法而受到计算物理工作者的偏爱。不过需要指出的是：并不是所有有限差分法可以处理的问题都可以采用有限元素法。

为了进一步说明有限元素方法的基本思想，我们考虑一个确定静电势的问题，该场域的介质中放置了一个球形金属导体，球形金属导体的半径为 r_0，球外距离

球中心 r 处的电位为 $\varphi(r)$。当这个系统处在电荷平衡的状态下时，金属导体上的电荷分布应当是均匀的，导体表面是等电位的。我们按照通常的做法，把从导体表面到无穷远处的球面之间的空间，作为导体外的全空间。假定在这个导体外的空间中的体电荷密度到处为零。则在此空间中的能量为

$$U(\varphi) = \frac{\varepsilon}{2}\int_{r_0}^{+\infty} E^2 dV = \frac{\varepsilon}{2}\int_{r_0}^{+\infty}\left(\frac{\partial\varphi}{\partial r}\right)^2 4\pi r^2 dr = 2\varepsilon\pi\int_{r_0}^{+\infty}\left(\frac{\partial\varphi}{\partial r}\right)^2 r^2 dr$$

(5.1.1)

同时该系统的能量应当取最小值，即该系统的能量变分应当满足

$$\delta U(\varphi(r)) = 4\varepsilon\pi\int_{r_0}^{+\infty} r^2 \frac{\partial\varphi}{\partial r}\frac{\partial(\delta\varphi)}{\partial r}dr$$

$$= 4\varepsilon\pi\left(r^2 \frac{\partial\varphi}{\partial r}\delta\varphi\Big|_{r_0}^{+\infty} - \int_{r_0}^{+\infty}\left\{\frac{\partial}{\partial r}\left(r^2 \frac{\partial\varphi}{\partial r}\right)\right\}\delta\varphi dr\right) = 0$$

(5.1.2)

这里，ε 为介质的相对介电常数，积分是对导体外的空间进行的。因为导体边界上的电位为常数 φ_0，无穷远处的电位为零。则从公式(5.1.2)可以得到将能量 $U(\varphi)$ 取最小值的势函数 φ 必须满足特定的边界条件和如下球坐标下径向的微分方程

$$\nabla^2 \varphi = \frac{1}{r^2}\frac{\partial}{\partial r}\left(r^2 \frac{\partial\varphi}{\partial r}\right) = 0$$

(5.1.3)

因此，求此微分方程解的问题，可以在数学上等价于找到一个势函数 φ，使得积分 $U(\varphi)$ 取极小值的问题。

数学上，通常变量与变量间的关系称为函数，而泛函则是函数集合的函数，也就是函数的函数。上面的势函数 $\varphi(r)$ 是定义在坐标空间的函数集，系统电场总能量 $U(\varphi(r))$ 则是定义在该函数集中的一个泛函，记为 $I(\varphi(r))$。类似于普通函数取极值的条件，若泛函 $I(\varphi)$ 在 φ_0 处取的极值，那么泛函在该处的变分应当为零。用数学公式表示为

$$\delta I(\varphi_0(r)) = 0$$

(5.1.4)

实际上采用方程(5.1.2)求泛函的极值和解欧拉方程，在数学上都可以代表同一个物理问题。对两者求得近似解都具有同样的效果。但是在实际计算中，对后者求解往往是困难的，而对前者求近似解则常常并不太困难。

上面式(5.1.1)中所表示的总电场能量 $U(\varphi)$ 则是势函数 φ 的一个泛函。对该泛函的变分得到的微分方程(5.1.3)与边值条件 $\varphi|_{r=r_0}=\varphi_0$ 和 $\varphi|_{r=+\infty}=0$ 的第一类边值问题与场能量 U 变分的极值问题是等价的。

若介质空间存在电荷分布 ρ，则这个静电问题的电场总能量 $U(\varphi)$ 为如下积分表示。该积分是未知势函数 φ 的函数，也称为泛函。

$$I(\varphi) = \int_V \left[\frac{\varepsilon}{2}|\nabla\varphi|^2 - \rho\varphi\right]dV \tag{5.1.5}$$

一般来讲,精确估计出此泛函在极值情况下 φ 函数的形式是不可能的。但是原则上我们可以采用猜测出的函数近似表示 $\phi(x,y,z,\boldsymbol{\theta})$,其中 $\boldsymbol{\theta}$ 对应于 N 个未知的参数 θ_i,再计算泛函 $I(\varphi)$,然后用取最小值的条件

$$\frac{\partial I(\phi)}{\partial \theta_i} = 0, \quad (i = 1,2,\cdots,N) \tag{5.1.6}$$

得到 N 个方程,这个方程组可能用来求出参数 θ_i 的解。如同在有限差分法中一样,这个解 ϕ 仍然是场微分方程的近似,但是,该近似方法在参数很少的时候,近似程度还是很好的。

有限元素法是将网络节点上的函数 φ 的离散值作为参数,而网络元素内的该势函数值则采用多项式插值从周围临近节点上的这些参数值求出。它可以看作是上述近似的一种特殊情况。例如,我们选择用三角形元素将求解区域划分为子区间的网络,对泛函 $I(\varphi)$ 求极小值,就得到节点上未知的势函数的值,然后采用线性插值法,则可以求出在一个三角形元素内的任意一点 (x,y) 上的势函数值。如同在有限差分法中一样,有限元素法的最后解是势函数在这些节点上的估计值。由于用来求泛函极小值的函数是近似的线性插值函数,因而所得到的节点上的势函数值并不是精确解。与有限差分方法相似,该截断误差可以通过减小元素的尺寸或提高迭代函数的阶数来降低。

类似上面所述的静电学物理的问题,还有许多物理问题的分析结果在数学上都可以归结为下面形式的斯杜-刘维尔(Sturm-Liouville)微分方程

$$L\varphi = -\nabla(p\nabla\varphi) + g\varphi = \rho \tag{5.1.7}$$

它在边界 Γ 上至少有部分的边界条件是个狄利克莱问题,即

$$\varphi = F(s) \tag{5.1.8}$$

而其余的边界则满足纽曼或者混合边界条件,它们可以写为

$$\frac{\partial\varphi}{\partial\hat{\boldsymbol{n}}} + q(s)\varphi = b(s) \tag{5.1.9}$$

对应于上面的微分方程(5.1.7)和边界条件式(5.1.8),式(5.1.9)的泛函应当是

$$I(\varphi) = \int_{V(\Gamma)} (p|\nabla\varphi|^2 + g\varphi^2 - 2\rho\varphi)dV + \int_{S'(\Gamma)} (q\varphi^2 - 2b\varphi)dS \tag{5.1.10}$$

其中,$V(\Gamma)$ 为以 Γ 为边界的体积(对三维问题)或面积区域(对二维问题);S' 为 Γ 边界上的一部分边界,在 S' 上势函数满足混合边界条件式(5.1.9)。在二维情况下,如果 $p=\varepsilon, q=\varepsilon\alpha, b=\varepsilon\beta, g=0$,$S'$ 为整个 Γ 边界的情况下,微分方程(5.1.7)及边界条件式(5.1.9)可以写为

$$\begin{cases} \dfrac{\partial^2 \varphi}{\partial x^2} + \dfrac{\partial^2 \varphi}{\partial y^2} = -\dfrac{\rho}{\varepsilon}, & \text{平面场域为 } D, L \text{ 为 } D \text{ 的边界}, s \text{ 为边界上的点} \\ \left(\dfrac{\partial \varphi}{\partial \hat{\boldsymbol{n}}} + \alpha(x,y)\varphi \right)\bigg|_L = \beta(s) \end{cases}$$

(5.1.11)

根据公式(5.1.10),此时的泛函可以取为

$$I(\varphi) = \int_{D(L)} (\varepsilon |\nabla \varphi|^2 - 2\rho\varphi)\mathrm{d}V + \varepsilon \int_{S(\Gamma)} (\alpha\varphi^2 - 2\beta\varphi)\mathrm{d}l \quad (5.1.12)$$

下面我们来证明:求泛函式(5.1.12)的极值与满足上述边界条件下的微分方程(5.1.11)的求解是等价的。

我们作泛函式(5.1.12)的变分

$$\delta I = 2\int_{D(L)} \{\varepsilon(\nabla\varphi \cdot \nabla\delta\varphi) - \rho\delta\varphi\}\mathrm{d}x\mathrm{d}y + 2\varepsilon \oint_L (\alpha\varphi\delta\varphi - \beta\delta\varphi)\mathrm{d}l$$

$$= 2\int_{D(L)} \{\varepsilon\nabla\varphi \cdot \nabla\delta\varphi - \rho\delta\varphi\}\mathrm{d}x\mathrm{d}y - 2\varepsilon \oint_L \dfrac{\partial\varphi}{\partial \hat{\boldsymbol{n}}}\delta\varphi\mathrm{d}l \quad (5.1.13)$$

利用格林公式

$$\iint_D \{u\nabla^2 v + \nabla v \cdot \nabla u\}\mathrm{d}x\mathrm{d}y = \oint_L u\nabla v \cdot \hat{\boldsymbol{n}}\mathrm{d}l \quad (5.1.14)$$

($\boldsymbol{n}$ 为 D 区域的边界 L 上的外法线方向的单位矢量)公式(5.1.13)变为

$$\delta I = -2\int_{D(L)} \{\varepsilon\nabla^2\varphi + \rho\}\delta\varphi\mathrm{d}x\mathrm{d}y + 2\varepsilon\oint_L \dfrac{\partial\varphi}{\partial\hat{\boldsymbol{n}}}\delta\varphi\mathrm{d}l - 2\varepsilon\oint_L \dfrac{\partial\varphi}{\partial\hat{\boldsymbol{n}}}\delta\varphi\mathrm{d}l \quad (5.1.15)$$

由式(5.1.10)的泛函取极值的条件和 $\delta\varphi$ 的任意性就得到了公式(5.1.11)中的偏微分方程。

现在对公式(5.1.13)作一些说明。当偏微分方程满足第一类边界条件时,即 $\dfrac{\partial\varphi}{\partial\hat{\boldsymbol{n}}}\bigg|_L = 0$,由于 $\delta\varphi$ 的任意性,公式(5.1.13)中的第二项的变分为零,所以和第一类边值问题等价的泛函为

$$I(\varphi) = \int_{D(L)} (\varepsilon|\nabla\varphi|^2 - 2\rho\varphi)\mathrm{d}x\mathrm{d}y \quad (5.1.16)$$

对第二类边值问题,即 $\alpha=0$ 时,等价的泛函为

$$I(\varphi) = \int_{D(L)} (\varepsilon|\nabla\varphi|^2 - 2\rho\varphi)\mathrm{d}x\mathrm{d}y - 2\varepsilon\oint_L \beta\varphi\mathrm{d}l \quad (5.1.17)$$

特别是当边界为导体面时,由于导体面是等电位的,则在边界上电位 φ 为常数 φ_0。此时式(5.1.17)可以化为

$$I(\varphi) = \int_{D(L)} (\varepsilon|\nabla\varphi|^2 - 2\rho\varphi)\mathrm{d}x\mathrm{d}y - 2\varepsilon q\varphi_0 \quad (5.1.18)$$

公式(5.1.18)中的 q 为导体表面上的电荷量。

由变分原理可以知道对上述平面泊松方程的第一、二、三类边值问题都可以等价地化为求泛函极值(或称为变分问题)来处理。我们从上面的分析可以看到,对泛函 $I(\varphi)$ 求极值会自动保证满足边界条件。同有限差分法中的边界问题比较,特别是节点不在边界上时会带来很大麻烦相比较,这是有限元素法的最大的优点。若在此基础上再进行离散化,就导致了有限元素方法。这种离散方法是通过网格离散化的处理,用构造分片光滑的基函数 $\{\varphi_k\}$ 来以变分法求得近似解的。

5.2 二维场的有限元素法

为了说明如何构造有限元素法的计算格式,我们在这节中以满足第一类边界条件的二维平面场泊松方程为例具体地来讨论。假定该问题的求解场域为 D 的区域。从 5.1 节的讨论中我们得知,对该问题的变分法处理可以归结为求解满足边界条件 $\varphi|_L = F(s)$ 的 $\varphi(x,y)$,使得对于任意的 $\delta\varphi$,公式(5.1.16)所示的泛函变分为零。即

$$\delta I(\varphi) = 0$$

在找出与边值问题相对应的泛函及其变分问题以后,就需要对待求解区域进行划分,将其离散为有限个元素的集合,然后进行分片插值建立计算格式。

1. 场域划分的约定

采用有限元素法对平面场域 D 分割时,常用的办法是用一些分割直线将 D 划分为许多三角形单元(如图 5.2.1 所示)。这是因为三角形子区间的计算格式是最为简单的。采用三角形元素划分场域时,我们允许场域内各三角形元素的大小及形状可以不一样。实际上,三角形元素越小,场域的分割就越细,计算的精度就会越高。因而在实际应用中是按精度的要求来决定场域内各处三角形元素的大小。但是我们一般规定每个三角形元素的三个边的边长尽量地接近,尽量避免三角形元素具有大的钝角,一般最长的一条边不得大于最短边的三倍。在分割场域时要求各三角形元素之间只能以顶点相交,即两相邻的三角形元素有两个公共的顶点及一条等长的公共边。但是不能把一个三角形的顶点取在另一个三角形的边上。按上述约定,图 5.2.2 所示的划分是不允许的。在边界上,我们可以将三角形元素的两个顶点放在边界曲线上,近似地用这两个顶点间的三角形边来代替边界上这段曲线。当然划分时还应当注意要尽量地使由相邻边界节点之间的线段所近似构成的曲线足够光滑。如果在场域 D 内有不同的介质,则需要将介质的交面线选为分割线。按照上述三角形单元分割原则,我们可以看出这样的分割是适应于各种复杂几何形状的场域的。

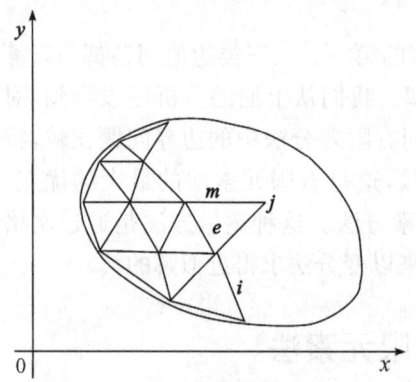 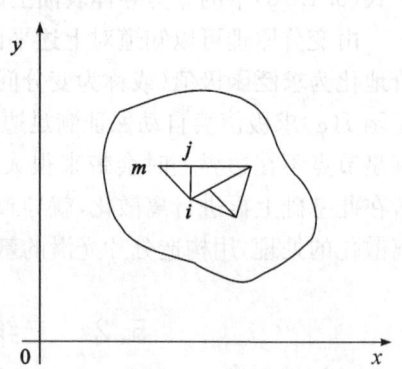

图 5.2.1　允许的三角形元素的划分　　　　图 5.2.2　不允许的三角形元素的划分

通常称这些三角形单元的顶点为节点。对场域进行了三角形划分后,还要对场域内所有元素和节点分别进行统一的编号。函数 $\varphi(x,y)$ 在节点处 $(l=i,j,m)$ 的值 $\varphi(x_l,y_l)$ 称为节点参数。为了计算的简便和格式的统一,各个元素节点的编号顺序要一致,一般规定各个元素的节点编号顺序选取逆时针的方向,如图 5.2.1 中某元素 (e) 的三个顶点的编号顺序取为 i,j,m。在对所有节点进行总体编号时,还应当考虑尽量使得在此编号下,各元素中最大编号值和最小编号值之差的最大值要尽可能小。这样可以使得最后形成的代数方程组的系数矩阵的带宽较小,从而减少计算机的存储量。为了统一计算格式,还规定每个边界元素只应当有一条边落在边界曲线上,这一边相对的顶点取编号为 i。下面的计算格式推导,将会使我们理解采用上述约定的优点。

完成场域的划分之后,等效的泛函就可以是各个三角形单元泛函的和

$$I(\varphi) = \sum_{e=1}^{e_0} I_e(\varphi^{(e)}) \tag{5.2.1}$$

2. 计算格式的建立

对于任一个元素 (e),我们采用符号 $\varphi_l^{(e)} \equiv \varphi^{(e)}(x_l,y_l)$ $(l=i,j,m)$ 来标记三角形元素三个顶点上的函数值(节点参数)。如果 (e) 元素很小,函数 $\varphi(x,y)$ 在 (e) 内近似认为是随 x,y 线性变化的。这相当于在这个局域范围内,场可以看成是近似均匀的。这样我们可以用线性插值法来构造在元素 (e) 内部任一点上的势函数值 $\varphi(x,y)$(以下我们略去元素 (e) 的上标),即

$$\varphi = \varphi(x,y) = g_1 + g_2 x + g_3 y \tag{5.2.2}$$

其中,g_1,g_2 和 g_3 由元素 (e) 上的三个节点的函数值来决定。由上式可以得到方程组

$$\left.\begin{array}{l}g_1 + g_2 x_i + g_3 y_i = \varphi(x_i, y_i) = \varphi_i \\ g_1 + g_2 x_j + g_3 y_j = \varphi(x_j, y_j) = \varphi_j \\ g_1 + g_2 x_m + g_3 y_m = \varphi(x_m, y_m) = \varphi_m\end{array}\right\}$$

由此很容易解出

$$\left.\begin{array}{l}g_1 = (a_i\varphi_i + a_j\varphi_j + a_m\varphi_m)/2\Delta \\ g_2 = (b_i\varphi_i + b_j\varphi_j + b_m\varphi_m)/2\Delta \\ g_3 = (c_i\varphi_i + c_j\varphi_j + c_m\varphi_m)/2\Delta\end{array}\right\} \quad (5.2.3)$$

其中,Δ 为(e)元素的三角形面积。

$$\Delta = \frac{1}{2}\begin{vmatrix} 1 & x_i & y_i \\ 1 & x_j & y_j \\ 1 & x_m & y_m \end{vmatrix} = \frac{1}{2}(b_i c_j - b_j c_i)$$

$$\left.\begin{array}{l}a_i = x_j y_m - x_m y_j \\ b_i = y_j - y_m \\ c_i = x_m - x_j\end{array}\right\} \quad (5.2.4)$$

其余的 a_j, b_j, c_j 及 a_m, b_m, c_m 则可以由公式(5.2.4)按下标 i, j, m 的顺序轮换得到。引入三角形型函数(the shape functions for the triangle),其定义为

$$N_l(x, y) \equiv (a_l + b_l x + c_l y)/2\Delta, \qquad (l = i, j, m) \quad (5.2.5)$$

利用上式,并将式(5.2.3)代入式(5.2.1)中就得到了(e)元素内任意一点(x, y)的势函数的插值

$$\varphi(x, y) = \sum_{l=i}^{j,m} N_l \varphi_l \quad (5.2.6)$$

上面的公式反映了如下的事实:即在三角形元素(e)内任意一点的函数值 $\varphi(x, y)$ 是由该元素的三个节点参数 $\varphi(x_l, y_l)(l=i, j, m)$ 唯一确定下来的,函数 $\varphi(x, y)$ 在每个元素中是局域线性的。并且通过这种线性插值法构造的插值函数显然可以保证在两相邻元素的公共边上函数值连续。

下面我们从对每个三角形单元进行分析入手,推导求解该场微分方程问题时所对应的泛函有限元素法表达式。首先,我们将此第一类边值的两维平面场的变分问题的提法重新列于下面公式中

$$\left\{\begin{array}{l}\delta I(\varphi) = 0 \\ I(\varphi) = \iint_D \left\{\dfrac{\varepsilon}{2}\left[\left(\dfrac{\partial \varphi}{\partial x}\right)^2 + \left(\dfrac{\partial \varphi}{\partial y}\right)^2\right] - \rho\varphi\right\} dx dy \\ \varphi|_L = \varphi_0\end{array}\right. \quad (5.2.7)$$

很明显,如同公式(5.2.1),这时总的泛函应为各三角形元素上泛函的代数和,即

$$I(\varphi) = \sum_{e=1}^{e_0} \left\{\iint_e \frac{\varepsilon}{2}\left[\left(\frac{\partial \varphi}{\partial x}\right)^2 + \left(\frac{\partial \varphi}{\partial y}\right)^2\right] dx dy - \iint_e \rho\varphi dx dy\right\}$$

$$= \sum_{e=1}^{e_0} [I_{1e}(\varphi) - I_{2e}(\varphi)] = I_1(\varphi) - I_2(\varphi) \tag{5.2.8}$$

为了将公式(5.2.8)中的 $I_1(\varphi)$ 用向量记法表示，我们设三角形单元(e)的节点编号为 i,j,m，并定义列向量

$$(\Phi)_e = \begin{Bmatrix} \varphi_i \\ \varphi_j \\ \varphi_m \end{Bmatrix}, \qquad (N)_e = \begin{Bmatrix} N_i \\ N_j \\ N_m \end{Bmatrix}$$

则公式(5.2.6)可以写为

$$\varphi(x,y) = (N)_e^T (\Phi)_e = (\Phi)_e^T (N)_e \tag{5.2.9}$$

由公式(5.2.6)可以求得在元素(e)内对函数 φ 的偏微商为

$$\frac{\partial \varphi}{\partial x} = \frac{1}{2\Delta} \sum_{l=i}^{j,m} b_l \varphi_l, \qquad \frac{\partial \varphi}{\partial y} = \frac{1}{2\Delta} \sum_{l=i}^{j,m} c_l \varphi_l \tag{5.2.10}$$

若记列向量

$$(\nabla \varphi)_e = \begin{Bmatrix} \dfrac{\partial \varphi}{\partial x} \\[4pt] \dfrac{\partial \varphi}{\partial y} \end{Bmatrix}$$

并定义

$$(B)_e = \frac{1}{2\Delta} \begin{bmatrix} b_i & b_j & b_m \\ c_i & c_j & c_m \end{bmatrix}$$

则公式(5.2.10)可以改写为

$$(\nabla \varphi)_e = (B)_e (\Phi)_e \tag{5.2.11}$$

于是有

$$I_{1e} = \int_e \frac{\varepsilon}{2} (\nabla \varphi)_e^T (\nabla \varphi)_e \, dx dy = \frac{\varepsilon}{2} \iint_e [(B)_e (\Phi)_e]^T [(B)_e (\Phi)_e] dx dy$$

$$= \frac{1}{2} (\Phi)_e^T \left[\iint_e \varepsilon (B)_e^T (B)_e \, dx dy \right] (\Phi)_e = \frac{1}{2} (\Phi)_e^T (K)_e (\Phi)_e \tag{5.2.12}$$

其中，$(\Phi)_e$ 不是坐标的函数，因而我们可以将它移出积分号外。在式(5.2.12)中我们定义了

$$(K)_e = \iint_e \varepsilon (B)_e^T (B)_e \, dx dy \tag{5.2.13}$$

同样，$(B)_e$ 也不是坐标的函数，也可以移出积分号外。这样就很容易导出 $(K)_e$ 的表达式

$$(K)_e = \begin{bmatrix} k_{ii}^e & k_{ij}^e & k_{im}^e \\ k_{ji}^e & k_{jj}^e & k_{jm}^e \\ k_{mi}^e & k_{mj}^e & k_{mm}^e \end{bmatrix}$$

$$= \frac{\varepsilon}{4\Delta} \begin{bmatrix} b_i^2 + c_i^2 & b_i b_j + c_i c_j & b_i b_m + c_i c_m \\ b_j b_i + c_j c_i & b_j^2 + c_j^2 & b_j b_m + c_j c_m \\ b_m b_i + c_m c_i & b_m b_j + c_m c_j & b_m^2 + c_m^2 \end{bmatrix} \quad (5.2.14)$$

由此可见$(K)_e$是一个三阶正定对称方阵，它的一般形式可以写为

$$k_{rs}^e = k_{sr}^e = \frac{\varepsilon}{4\Delta}(b_r b_s + c_r c_s), \qquad (r, s = i, j, m) \quad (5.2.15)$$

最后我们得到$I_1(\varphi)$的向量表示为

$$I_1(\varphi) = \sum_{e=1}^{e_0} I_{1e}(\varphi) = \frac{1}{2} \sum_{e=1}^{e_0} (\Phi)_e^T (K)_e (\Phi)_e \quad (5.2.16)$$

现在我们来考虑$I_2(\varphi)$的向量记法。假定三角形元素足够小，ρ值可以取等于ρ_i, ρ_j和ρ_m的平均值ρ_e。将公式(5.2.9)代入式(5.2.8)中I_{2e}的表示，则可以得到

$$I_{2e} = \iint_e \rho\varphi \mathrm{d}x\mathrm{d}y = \iint_e \rho_e (\Phi)_e^T (N)_e \mathrm{d}x\mathrm{d}y = (\Phi)_e^T \iint_e \rho_e (N)_e \mathrm{d}x\mathrm{d}y \quad (5.2.17)$$

定义

$$(P)_e \equiv \iint_e \rho_e (N)_e \mathrm{d}x\mathrm{d}y \quad (5.2.18)$$

于是式(5.2.17)可以写为

$$I_{2e} = (\Phi)_e^T (P)_e = (\Phi)_e^T \frac{\Delta}{3} \rho_e \begin{pmatrix} 1 \\ 1 \\ 1 \end{pmatrix} \quad (5.2.19)$$

在上式的推导中，我们用到如下三角形型函数的积分公式(参见附录D)

$$t_k^{(e)} = \iint_e N_k \mathrm{d}x\mathrm{d}y = \frac{\Delta}{3}, \qquad (k = i, j, m) \quad (5.2.20)$$

从式(5.2.19)中可以看出

$$(P)_e = \begin{pmatrix} p_i^{(e)} \\ p_j^{(e)} \\ p_m^{(e)} \end{pmatrix} = \frac{\Delta}{3} \rho_e \begin{pmatrix} 1 \\ 1 \\ 1 \end{pmatrix} \quad (5.2.21)$$

最后我们得到$I_2(\varphi)$的向量记法为

$$I_2(\varphi) = \sum_{e=1}^{e_0} I_{2e}(\varphi) = \sum_{e=1}^{e_0} (\Phi)_e^T (P)_e \quad (5.2.22)$$

综合式(5.2.16)和(5.2.22)，我们就得到泛函表达式

$$I(\varphi) = I_1(\varphi) - I_2(\varphi)$$

$$= \frac{1}{2} \sum_{e=1}^{e_0} (\Phi)_e^T (K)_e (\Phi)_e - \sum_{e=1}^{e_0} (\Phi)_e^T (P)_e \quad (5.2.23)$$

如果要将元素(e)上的表示用总体向量来表示，我们引入一个$3 \times n$阶的辅助矩阵

$(R)_e$, n 为总的节点数

$$(R)_e = \begin{bmatrix} 0 & 0\cdots & 1\cdots & 0\cdots & 0\cdots & \cdots & 0 \\ 0 & 0\cdots & 0\cdots & 1\cdots & 0\cdots & \cdots & 0 \\ 0 & 0\cdots & 0\cdots & 0\cdots & 1\cdots & \cdots & 0 \end{bmatrix} \quad (5.2.24)$$

$$ i \quad\; j \quad\; m$$

则有
$$(\Phi)_e = (R)_e (\Phi) \tag{5.2.25}$$

其中，(Φ)是场域内所有节点上的函数值向量，它表示为
$$(\Phi) = (\varphi_1, \varphi_2, \cdots \varphi_n)^T \tag{5.2.26}$$

这样就可以将公式(5.2.23)的泛函重新表示为

$$I(\varphi) = \frac{1}{2}(\Phi)^T \Big[\sum_{e=1}^{e_0} (R)_e^T (K)_e (R)_e \Big] (\Phi) - (\Phi)^T \Big[\sum_{e=1}^{e_0} (R)_e^T (P)_e \Big]$$

$$= \frac{1}{2}(\Phi)^T (K)(\Phi) - (\Phi)^T (P) \tag{5.2.27}$$

其中，(P)是场域内所有节点上与ρ的值相关的向量[参见式(5.2.21)]，它表示为
$$(P) = (P_1, P_2, \cdots, P_n)^T \tag{5.2.28}$$

当对公式(5.2.27)所示泛函取极值，就需要满足条件
$$\frac{d}{d\varphi_i}(I(\varphi)) = 0, \quad (i = 1, 2, \cdots, n) \tag{5.2.29}$$

由微分方程(5.2.29)可以得到必须满足的线性代数方程组
$$(K)(\Phi) = (P) \tag{5.2.30}$$

显然$\rho=0$时对应的方程为拉普拉斯方程。公式(5.2.30)中的向量(P)为(0)零向量，即拉普拉斯方程对应的有限元素方程为齐次线性代数方程组，即
$$(K)(\Phi) = (0) \tag{5.2.31}$$

这里我们对总系数矩阵(K)和行向量(P)作一些说明。由上面的讨论可以看出，(K)的矩阵元素是由所相关的三角形元素对该矩阵元的贡献之和。具体地讲，其对角线上的某矩阵元k_{ll}是以l为节点的各三角形元素对该矩阵元的贡献和，即

$$k_{ll} = \sum_{e=\text{以}l\text{为节点的三角形元素}} k_{ll}^e \tag{5.2.32}$$

矩阵元素k_{lm}是以lm边为邻边的某两个三角形元素的贡献k_{lm}^e之和。因此，如果和l节点相邻的节点有$m_1, m_2, \cdots, m_i$，那么(K)的第l行中除了对角矩阵元k_{ll}和与第$m_1, m_2, \cdots, m_i$列相交处的矩阵元非零外，其他的均为零。所以(K)是大型稀疏矩阵。又由于$(K)_e$是正定对称的，因此(K)也应当是正定对称的。在电磁场问题中，其对应的泛函描述了电磁场的能量，因而在离散化处理后矩阵(K)仍然是正定的。同样我们可以知道：(P)的各分量也是各相关的三角形元素贡献之和。

3. 边界条件处理

由于我们处理的问题本身还要满足第一类边界条件 $\varphi|_L = \varphi_0$，因此必须把这一要求强制性地综合到有限元素方程中去。通过在对节点编号时，使 n 个总节点中的前 n_0 个为内部节点，从 n_0+1 到 n 为边界节点。即

$$\varphi_{n_0+i} = \varphi_0, \qquad (i = 1, 2, \cdots, n-n_0) \tag{5.2.33}$$

公式(5.2.33)可以改写为向量形式。为此定义

$$(\Phi_2) \equiv (\varphi_{n_0+1}, \varphi_{n_0+2}, \cdots, \varphi_n)^T$$
$$(\Phi_0) \equiv (\varphi_{01}, \varphi_{02}, \cdots, \varphi_{0(n-n_0)})^T \tag{5.2.34}$$

上面的式(5.2.33)就可写为

$$(\Phi_2) = (\Phi_0) \tag{5.2.35}$$

我们进一步再定义

$$(\Phi_1) \equiv (\varphi_1, \varphi_2, \cdots, \varphi_{n_0})^T \tag{5.2.36}$$

把 (K), (P) 都写成相应的分块形式，则线性代数方程组(5.2.30)变为

$$\begin{pmatrix} (K_{11}) & (K_{12}) \\ (K_{21}) & (K_{22}) \end{pmatrix} \begin{pmatrix} (\Phi_1) \\ (\Phi_2) \end{pmatrix} = \begin{pmatrix} (P_1) \\ (P_2) \end{pmatrix} \tag{5.2.37}$$

它的第一个方程为

$$(K_{11})(\Phi_1) = (P_1) - (K_{12})(\Phi_2) \tag{5.2.38}$$

根据边界条件，我们可以强制性地命令上式中 $(\Phi_2) = (\Phi_0)$，这样就得到了强加边界条件处理后的有限元方程

$$\left. \begin{array}{l} (K_{11})(\Phi_1) = (P_1) - (K_{12})(\Phi_2) \\ (\Phi_2) = (\Phi_0) \end{array} \right\} \tag{5.2.39}$$

其中，(K_{11}) 是 $n_0 \times n_0$ 阶的对称方阵，(P_1) 是 n_0 维列向量。显式地写出公式(5.2.39)的第一个方程为

$$\begin{bmatrix} k_{11} & k_{12} & \cdots & k_{1n_0} \\ k_{21} & k_{22} & \cdots & k_{2n_0} \\ \vdots & \vdots & \vdots & \vdots \\ k_{n_0 1} & k_{n_0 2} & \cdots & k_{n_0 n_0} \end{bmatrix} \begin{bmatrix} \varphi_1 \\ \varphi_2 \\ \vdots \\ \varphi_{n_0} \end{bmatrix}$$

$$= \begin{bmatrix} p_{(1)} - k_{1(n_0+1)}\varphi_{01} - k_{1(n_0+2)}\varphi_{02} - \cdots - k_{1n}\varphi_{0(n-n_0)} \\ p_{(2)} - k_{2(n_0+1)}\varphi_{01} - k_{2(n_0+2)}\varphi_{02} - \cdots - k_{2n}\varphi_{0(n-n_0)} \\ \vdots \\ p_{(n_0)} - k_{n_0(n_0+1)}\varphi_{01} - k_{n_0(n_0+2)}\varphi_{02} - \cdots - k_{n_0 n}\varphi_{0(n-n_0)} \end{bmatrix} \tag{5.2.40}$$

公式(5.2.40)还可以简单地记为

$$(K_1)(\Phi_1) = (P'_1) \tag{5.2.41}$$

4. 有限元方程的求解

最后一步的任务就是要对有限元方程(5.2.41)求解。在采用我们在5.2节中划分场域三角形元素的约定后，矩阵(K)应当是正定对称的大型稀疏矩阵，我们可以采用直接法求出有限元的线性方程组的解，但是通常我们仍使用在第四章有限差分法中讲述过的迭代法来求解。对高斯-赛德尔迭代法有如下公式

$$\varphi_i^{(m+1)} = -\Big(\sum_{j=1}^{i-1} k_{ij}\varphi_j^{(m+1)} + \sum_{j=i+1}^{n_0} k_{ij}\varphi_j^{(m)} - p_i\Big)\Big/k_{ii}, \quad (i=1,2,\cdots,n_0) \quad (5.2.42)$$

采用超松弛迭代法时，有公式

$$\begin{aligned}
\varphi_i^{(m+1)} &= \varphi_i^{(m)} + \omega R_i^{(m)} \\
&= \varphi_i^{(m)} + \omega\Big[\Big(-\sum_{j=1}^{i-1} k_{ij}\varphi_j^{(m+1)} - \sum_{j=i+1}^{n_0} k_{ij}\varphi_j^{(m)} + p_i\Big)\Big/k_{ii} - \varphi_i^{(m)}\Big] \\
&= (1-\omega)\varphi_i^{(m)} + \omega\Big[\Big(-\sum_{j=1}^{i-1} k_{ij}\varphi_j^{(m+1)} - \sum_{j=i+1}^{n_0} k_{ij}\varphi_j^{(m)} + p_i\Big)\Big/k_{ii}\Big] \quad (5.2.43)
\end{aligned}$$

如同在有限差分法中求解差分方程组时的情况，求解方程组(5.2.41)采用超松弛迭代法更为有效。

由于有限元素法处理复杂边界条件时具有很好的灵活性，并且在划分三角形元素时人们还可以增加在函数变化剧烈的区域内节点的密度，以得到较高精度的数值结果，因而这种方法的优点是十分显著的。

5. 有限元素法的一般步骤

按照本节的介绍，我们可以总结一下有限元素法计算的一般步骤。

首先，推导出与给定边界条件的偏微分方程等价的泛函表示。

第二，把求解的区域用三角形元素划分为小的单元。然后对每个节点和三角形元素按照约定的规则分别进行编号。

第三，利用公式(5.2.14)、(5.2.15)和(5.2.18)～(5.2.21)，计算出各个三角形元素(e)的系数矩阵$(K)_e$和$(P)_e$。

第四，将各个三角形单元的系数矩阵$(K)_e$和$(P)_e$装配成总矩阵(K)和(P)，形成有限元方程组，然后利用强加边界条件法对有限元方程组进行修正。

最后，利用超松弛迭代法求解有限元方程组，则得到域内各个节点上的函数φ值。

5.3 有限元素法与有限差分法的比较

从本章的介绍中我们知道：有限元素法实际上是基于数学上的变分原理，将所要求解的物理问题化为对泛函求极值的一个变分方程；再利用差分法中的区域划

分的离散化方法,并通过元素划分所构造的插值函数,把求解连续的变分方程问题离散化为求解线性方程组。按照这样的有限元素方法来处理物理问题,就不再需要通过建立偏微分方程这一道步骤,并且其物理问题在离散化的整个过程中就始终具有明确的物理意义。然而在采用有限差分法来求解物理问题的数值解时,必须首先从物理模型出发,列出相应的偏微分方程及定解条件,然后通过网格划分将偏微分方程的求解问题离散化为对差分方程组的数值求解。因而用这两种方法处理物理问题的求解时,在处理问题的数学方法上有较大的差别。

有限差分法和有限元素法在对区域的离散化方法上也有明显差别。在有限差分法中,通常采用的是矩形网络区域划分,因而很难实现网络节点在区域中的配置与边界(不同介质界面)的良好逼近。而有限元素法采用的一般是三角形划分的方法。这样的划分对节点在区域内的配置方式比较任意,其配置方式可以根据边界条件的情况来选择。这样就可以在边界形状比较复杂时,仍然可以选择边界节点完全处在区域的边界上,从而在边界上可以做到较好的逼近。特别是在由不同介电常数的介质构成的静电场域内求解时,我们可以将节点取在不同介质区域的交界面上,并在电位梯度较大的区域,节点还可配置密一些,以实现较好的计算精度。一般在有限元素法中采用三角划分时,如果三角单元无限缩小,有限元近似解收敛于精确解,近似解的平均导数也收敛于精确解的导数。实践证明选择三角形不要太狭长,三角形元素边长比越接近1,计算得到的数值质量越好。有限元素法的计算精度与三角形划分时最大三角形边长 h 有关,若精确解有二阶导数,则函数误差与 h^2 同阶,导数误差与 h 同阶(当 h 趋于无穷小时)。有限差分法在采用直交网络时其计算精度与矩形最大边长 h 有关,此时列出的计算格式比有限元素法简单方便。在对边界形状规则的求解区域,自然采用有限差分法就比较合适。有限元素法的节点配置比较任意,计算格式要列出来就要复杂得多。但是这些计算格式都可以在电子计算机上自动形成,也容易将程序标准化,因而这并不会影响它的实际应用。

用有限元素法求解物理问题时,它是用统一的观点对区域内的节点和边界节点列出计算格式。这就使得各节点的计算精度总体上比较协调。此外,有限元素法的计算格式中的矩阵(K)具有比较好的性质,即它是一个对称正定的大型稀疏矩阵。这就给求解有限元方程组带来方便。而有限差分法则是孤立地对微分方程及定解条件分别列差分方程,因而各节点精度总体上不够一致。

但是有限元素法要求的计算机内存量比较大,需要准备输入的数据量也比较大,这是它的缺点之一。事实上,有限差分法的适用范围要比有限元素法广泛得多。有很多物理问题目前还不能用有限元素法求解,但是人们总是可以采用有限差分法。特别是在边界形状比较规则时,采用有限差分法是最合适的。当前,人们在对椭圆型偏微分方程求解时,有限元素法已超过有限差分法的应用。有限元素法也用于抛物型偏微分方程的求解,但是对双曲型偏微分方程的求解,有限元素法目前则用得较少。

习　题

(1) 公式(5.2.20)是更一般的公式
$$\iint_e N_i^k N_j^l N_m^n \mathrm{d}x\mathrm{d}y = \frac{k!l!n!\Delta}{(k+l+n+2)!}$$
的特殊情况。试给出证明。

(2) 用有限元素法发展一个程序，数值求解正方形场域($0 \leqslant x \leqslant 1, 0 \leqslant y \leqslant 1$)的拉普拉斯方程
$$\begin{cases} \nabla^2 \varphi(x,y) = 0 \\ \varphi(x,0) = \varphi(x,1) = 0, \quad \varphi(0,y) = \varphi(1,y) = 1。\end{cases}$$

(3) 修改(2)题中的程序，仍然采用有限元素法数值求解三角形场域 $D \in (0 \leqslant x \leqslant 1, y \leqslant 1-x)$ 的拉普拉斯方程
$$\begin{cases} \nabla^2 \varphi(x,y) = 0 \\ \varphi(x,0) = 0, \quad \varphi(0,y) = \varphi(x, y=1-x) = 1。\end{cases}$$

第六章 分子动力学方法

6.1 引　　言

在 3.6 节中,我们知道一个多粒子体系的实验观测物理量的数值可以由总的平均得到。但是实验体系又非常大,例如,一滴水就包括了超过 10^{21} 个水分子,我们不可能计算求得所有涉及的态的物理量数值的总平均。实际上,按照产生位形变化的方法,我们有两类方法对有限的一系列态的物理量作统计平均:

第一类是随机模拟方法。关于这个方法,我们已经在 3.6 节中作了介绍。它是实现 Gibbs 的统计力学途径。在此方法中,体系位形的转变是通过马尔可夫(Markov)过程,由随机性的演化引起的。这里的马尔可夫过程相当于是内禀动力学在概率方面的对应物。该方法可以被用到没有任何内禀动力学模型体系的模拟上。随机模拟方法计算的程序简单,占内存少,但是该方法难于处理非平衡态的问题。

计算机模拟中还有一类确定性模拟方法,即统计物理中的所谓分子动力学方法(molecular dynamics method)。这种方法广泛地用于研究经典的多粒子体系的研究中。该方法是按该体系内部的内禀动力学规律来计算并确定位形的转变。它首先需要建立一组分子的运动方程,并通过直接对系统中的一个个分子运动方程进行数值求解,得到每个时刻各个分子的坐标与动量,即在相空间的运动轨迹,再利用统计计算方法得到多体系统的静态和动态特性,从而得到系统的宏观性质。因此,分子动力学模拟方法可以看作是体系在一段时间内的发展过程的模拟。在这样的处理过程中我们可以看出:分子动力学方法中不存在任何随机因素。在分子动力学方法处理过程中,方程组的建立是通过对物理体系的微观数学描述给出的。在这个微观的物理体系中,每个分子都各自服从经典的牛顿力学。每个分子运动的内禀动力学是用理论力学上的哈密顿量或者拉格朗日量来描述,也可以直接用牛顿运动方程来描述。确定性方法是实现玻尔兹曼(Boltzmann)的统计力学途径。这种方法可以处理与时间有关的过程,因而可以处理非平衡态问题。但是使用该方法的程序较复杂,计算量大,占内存也多。本章将介绍分子动力学方法及其应用。

原则上,分子动力学方法所适用的微观物理体系并无什么限制。这个方法适用的体系既可以是少体系统,也可以是多体系统;既可以是点粒子体系,也可以是具有内部结构的体系;处理的微观客体既可以是分子,也可以是其他的微观粒子。

实际上，分子动力学模拟方法和随机模拟方法一样都面临着两个基本限制：一个是有限观测时间的限制；另一个是有限系统大小的限制。通常人们感兴趣的是体系在热力学极限下（即粒子数目趋于无穷时）的性质。但是计算机模拟允许的体系大小要比热力学极限小得多，因此可能会出现有限尺寸效应。为了减小有限尺寸效应，人们往往引入周期性、全反射、漫反射等边界条件。当然边界条件的引入显然会影响体系的某些性质。

对体系的分子运动方程组采用计算机进行数值求解时，需要将运动方程离散化为有限差分方程（参见第四章）。常用的求解方法有欧拉法、龙格-库塔法、辛普生法等（参见附录C）。数值计算的误差阶数显然取决于所采用的数值求解方法的近似阶数。原则上，只要计算机计算速度足够大，内存足够多，我们可以使计算误差足够小。

对于分子动力学方法，最自然的应用对象是微正则系综。这时能量是运动常量。然而，当我们想要研究温度和（或）压力是常量的系统时，系统不再是封闭的。例如，温度为常量的系统可以认为系统是放置在一个热浴中。当然，在分子动力学方法中我们只是在想像中将系统放入热浴中。实际上，在模拟计算中具体所采取的做法是对一些自由度加以约束。例如，在恒温体系的情况下，体系的平均动能是一个不变量。这时我们可以设计一个算法，使平均动能被约束在一个给定值上。由于这个约束，我们并不是在真正处理一个正则系综，而实际上仅仅是复制了这个系综的位形部分。只要这一约束不破坏从一个状态到另一个状态的马尔可夫特性，这种做法就是正确的。不过其动力学性质可能会受到这一约束的影响。

自20世纪50年代中期开始，分子动力学方法得到了广泛的应用。它与蒙特卡罗方法一起已经成为计算机模拟的重要方法。应用分子动力学方法取得了许多重要成果，例如气体或液体的状态方程、相变问题、吸附问题等，以及非平衡过程的研究。其应用已从化学反应、生物学的蛋白质到重离子碰撞等广泛的学科研究领域。

6.2 分子动力学基础知识

1. 分子运动方程及其数值求解

采用分子动力学方法时，必须对一组分子运动微分方程作数值求解。从计算数学的角度来看，这是个求一个初值问题的微分方程的解。实际上计算数学为了求解这种问题已经发展了许多的算法，但是并不是所有的这些算法都可以用来解决物理问题。下面我们先以一个一维谐振子为例，来看一下如何用计算机数值计算方法求解初值问题。一维谐振子的经典哈密顿量为

$$H = \frac{p^2}{2m} + \frac{1}{2}kx^2 \qquad (6.2.1)$$

这里的哈密顿量(即能量)为守恒量。假定初始条件为 $x(0), p(0)$，则它的哈密顿方程是对时间的一阶微分方程

$$\frac{\mathrm{d}x}{\mathrm{d}t} = \frac{\partial H}{\partial p} = \frac{p}{m}, \qquad \frac{\mathrm{d}p}{\mathrm{d}t} = -\frac{\partial H}{\partial x} = -kx \qquad (6.2.2)$$

现在我们要用数值积分方法计算在相空间中的运动轨迹 $(x(t), p(t))$。我们采用有限差分法，将微分方程变为有限差分方程，以便在计算机上作数值求解，并得到空间坐标和动量随时间的演化关系。首先，我们取差分计算的时间步长为 h，采用我们在第四章中讲过的一阶微分形式的向前差商表示，它是直接运用展开到 h 的一阶泰勒展开公式

$$f(t+h) = f(t) + h\frac{\mathrm{d}f}{\mathrm{d}t} + O(h^2)$$

即得到

$$\frac{\mathrm{d}f}{\mathrm{d}t} \approx \frac{f(t+h) - f(t)}{h} \qquad (6.2.3)$$

则微分方程(6.2.2)可以被改写为向前差分形式

$$\frac{\mathrm{d}x}{\mathrm{d}t} = \frac{x(t+h) - x(t)}{h} = \frac{p(t)}{m} \qquad (6.2.4)$$

$$\frac{\mathrm{d}p}{\mathrm{d}t} = \frac{p(t+h) - p(t)}{h} = -kx(t) \qquad (6.2.5)$$

将上面两个公式整理后，我们得到解微分方程(6.2.2)的欧拉(Euler)算法(参见附录C)

$$x(t+h) = x(t) + \frac{hp(t)}{m} \qquad (6.2.6)$$

$$p(t+h) = p(t) - hkx(t) \qquad (6.2.7)$$

这是 $x(t), p(t)$ 的一组递推公式。有了初始条件 $x(0), p(0)$，就可以一步一步地使用前一时刻的坐标、动量值确定下一时刻的坐标、动量值。这个方法是一步法的典型例子。

由于在实际数值计算时 h 的大小是有限的，因而在上述算法中微分被离散化为差分形式来计算时总是有误差的。可以证明一步法的局部离散化误差与总体误差是相等的，都为 $O(h^2)$ 的量级。在实际应用中，适当地选择 h 的大小是十分重要的。h 取得太大，得到的结果偏离也大，甚至于连能量都不守恒；h 取得太小，有可能结果仍然不够好。这就要求我们改进计算方法，进一步考虑二步法。

根据 4.1 节中公式(4.1.3)和(4.1.6)所给出的一阶微分的中心差商和二阶微分的中心差商的表示，我们可以写出二阶和一阶导数的公式

$$\frac{d^2 f}{dx^2} = \frac{1}{h^2}[f(t+h) - 2f(t) + f(t-h)] \tag{6.2.8}$$

$$\frac{df}{dt} = \frac{f(t+h) - f(t-h)}{2h} \tag{6.2.9}$$

令 $f(t) = x(t)$，利用牛顿第二定律公式 $F(t) = m\frac{d^2 x}{dt^2}$，公式(6.2.8)写为坐标的递推公式

$$x(t+h) = 2x(t) - x(t-h) + h^2 \frac{F(t)}{m} \tag{6.2.10}$$

公式(6.2.9)写为计算动量的公式得到

$$p(t) = m\dot{x}(t) = mv(t) = \frac{m}{2h}[x(t+h) - x(t-h)] \tag{6.2.11}$$

这样我们就推导出了一个比式(6.2.6)和(6.2.7)更精确的递推公式。这是二步法的一种，称为 Verlet 方法。还有其他一些二步法，如龙格-库塔(Runge-Kutta)方法等(参见附录C)，这里不再作介绍。

当然我们还可以建立更高阶的多步算法，然而大部分更高阶的方法所需要的内存比一步法和二步法所需要的大得多，并且有些更高阶的方法还需要用迭代来解出隐式给定的变量，内存的需求量就更大。并且当今的计算机都仅仅只有有限的内存，因而并不是所有的高阶算法都适用于物理系统的计算机计算。Verlet 算法是分子动力学模拟中求解常微分方程最通用的方法。

在实际数值计算中，我们必须特别注意舍入误差和稳定性问题。为了减少舍入误差，我们可以采用高精度计算，并且要避免相近大小的数相消，以及数量级相差很大的两个数相加和注意运算顺序。

2. 多体系统的基本概念与分子动力学方法

N 粒子系统中，一个 n 体的密度函数一般可以写为

$$\rho_n(r_1, r_2, \ldots, r_n) = \frac{1}{Z} \frac{N!}{(N-n)!} \int W(\boldsymbol{R}) dr_{n+1} dr_{n+2} \ldots dr_N \tag{6.2.12}$$

其中，$W(\boldsymbol{R})$ 是描写系统的概率函数，$Z = \int W(\boldsymbol{R}) d\boldsymbol{R}$ 为系统的配分函数，$\boldsymbol{R}$ 通常为由系统中所有粒子的坐标、动量构成的相空间中的任意一点。在 $n=1$ 的情况下粒子密度函数为 $\rho(r) = \rho_1(r)$。两体密度函数与对关联函数 $g(r'-r)$ 相关，即

$$\rho_2(r, r') = \rho(r) g(r'-r) \rho(r') \tag{6.2.13}$$

式中的 $g(r'-r)$ 就是对关联函数，它是描述与时间无关的粒子间关联性的量度。$g(r'-r)$ 的物理意义是：当在空间 r 处有一个粒子时，在另一个空间位置 r' 的点周围单位体积内发现另一个粒子的概率。我们能够很容易得到

$$\rho_2(r,r') = \langle \hat{\rho}(r)\hat{\rho}(r') \rangle - \delta(r'-r)\rho(r) \quad (6.2.14)$$

其中,公式右边第一项叫作密度关联函数。$\hat{\rho}(r)$ 为密度算符,其定义为

$$\hat{\rho}(r) = \sum_{i=1}^{N} \delta(r-r_i) \quad (6.2.15)$$

系统的密度为密度算符的平均值,即

$$\rho(r) = \langle \hat{\rho}(r) \rangle \quad (6.2.16)$$

如果系统的密度接近一个常数,对关联函数 $g(r'-r)$ 可以导出一个简单的形式

$$g(r) = \frac{1}{\rho N} \langle \sum_{i \neq j}^{N} \delta(r-r_{ij}) \rangle \quad (6.2.17)$$

式中,ρ 是 $r'=0$ 和 r 点的密度的平均。对球坐标的方位角 θ 和极角 φ 求平均后,得到径向对关联函数为

$$g(r) = \frac{1}{4\pi} \int g(r) \sin\theta \, d\theta \, d\varphi \quad (6.2.18)$$

对关联函数可以提供许多关于系统中粒子运动特性的许多信息。例如,刚性结构的对关联函数在最近的相邻粒子、次最近粒子等位置有尖锐的峰。在液态的体系中,对关联函数在最近相邻粒子、次最近粒子等平均距离上仍然有宽峰,并且在几个峰之后,这一性质就渐渐消失。

在分子动力学模拟的数值计算中,在空间某点上的密度函数 $\rho(r)$ 可由下式计算得到

$$\rho(r) \approx \frac{\langle N(r, \Delta r) \rangle}{\Omega(r, \Delta r)} \quad (6.2.19)$$

其中,$\Omega(r,\Delta r)$ 为原点在距离球坐标中心 r 处,半径为 Δr 的球体积。$N(r,\Delta r)$ 为在该体积内的粒子数。这里我们可以通过调整半径 Δr,来得到特定系统的平滑、真实的密度分布函数 $\rho(r)$。上式中的求平均是对时间步所做的。

采用类似的方法,可以得到径向对关联函数的数值。若 r 是从一个特定粒子位置 r_i 点为原点的球半径,径向对关联分布函数 $g(r)$ 就是另一个粒子在距离 r 处出现的概率。由此可以算出

$$g(r) \approx \frac{\Delta N(r, \Delta r)}{\rho 4\pi r^2 \Delta r} \quad (6.2.20)$$

$\Delta N(r, \Delta r)$ 为在以 r_i 为球心,r 为半径,Δr 厚的球壳内的粒子数。

分子动力学模拟方法往往用于研究大块物质在给定密度下的性质,然而实际计算模拟不可能在几乎是无穷大的系统中进行。所以必须引进一个叫做分子动力学元胞的体积元,以维持一个恒定的密度。对气体和液体,如果所占体积足够大,并且系统处于热平衡状态的情况下,那么这个体积的形状是无关紧要的[1]。对于晶态的系统,元胞的形状是有影响的。为了计算简便,对于气体和液体,我们取一

个立方体的体积为分子动力学元胞。设分子动力学元胞的线度大小为 L，则其体积为 L^3。由于引进这样的立方体箱子，将产生 6 个我们不希望出现的表面。模拟中碰撞这些箱的表面的粒子应当被反射回到元胞内部，特别是对粒子数目很少的系统。然而这些表面的存在对系统的任何一种性质都会有重大的影响。

为了消除引入元胞后的表面效应，构造出一个准无穷大的体积来更精确地代表宏观系统，我们做这样的假定，即采用周期性边界条件，让小体积的元胞镶嵌在一个无穷大的大块物质之中。周期性边界条件的数学表示形式为

$$A(\boldsymbol{x}) = A(\boldsymbol{x}+\boldsymbol{n}L), \qquad \boldsymbol{n} = (n_1, n_2, n_3) \tag{6.2.21}$$

其中，A 为任意的可观测量，n_1, n_2, n_3 为任意整数。这个边界条件就是命令基本分子动力学元胞完全等同地重复无穷多次。该边界条件的具体实现是这样操作的：当有一个粒子穿过基本分子动力学元胞的六方体表面时，就让这个粒子以相同的速度穿过此表面对面的表面重新进入分子动力学元胞内。实践证明：采用周期性边界条件，就能够做到将分子动力学元胞在有限立方体内的模拟，扩展到真实大系统的模拟。

另外一个问题就是如何处理不同分子动力学元胞盒子内粒子间的相互作用。如果相互作用是短程力，我们可以在长度 r_c 处截断。这里，$V(r_c)$ 必须要足够小，以使截断不会显著地影响模拟结果。典型的分子动力学元胞尺度 L 通常选得比 r_c 大很多。我们往往选择元胞尺度满足不等式条件 $L/2 > r_c$，使得距离大于 $L/2$ 的粒子的相互作用可以忽略，以避免有限尺寸效应。通常 L 的数值应当选得很大。在考虑粒子间的相互作用时，通常采用最小像力约定。最小像力约定是在由无穷重复的分子动力学基本元胞中，每一个粒子只同它所在的基本元胞内的另外 $N-1$ 个中（设在此元胞内有 N 个粒子）的每个粒子或其最邻近的影像粒子发生相互作用。如图 6.2.1 所示，其中一个白色的粒子通过图上虚线连线，与它所在元胞内的其他粒子或其影像粒子相互作用，位于 r_i 处的粒子 i 同 r_j 处的粒子 j 之间的距离为

$$r_{ij} = \min(|\boldsymbol{r}_i - \boldsymbol{r}_j + \boldsymbol{n}L|), \qquad （对一切的 \boldsymbol{n}） \tag{6.2.22}$$

实际上这个约定就是通过满足不等式条件 $r_c < L/2$ 来截断位势。采用最小像力约定后，元胞内第 i 个粒子与周围粒子的相互作用势和相互作用力为

$$U_i(\boldsymbol{R}) = \sum_{j=1, N}^{i \neq j} u(r_{ij})$$

$$F_i(\boldsymbol{R}) = \sum_{j=1, N}^{i \neq j} F(r_{ij}) \boldsymbol{r}_{ij} \tag{6.2.23}$$

$\boldsymbol{R} = \{r_1, r_2, \ldots, r_N,\}$ 表示元胞内所有粒子的坐标。r_{ij} 是沿 $r_j - r_i$ 方向的单位矢量。采用最小像力约定会使得在截断处粒子的受力有一个 δ 函数的奇异性，这会给模拟计算带来误差。为减小这种误差，我们总可以将相互作用势能移到

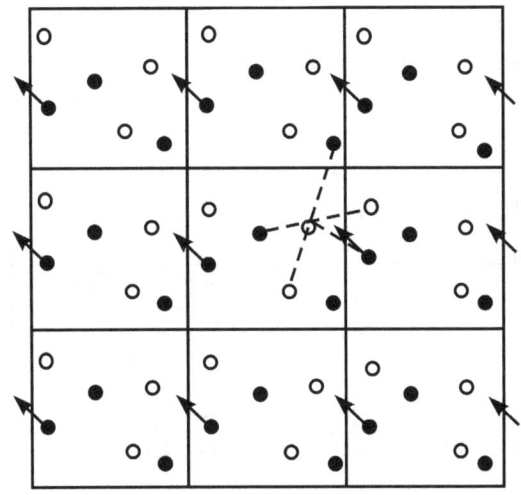

图 6.2.1 分子动力学模拟的最小像力约定

$V(r)-V(r_c)$,以保证在截断处相互作用为零。

6.3 分子动力学模拟的基本步骤

在计算机上对分子系统的分子动力学模拟的实际步骤可以划分为四步:首先是设定模拟所采用的模型;第二,给定初始条件;第三,趋于平衡的计算过程;最后是宏观物理量的计算。下面就这四个步骤分别作简单介绍。

1. 模拟模型的设定

设定模型是分子动力学模拟的第一步工作。例如,在一个分子系统中,假定两个分子间的相互作用势为硬球势,其势函数表示为

$$U(r)=\begin{cases}+\infty, & \text{如果 } r<\sigma \\ 0, & \text{如果 } r\geqslant\sigma\end{cases} \quad (6.3.1)$$

实际上,更常用的是图 6.3.1 所示的 Lennard-Jones 位势。它的势函数表示为

$$U(r)=4\varepsilon\left[\left(\frac{\sigma}{r}\right)^{12}-\left(\frac{\sigma}{r}\right)^{6}\right] \quad (6.3.2)$$

其中,$-\varepsilon$ 是位势的最小值(ε 可以确定能量的单位),这个最小值出现在距离 r 等于 $2^{1/6}\sigma$ 的地方[在计算机 MD 模拟中,σ 可以确定长度的单位,时间标度单位用

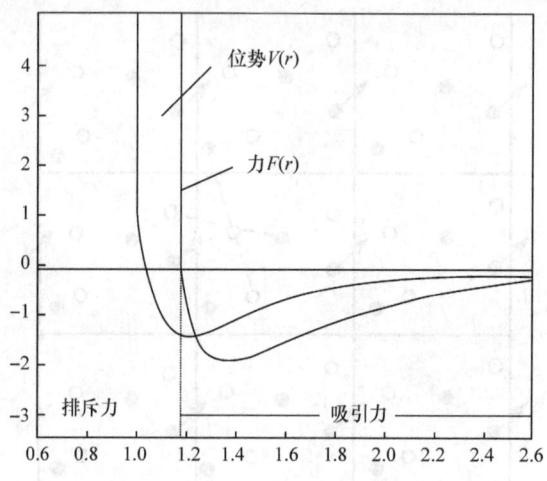

图 6.3.1 Lennard-Jones 势

$(m\sigma^2/48\varepsilon)^{1/2}$]。$r=\sigma$ 时位势为零。在 Lennard-Jones 位势作用下，第 i 个粒子与元胞内其他 N-1 个粒子或其最邻近的影像粒子的相互作用力在 x 方向的分量为

$$F_{i,x} = 48\left(\frac{\varepsilon}{\sigma^2}\right) \sum_{\substack{j=1 \\ j \neq i}}^{N} (x_i - x_j)\left[\left(\frac{\sigma}{r_{ij}}\right)^{14} - \frac{1}{2}\left(\frac{\sigma}{r_{ij}}\right)^{8}\right] \quad (6.3.3)$$

它的 y 和 z 分量的表示式与上式相似。

模型确定后，根据经典物理学的规律我们就可以知道在系综模拟中的守恒量。例如，对在微正则系综的模拟中能量、动量和角动量均为守恒量。在此系综中他们分别表示为

$$E = \sum_i \left[\frac{1}{2}m(\dot{\boldsymbol{r}}_i)^2 + V(\boldsymbol{r}_i)\right] \quad (6.3.4)$$

$$\boldsymbol{P} = \sum_i \boldsymbol{p}_i \quad (6.3.5)$$

$$\boldsymbol{M} = \sum_i \boldsymbol{r}_i \times \boldsymbol{p}_i \quad (6.3.6)$$

其中，$\boldsymbol{p}_i = m\dot{\boldsymbol{r}}_i$。为了计算方便，我们取分子动力学元胞为立方体，元胞的线度大小为 L，则其体积为 L^3。根据给定密度 ρ 和指定的单个元胞中的粒子数 N，确定出元胞的 L 值。我们采用周期性边界条件和最小像力约定。周期性边界条件的数学表示形式见式(6.2.21)。最小像力约定下，元胞内第 i 个粒子所受力参见公式(6.2.23)。

2. 给定初始条件

分子动力学模拟的过程进入对系统微分方程组作数值求解时，需要知道粒子

的初始位置和速度的数值。不同的算法要求不同的初始条件。例如，Verlet 方法需要两组坐标来启动计算：一组是零时刻的坐标，另一组是前进一个时间步长时的坐标，或者是一组零时刻的速度值。但是，一般来说系统的初始条件都是不可能知道的。表面上看这是一个难题。实际上，精确选择待求系统的初始条件是没有什么意义的，因为模拟时间足够长时，系统就会忘掉初始条件。但是初始条件的合理选择将可以加快系统趋于平衡。常用的初始条件可以选择为：①令初始位置在差分划分网格的格子上，初始速度则从玻尔兹曼分布随机抽样得到；②令初始位置随机地偏离差分划分网格的格子，初始速度为零；③令初始位置随机地偏离差分划分网格的格子，初始速度也是从玻尔兹曼分布随机抽样得到。

3. 趋于平衡

按照上面给出的运动方程、边界条件和初始条件，就可以进行分子动力学模拟计算。但是，这样计算出的系统不会具有所要求的系统能量，并且这个状态本身也还不是一个平衡态。为了使系统达到平衡，模拟中需要一个趋衡过程。在这个过程中，我们增加或从系统中移出能量，直到系统具有所要求的能量。然后，再对运动方程中的时间向前积分若干步，使系统持续给出确定能量值。我们称这时系统已经达到平衡态。这段达到平衡所需的时间称为弛豫时间。在分子动力学模拟中，时间步长 h 的大小选择是十分重要的。它决定了模拟所需要的时间。为了减小误差，步长 h 必须取得小一些；但是取得太小，系统模拟的弛豫时间就很长。这里需要积累一定的模拟经验，选择适当的时间步长 h。例如，对一个具有几百个氩（Ar）分子的体系，如果采用 Lennard-Jones 位势，我们发现取 h 为 10^{-2} 量级，就可以得到好的相图。这里选择的 h 是没有量纲的，实际上这样选择的 h 对应的时间在 10^{-14} s 的量级。如果模拟 1000 步，系统达到平衡态，弛豫时间只有 10^{-11} s。

4. 宏观物理量的计算

实际计算宏观物理量往往是在分子动力学模拟的最后阶段进行的。它是沿着相空间轨迹求平均来计算得到的。例如，对于一个宏观物理量 A，它的测量值应当为平均值 $\overline{A}$。如果已知初始位置和动量为 $\{r^{(N)}(0)\}$ 和 $\{p^{(N)}(0)\}$（上标 N 表示系综 N 个粒子的对应坐标和动量参数），选择某种分子动力学算法求解具有初值问题的运动方程，便得到相空间轨迹（$\{r^{(N)}(t)\},\{p^{(N)}(t)\}$）。对轨迹平均的宏观物理量 A 的表示为

$$\overline{A} = \lim_{t' \to \infty} \frac{1}{(t'-t_0)} \int_{t_0}^{t'} \mathrm{d}\tau A(\{r^{(N)}(\tau)\},\{p^{(N)}(\tau)\}) \tag{6.3.7}$$

如果宏观物理量为动能，它的平均为

$$\overline{E}_k = \lim_{t' \to \infty} \frac{1}{(t'-t_0)} \int_{t_0}^{t'} \mathrm{d}\tau E_k(\{p^{(N)}(\tau)\}) \tag{6.3.8}$$

由于在模拟过程中计算出的动能值是在不连续的路径上的值,因此公式(6.3.8)可以表示为在时间的各个间断点 μ 上计算动能的平均值

$$\overline{E_k} = \frac{1}{n-n_0} \sum_{\mu>n_0}^{n} \sum_{i=1}^{N} \frac{(p_i^2)^{(\mu)}}{2m} \tag{6.3.9}$$

在分子动力学模拟过程中,温度是需要加以监测的物理量,特别是在模拟的起始阶段。根据能量均分定理,我们可以从平均动能值计算得到温度值

$$T = \frac{\overline{E_k}}{\frac{d}{2}Nk_B} \tag{6.3.10}$$

其中,d 为每个粒子的自由度,如果不考虑系统所受的约束,则 $d=3$。系统内部的位势能量的平均值为

$$\overline{U} = \frac{1}{n-n_0} \sum_{\mu>n_0}^{n} \sum_{i<j} u(r_{ij}^{(\mu)}) \tag{6.3.11}$$

假定位势在 r_c 处被截断,那么上式计算出的势能以及由此得到的总能量就包含有误差。为了对此偏差做出修正,我们采用对关联函数来表示位能

$$U/N = 2\pi\rho \int_0^\infty u(r)g(r)r^2 dr \tag{6.3.12}$$

若 $n(r)$ 为距离原点 r 到 $r+\Delta r$ 之间的平均粒子数,参照公式(6.2.20)可以得到

$$g(r) = \frac{V}{N} \frac{n(r)}{4\pi r^2 \Delta r} \tag{6.3.13}$$

在分子动力学模拟过程中,所有的距离已经在力的计算中得到,因而很容易计算对关联函数的值。图 6.3.2 为由计算机模拟得到的两组不同参数下的对关联函数的例子[2]。由于位势的截断,对关联函数仅对 $r_c < L/2$ 以下的距离有意义。在公式(6.3.11)中,所有的位能都加到截断距离为止,尾部修正可以取为

$$U_c = 2\pi\rho \int_{r_c}^\infty u(r)g(r)r^2 dr \tag{6.3.14}$$

压强可以通过计算在面积元 dA 的法线方向上净动量转移的时间平均值来得到,也可以利用含对关联函数的维里状态方程计算。该维里状态方程可以写为

$$P = \rho k_B T - \frac{\rho^2}{6} \int_0^\infty g(r) \frac{\partial u}{\partial r} 4\pi r^3 dr \tag{6.3.15}$$

至于上式中势能的计算,我们可以把积分划分为两项,一项是由相互作用力程之内的贡献引起的,一项是对位势截断的改正项

$$P = \rho k_B T - \overline{\frac{\rho^2}{6N} \sum_{i<j} r_{ij} \frac{\partial u}{\partial r_{ij}}} - P_c \tag{6.3.16}$$

其中,长程改正项为

$$P_c = \frac{\varrho^2}{6}\int_{r_c}^{\infty} g(r)\frac{\partial u}{\partial r}4\pi r^3 \, \mathrm{d}r \qquad (6.3.17)$$

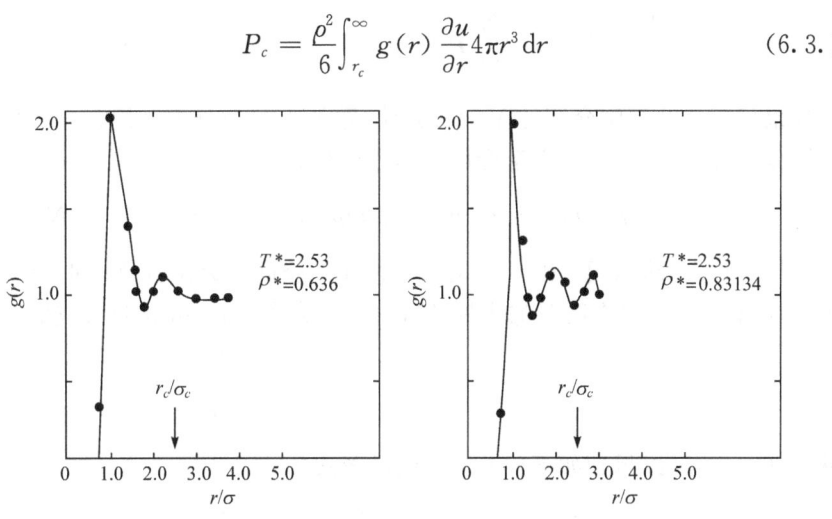

图 6.3.2　由计算机模拟得到的两组不同参数下的对关联函数

6.4　平衡态分子动力学模拟

在经典分子动力学模拟方法的应用当中,存在着对两种系统状态的分子动力学模拟。一种是对平衡态的分子动力学模拟,另一种是对非平衡态的分子动力学模拟。对平衡态系综分子动力学模拟又可以分为如下类型:微正则系综的分子动力学(NVE)模拟、正则系综的分子动力学(NVT)模拟、等温等压系综分子动力学(NPT)模拟和等焓等压系综分子动力学(NPH)模拟等(详细内容参考文献[2])。下面我们仅对平衡态的分子动力学方法中前两类模拟作简单的介绍。

1. 微正则系综的分子动力学模拟

在进行对微正则系综的分子动力学模拟时,首先我们要确定所采用的相互作用模型。我们假定一个孤立的多粒子体系,其粒子间的相互作用位势是球对称的,则其哈密顿量可以写为

$$H = \frac{1}{2}\sum_i \frac{p_i^2}{m} + \sum_{i<j} u(r_{ij}) \qquad (6.4.1)$$

其中,r_{ij} 是第 i 个粒子与第 j 个粒子之间的距离。在这个微正则系综中,由于这个系统的哈密顿量中不显式地出现时间关联,因而系统的能量是个守恒量。系统的体积和粒子数也是不变的。此外,由于整个系统并未运动,所以整个系统的总动量 P 恒等于零。这就是系统受到的四个约束。

由该系统的哈密顿量可以推导出牛顿方程形式的运动方程组

$$\frac{\mathrm{d}^2 \boldsymbol{r}_i(t)}{\mathrm{d}t^2} = \frac{1}{m} \sum_{\substack{j=1 \\ j \neq i}}^{N} \boldsymbol{F}_i(r_{ij}), \quad (i=1,2,\cdots,N) \tag{6.4.2}$$

如果采用 6.2 节中介绍的 Verlet 方法，数值求解微分方程组(6.4.2)，我们需要将微分方程组(6.4.2)的求解变成求解方程组

$$\boldsymbol{r}_i(t+h) = 2\boldsymbol{r}_i(t) - \boldsymbol{r}_i(t-h) + \boldsymbol{F}_i(t)h^2/m, \quad (i=1,2,\cdots,N) \tag{6.4.3}$$

该方程组反映出，从前面 t 和 $t-h$ 时刻这两步的空间坐标位置及 t 时刻的作用力，就可以算出下一步 $t+h$ 时刻的坐标位置。下面为了将式(6.4.3)写成更简洁的形式，我们令

$$t_n = nh, \quad \boldsymbol{r}_i^{(n)} = \boldsymbol{r}_i(t_n), \quad \boldsymbol{F}_i^{(n)} = \boldsymbol{F}_i(t_n) \tag{6.4.4}$$

则从式(6.4.3)可以得到如下差分方程组的形式

$$\boldsymbol{r}_i^{(n+1)} = 2\boldsymbol{r}_i^{(n)} - \boldsymbol{r}_i^{(n-1)} + \boldsymbol{F}_i^{(n)}h^2/m, \quad (i=1,2,\cdots,N) \tag{6.4.5}$$

如果已知初始和第一步的空间位置 $\{\{\boldsymbol{r}_i^{(0)}\}, \{\boldsymbol{r}_i^{(1)}\}\}$，则通过求解方程组(6.4.5)一步步得到 $\{\boldsymbol{r}_i^{(2)}\}, \{\boldsymbol{r}_i^{(3)}\}, \cdots$。由空间坐标又可以算出粒子的运动速度为

$$\boldsymbol{v}_i^{(n)} = (\boldsymbol{r}_i^{(n+1)} - \boldsymbol{r}_i^{(n-1)})/2h \tag{6.4.6}$$

这里，在第 $n+1$ 步算出的速度是前一时刻，即第 n 步的速度。因而动能的计算比势能的计算落后一步。

根据上述原理我们可以将粒子数恒定、体积恒定、能量恒定的微正则系综(NVE)的分子动力学模拟步骤设计如下：

(1) 给定初始空间位置 $\{\{\boldsymbol{r}_i^{(0)}\}, \{\boldsymbol{r}_i^{(1)}\}\}, (i=1,2,\cdots,N)$。

(2) 计算在第 n 步时粒子所受的力 $\{\boldsymbol{F}_i^{(n)}\}: \boldsymbol{F}_i^{(n)} = \boldsymbol{F}_i(t_n)$。

(3) 利用公式：$\boldsymbol{r}_i^{(n+1)} = 2\boldsymbol{r}_i^{(n)} - \boldsymbol{r}_i^{(n-1)} + \boldsymbol{F}_i^{(n)}h^2/m$，计算在第 $n+1$ 步时所有粒子所处的空间位置 $\{\boldsymbol{r}_i^{(n+1)}\}$。

(4) 计算第 n 步的速度：$\boldsymbol{v}_i^{(n)} = (\boldsymbol{r}_i^{(n+1)} - \boldsymbol{r}_i^{(n-1)})/2h$。

(5) 返回到步骤(2)，开始下一步的模拟计算。

如前所述，用上述形式的 Verlet 算法，动能的计算比势能的计算落后一步。此外，这种算法不是自启动的。要真正求出微分方程组(6.4.2)的解，除了需要给出初始空间位置 $\{\boldsymbol{r}_i^{(0)}\}$ 外，还要求另外给出一组空间位置 $\{\boldsymbol{r}_i^{(1)}\}$。实际上，有时候采用改进后的计算方法可能更方便：即把 N 个粒子的初始位置放在网格的格点上，然后加以扰动。如果初始条件是空间位置和速度，则采用下面的公式来计算空间位置 $\{\boldsymbol{r}_i^{(1)}\}$

$$\boldsymbol{r}_i^{(1)} = \boldsymbol{r}_i^{(0)} + h\boldsymbol{v}_i^{(0)} + \boldsymbol{F}_i^{(0)}h^2/2m \tag{6.4.7}$$

然后再按上述模拟步骤进行计算。

Verlet 算法的速度变型形式将会使其数值计算的稳定性得到加强。下面我们就此作简单介绍。令

$$z_i^{(n)} = (r_i^{(n+1)} - r_i^{(n)})/h \tag{6.4.8}$$

则公式(6.4.5)写为

$$\begin{cases} r_i^{(n)} = r_i^{(n-1)} + h z_i^{(n-1)} \\ z_i^{(n)} = z_i^{(n-1)} + m^{-1} h F_i^{(n)} \end{cases} \tag{6.4.9}$$

上式在数学上与式(6.4.5)是等价的,并称为相加形式。由此 Verlet 算法的速度形式的模拟步骤可以表述为：

(1) 给定初始空间位置$\{r_i^{(1)}\}$,$(i=1,2,\cdots,N)$。

(2) 给定初始速度$\{v_i^{(1)}\}$。

(3) 利用公式：$r_i^{(n+1)} = r_i^{(n)} + h v_i^{(n)} + F_i^{(n)} h^2/2m$,计算在第 $n+1$ 步时所有粒子所处的空间位置$\{r_i^{(n+1)}\}$。

(4) 计算在第 $n+1$ 步时所有粒子的速度$\{v_i^{(n+1)}\}$：

$$v_i^{(n+1)} = v_i^{(n)} + h(F_i^{(n+1)} + F_i^{(n)})/2m。$$

(5) 返回到步骤(3),开始第 $n+2$ 步的模拟计算。

Verlet 速度形式的算法比前一种算法好些。它不仅可以在计算中得到同一时间步上的空间位置和速度,并且数值计算的稳定性也提高了。

一般情况下,对于给定能量的系统不可能给出精确的初始条件。这时需要先给出一个合理的初始条件,然后在模拟过程中逐渐调节系统能量达到给定值。其步骤为:首先将运动方程组解出若干步的结果;然后计算出动能和位能;假如总能量不等于给定恒定值,则通过对速度的调整来实现能量守恒。也就是将速度乘以一个标度（scaling）因子,该因子一般取为

$$\beta = \left[\frac{T^*(N-1)}{16 \sum_i v_i^2}\right]^{1/2} \tag{6.4.10}$$

然后再回到第一步,对下一时刻的运动方程求解。反复进行上面的过程,直到系统达到平衡。这样的模拟过程也称为平衡化阶段。

采用对速度标度的办法,可以使速度发生很大变化。为了消除可能带来的效应,必须要有足够的时间让系统再次建立平衡。在到达趋衡阶段以后,必须检验粒子的速度分布是否符合麦克斯韦-玻尔兹曼分布。

2. 正则系综的分子动力学模拟

在统计物理中的正则系综模拟是针对一个粒子数 N、体积 V、温度 T 和总动量($P = \sum_i p_i = 0$)为守恒量的系综(NVT)。这种情况就如同一个系统置于热浴之中,此时系统的能量可能有涨落,但系统温度则已经保持恒定。在正则系综的 MD 模拟中施加的约束与微正则系综中的不一样。正则系综分子动力学方法是在

运动方程组上加上动能恒定(即温度恒定)的约束,而不是像微正则系综的分子动力学模拟中对运动方程加上能量恒定的约束。在正则系综分子动力学的平衡化过程中,速度标度(velocity scaling)因子一般选下面的形式较为合适

$$\beta = \left[\frac{(3N-4)kT}{\sum_i mv_i^2}\right]^{1/2} \tag{6.4.11}$$

我们可将正则系综分子动力学的 Verlet 算法的速度形式的模拟具体步骤列在下面：

(1) 给定初始空间位置 $\{r_i^{(1)}\}$，$(i=1,2,\cdots,N)$。

(2) 给定初始速度 $\{v_i^{(1)}\}$。

(3) 利用公式：$r_i^{(n+1)} = r_i^{(n)} + hv_i^{(n)} + F_i^{(n)}h^2/2m$ 计算在第 $n+1$ 步时所有粒子所处的空间位置 $\{r_i^{(n+1)}\}$。

(4) 计算在第 $n+1$ 步时所有粒子的速度：$\{v_i^{(n+1)} = v_i^{(n)} + h(F_i^{(n+1)} + F_i^{(n)})/2m\}$，动能和速度标度因子：$E_k = \frac{1}{2}\sum_i m(v_i^{(n+1)})^2$，$\beta = \left[\frac{(3N-4)kT}{\sum_i m(v_i^{(n+1)})^2}\right]^{1/2}$。

(5) 计算将速度 $\{v_i^{n+1}\}$ 乘以标度因子 β 的值,并让该值作为下一次计算时的第 $n+1$ 步粒子的速度：$\{v_i^{n+1}\beta\} \to \{v_i^{n+1}\}$。

(6) 返回到步骤(3),开始第 $n+2$ 步的模拟计算。

按照上面的步骤,对时间进行一步步的循环。待系统达到平衡后,则退出循环。这就是正则系综的 MD 模拟过程。

下面我们举一个微正则系综的分子动力学模拟的应用示例来看看模拟的结果[2]。

例 对一个总能量确定的单原子(氩)粒子系统的分子动力学模拟计算。

我们具体选取 256 个原子的模拟。粒子间的相互作用位势为 Lennard-Jones 势

$$V(r) = 4\varepsilon\left[\left(\frac{\sigma}{r}\right)^{12} - \left(\frac{\sigma}{r}\right)^6\right] \tag{6.4.12}$$

其中,$-\varepsilon$ 为位势的极小值(取 ε 为能量单位),其位置在 $r = 2^{1/6}\sigma$ 处。该体系的粒子限制在一个立方体的箱子中,边界上采用最小像力约定。我们采用自然单位制,长度和时间的标度单位分别为 σ 和 $(m\sigma^2/48\varepsilon)^{1/2}$(对氩原子该时间单位为 3×10^{-12} s),这样就使得运动方程为无量纲形式。模拟时我们考虑两个相图上的点：$(T^*,\rho^*) = (2.53,0.636),(0.722,0.83134)$,它们分别具有两种立方体的尺寸,即 $L=7.38$ 和 $L=6.75$。初始条件假定为：各个原子处于一个元胞立方格子的格点上,而速度按相应温度下的玻尔兹曼分布抽样取值。位势的截断取两个值 $r_c = 2.5$ 和 $r_c = 3.6$,用以比较其对模拟结果的影响。在执行平衡化过程中,调节粒子速度的标度因子为

$$\beta = \left[\frac{T^*(N-1)}{16\sum_i v_i^2}\right]^{1/2} \tag{6.4.13}$$

反复上面的速度调节,直到系统能量达到给定值。在这个例子中,平衡化过程用了1000步MD模拟。模拟结果列于表6.4.1中。表中的误差为标准误差。系统总动能的模拟演化过程由图6.4.1给出。实际上,图中显示出在数百步后动能就达到平衡了。图6.4.2则显示出位能的平衡化过程。系统总能量的平衡化过程则由图6.4.3表示,其平衡化是通过对粒子速度的调节跳跃式地达到的。图6.4.4为动能的分布图,模拟得到的平均速度为 $\bar{v}=0.3654$,而理论上该值应当是 $\bar{v}=1.13\sqrt{T^*/24}=0.3668$。这个结果已经是相当不错了,因为我们只对256个粒子的系统进行了模拟。而且速度大于平均速度的粒子数所占百分比与期望值46.7%也一致。表中的数据表明模拟结果与所选择的截断距离值变化并不灵敏。

表6.4.1　对256个粒子的氩原子系统进行1000步微正则系综MD模拟的结果

r_c	趋衡到 $T^*=2.53, \rho^*=0.636$		
	E_k^*	U^*	E
2.5	966.58±22.1	−864.78±22.4	101.79
3.6	972.15±22.6	−920.10±22.9	52.05
r_c	T^*	$\bar{v}$	$\bar{v}$ 以上%
2.5	2.53±0.06	0.3654±0.007	46.33
3.6	2.54±0.06	0.3667±0.007	46.71
2.5	279.13±9.57	−1421.98±20.15	−1142.92
3.6	275.11±9.72	−1496.45±21.61	−1221.38
r_c	T^*	$\bar{v}$	$\bar{v}$ 以上%
2.5	0.7297±0.025	0.1965±0.003	47.08
3.6	0.7192±0.025	0.1949±0.003	46.42

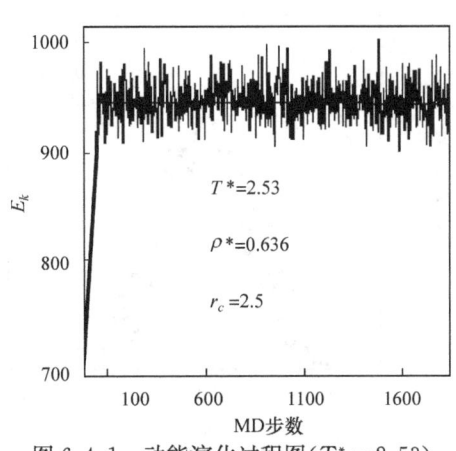

图6.4.1　动能演化过程图($T^*=2.53$)

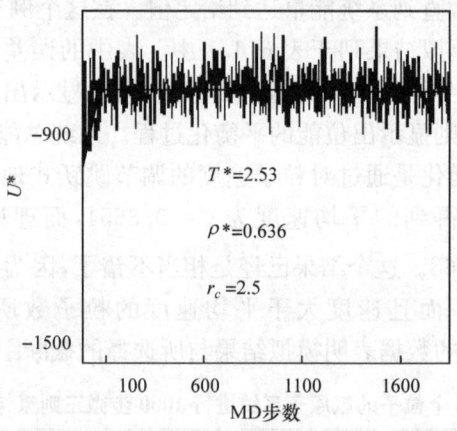

图 6.4.2　位能演化过程图($T^* = 2.53$)

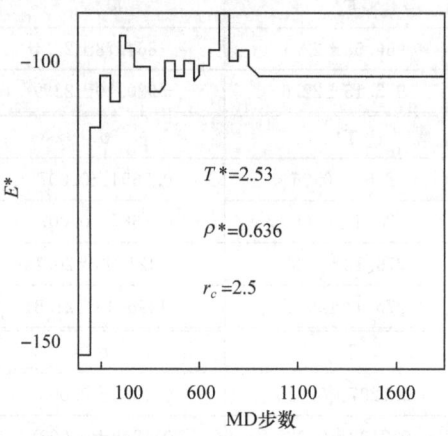

图 6.4.3　总能量演化过程图($T^* = 2.53$)

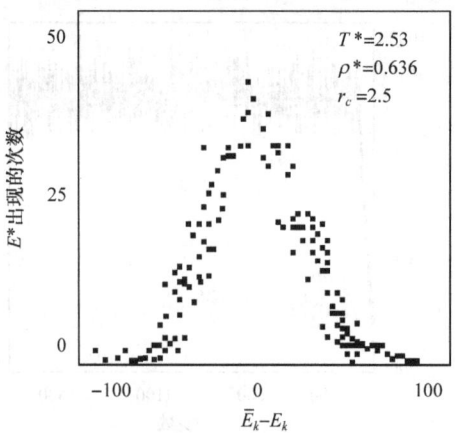

图 6.4.4　动能的分布图($T^* = 2.53$)

习 题

(1) 编写用 Verlet 速度算法求解三维分子运动方程的程序。
(2) 编写一个三维,元胞尺寸为 L^3 的周期边界条件计算程序。
(3) 试做总能量固定的单原子系统的分子动力学模拟。元胞为 $L_x=L_y=L_z=10$,划分为 $10\times 10\times 10$ 的正方形网格。元胞内原子数 $N=64$。原子质量 $m=1$。位势为 Lenard-Jones 势,其中 $\varepsilon=\sigma=1$,边界条件为周期性边界条件,初始位置是随机分布在正则节点上,初始速度为按 $[-1,1]$ 随机分布。分子动力学模拟步长取为 $\Delta t=0.02$,模拟 100~200 步后原子的速度分布和位置分布如何?
(4) 试做二维单原子系统的分子动力学模拟。系统温度 $T=0.85$ 保持固定,模拟参数及其他条件同上题。

参 考 文 献

1 L D Landau, E M Lifshitz. Statistical Physics, Vol. 5, 3rd ed. Oxford Pergamon, 1980, 42
2 [德]赫尔曼(Heermann D W)理论物理学中的计算机模拟方法. 秦克诚译,北京:北京大学出版社,1996

第七章 计算机代数

7.1 引　　言

早期计算机在物理学研究中的应用仅仅是在数值计算方面。我们在前面讲述的各种计算物理方法,包括蒙特卡罗方法实际上都是属于数值计算范畴。在这些计算中,被计算的对象都是数字。物理研究中的数值计算通常所采用的计算语言有:BASIC, FORTRAN, C, PASCAL, ALGOL 等这些传统的高级语言。然而应用最为广泛的要算 FORTRAN 和 C 语言。

在计算物理问题中,人们发现仅仅用数值计算语言是不能满足实际需要的。究其原因,主要有如下三个方面:

第一,在物理学研究中大量需要进行数学处理的对象是诸如代数多项式、有理多项式、幂级数等等的符号公式,因此公式、符号的代数运算具有特别重要的地位和作用。而这些计算是用计算机的数值计算方法无法解决的。此外,符号、公式的运算结果往往比数值计算的结果更精确,更能反映出结果中的物理内涵。例如,在粒子物理过程的高阶量子场论计算时,常常会遇到相空间的多重积分问题,如果我们完全用数值计算,要想达到一定的精度往往需要很多的计算机机时,最后得到的也只是一些数据或图表。然而,如果能将此多重积分以解析的形式求出,则这个结果无论从精度或者从便于物理分析的角度来看都优于前者。当然,多重积分在很多情况下是不能够解析求出结果的。但是,即使事先只能对某些积分变量部分解析积出,仅对剩下的部分被积变量用数值计算求出时,也还可以节省大量的计算机机时。因此,利用符号运算或至少是利用将符号运算与数值计算结合起来的计算物理技术,比仅仅用数值运算更加精确和有效。

第二,在某些情况下,采用数值计算方法会出现数学上处于病态的步骤,而使计算出的结果没有意义。但是如果能将这些不能用数值运算的部分解析地计算出来,则可以得到有意义的结果。例如,某些积分的数值计算会在积分限附近出现奇异性,即使用高精度的数值计算来积分也仍然是很困难的。但是直接采用解析方法积分则不存在这种困难。

第三,在物理学的许多研究领域内,需要进行大量冗长复杂的手工代数公式推导。这样的运算工作量大,又极易出错。人们也希望能用计算机将这些计算问题迅速而准确地求出,以便把物理学家从繁重的手工劳动中解放出来,并使人们的数学天赋通过计算机的公式推导而得到延伸。

实际上,大多数人对计算机代数的处理过程应当并不完全陌生,往往都有一些体验。例如,我们在计算机上编辑一个文件,假如该文件中有 5 个地方有字符串($a+b$),而我们打算将所有的($a+b$)都换成 c。这个在编辑文件时常常遇到的操作,就是定义 $c=(a+b)$,并作这样的代换。当我们作这样的计算机操作时,我们就已经作了符号处理。实质上整个符号处理的研究领域都是建立在类似符号"A"由"B"来代换,这样的运算基础之上。对符号的所有运算都与上述的代换操作相关。

表面上来看,数值计算语言应当与计算机代数语言是本质上迥然不同的两种语言。其实,两者在本质上是完全一致的。这是因为目前我们使用的计算机仍然是一种二进制的数字计算处理机。文字、字符或符号都只能通过二进制编码才能用计算机进行处理。由于这种本质联系,所有的数值算法语言经过改造加工以后,都可以发展为计算机代数语言,或者说可以具有非数值处理功能。当然如果人类发明出一种新式计算机,它从根本上能直接处理文字或符号的话,那么这种符号到二进制编码的转换就无必要了,而可以直接进行符号处理了。但是时至今日,我们尚未看到出现这种新式计算机的迹象。

所谓符号代数处理系统实际上是指硬件和软件的综合。目前可供使用的符号代数系统相当多,我们不可能逐个给出介绍。但是对物理工作者来说,常用的一些计算机代数系统可以列举如下:

(1) MACSYMA 它是用 LISP 语言的一种功能很强的方言 Franz Lisp 写成的。MACSYMA 是由美国麻省理工学院(MIT)的数学实验室课题组(Mathlab Group)负责研制的。它是一个通用的计算机代数系统。

(2) REDUCE 它是由赫恩(A. C. Hearn)设计的。该语言是用 LISP 语言的变种 SLISP(standard LISP)写成的,是一个通用的代数处理系统,具有相当广泛的基本代数处理功能,并能处理高能物理的计算问题。

(3) Mathematica 该系统是美国 Wolfram 公司开发的一个功能强大的计算机通用数学系统。其基本系统主要是用 C 语言开发的,因此可以比较容易地移植到各种计算机和运行环境上。它是当前运用十分广泛的符号代数处理系统。

(4) Maple 这是一个商业产品。其优点是使用图形用户界面并支持一些复杂运算,如:因式分解、积分或求和。缺点是 Maple 不适用于处理大量数据。

(5) GiNaC 这是用 C++ 的符号计算库。它的主要特征是具备以面向对象的方式实现用户自己的算法的能力。它能处理大量数据,在基准测试下,其运算速度可与下面的 FORM 相当。

(6) SCHOONSCHIP 这是很著名的粒子物理研究用的计算机代数系统。它也能做一般的代数运算,是目前为止运行速度最快的系统。该程序是用 CDC 型 60 位计算机和 6800 系列计算机的汇编语言写成的,因而大大限制了它适用的机型。

(7) FORM 优点是运算速度高和具有处理大量数据的能力。它被广泛运用于高能物理和涉及大型中间表达式处理的程序。人们普遍认为它是 SCHOONSCHIP 系统的后继程序。

其他还有 MathWork 公司的 Matlab,MathSoft 公司的 Mathcad 等。

计算机代数系统可以做到在符号处理和代数计算过程中不出错误。它们还提供了内部的一系列基础数学算法,因而可以方便用户在此基础上实现他们自己处理特殊问题的算法。目前所有的计算机代数系统可以划分为两大类:通用计算机代数系统和专用计算机代数系统。①通用系统的程序发展重点是要包含丰富的指令和内部数学知识库。它所能处理的问题都是相当标准的,相对不很大的代数运算。所用的算法也必须是最通用的,因而在计算上往往采用"硬算"的方法来解题。当然这对计算机来说是很合适的计算办法。通常这些系统都具有处理数据、代数运算、解方程以及二维或三维绘图等功能。发展这些系统最初的动机是要尽量包括所有的数学程序库,并方便地用来解决数学问题。前面介绍的(1)~(5)种计算机代数系统就是属于这一类型。②专用系统提供了在某个领域内进行符号代数运算的知识库。它的程序发展重点是强调计算速度,程序的运行不应当受缓冲区大小等的束缚,原则上还应当没有计算问题复杂性的限制。用户使用该系统时必须考虑如何利用自己的聪明才智,找出合适的算法和技巧,更好地来解决他的计算问题。在粒子物理研究中,常用的 SCHOONSCHIP,FORM 便属于这一类型。在实际工作中,人们可以利用通用系统来做一般的数学和物理工作(也可以在此系统的基础上发展出专业领域的专家知识库来进行专业领域的工作),而用例如 SCHOONSCHIP,FORM 系统来做更为特殊、专门领域中的一些工作。

回顾计算机代数系统的发展历史,最早的计算机代数系统出现可以追溯到 20 世纪 60 年代。第一个系统几乎完全是基于 LISP 表处理语言。LISP 是一种解释语言,正如它的名字所表现的含义,它是用来处理表链的,它对于早期符号计算程序的重要性,就好比同一时期处理数值计算的程序 FORTRAN 系统。在这个阶段,REDUCE 程序对高能物理已经表现出一些特殊的用途。和基于 LISP 的程序有较大不同的是 SCHOONSCHIP,它是 M. Veltman 用汇编语言写的,专门应用于粒子物理领域。汇编代码的应用导致了难以置信的高速计算程序(相对于最初的解释代码),从而使计算更复杂的高能物理散射过程成为可能。由于人们逐渐认识到这个程序的重要性,1998 年 M. Veltman 因此获得了诺贝尔物理奖。同时值得一提的是基于 Franz LISP 的 MACSYMA 系统,它引发了算法的重要发展。从 1980 年以来,新的计算机代数系统开始采用 C 语言编写。这样的系统与解释语言 LISP 相比,能够更好的利用计算机资源,并能保持程序的可移植性,而这正是解释语言所做不到的。这个时期还出现了最早的商业计算机代数系统,其中 Mathematica 和 Maple 最为著名。另外,少量的专用程序也出现了,J. Vermaseren 编写的 FORM 就是一个用于粒子物理研究的程序。它是可移植的，并认为是 SCHOONSCHIP 系统的后继程序。近几年，有关大型程序可维护性的问题变得越来越重要，全部的设计范例都由过程设计变到了面向对象设计。反映在编程语言上从 C 变到 C++。这样 GiNaC 库随之发展起来，它支持 C++ 环境下的符号计算。今天的计算机代数系统已经具备了与外部程序交流的能力，即外部的数值计算程序，文字和图形处理程序，以及与其他计算机代数系统链接的能力。

7.2 粒子物理中的计算机代数

在粒子物理领域，人们非常成功地用量子规范场理论来描述基本粒子的电磁作用和强相互作用。这些理论的量子特性也表现在其微扰计算中存在最低阶贡献以外的量子修正。费曼 (R. Feynman) 最早引进了费曼图和费曼规则的概念，针对微扰计算，提出了非常漂亮的系统方法。按照他的这个方法，截面或衰变率等物理可观测量的计算可以用费曼图非常简洁地表达出来。人们可以按照它们的几何拓扑结构对这些图进行分类，从而允许对复杂计算进行组织。对高阶费曼图的计算(也叫做圈图的计算)是一个技术上十分复杂，而又讲究算法的代数运算和数值计算的过程。但是，在粒子物理模型中，树图阶以上的计算往往很快就变得十分冗长，并且十分容易出错。因此人们做出了极大的努力，利用计算机代数系统使微扰计算步骤自动化。

目前计算机代数系统已经成为粒子物理精确计算不可缺少的工具。掌握好计算机代数系统的基础知识将使我们更有效地开发该系统。事实上，今天如果没有计算机代数系统，我们就根本无法进行许多曾经对基本粒子物理做出过精确预言的著名计算。在过去的十几年里，量子理论的计算机计算已经经历了巨大飞跃，而导致这个突破的正是计算机代数系统的算法，它使计算多重标度的高圈幅度成为可能。

粒子物理是应用计算机代数的一个重要领域，它充分发挥了计算机代数系统的潜力。这又反过来促进了计算机代数系统的发展。实际上许多计算机代数系统就是来源于高能物理的研究需求，SCHOONSCHIP 是最早的功能强大的量子场论计算程序之一。其他目前比较著名的计算机代数系统有 REDUCE，Mathematica，FORM 和 GiNaC。它们仅仅是众多计算机代数系统中在高能物理中应用比较广泛的一部分。实践中，选择合适的计算机代数系统要根据实际工作的需要。

采用计算机代数系统来计算的复杂量子场论问题可以分为两类：第一类问题是仅仅只需要系统的基本支持的计算。例如，我们要处理的问题，可以分解成很多不同的项，而每一项都能独立于其他项被分别处理。这类问题的复杂性主要来源于项的数目可能变得很大。在这种情况下，就要求计算机代数系统能够记录和处理大量数据。实际上,大部分高能物理的问题都属于这一类。例如,在一个包含有几个三胶子相互作用顶点的树图过程计算就存在这样的问题。我们知道,三胶子顶点相互作用的费曼规则为

$$= gf^{abc}\left[g^{\nu\lambda}(k_3-k_2)^\mu + g^{\lambda\mu}(k_1-k_3)^\nu + g^{\mu\nu}(k_2-k_1)^\lambda\right]$$

(7.2.1)

如果将顶点展开为六项,就很容易使不变幅度计算的中间表达式变得很长。第二类问题则需要更为复杂的计算方法。它们既可以采用标准化的非局部操作(如因式分解,它已经在一定程度上被计算机代数系统所解决);也可以采用针对特定问题的计算算法,如采用由用户发展起来的专用算法。这里,用计算机代数系统的编程语言去构造抽象的数学概念的能力是问题的关键。当然,这两种复杂因素可能同时发生。例如,既需要实现专门的算法,又需要处理大量数据的情况。量子场论的高圈量子修正计算就属于这一类。下面我们介绍有关粒子物理研究中微扰计算的计算机代数算法,内容包括:所有有贡献的费曼图的产生和计算,洛伦兹指标收缩和狄拉克代数计算,单圈张量圈积分到标量圈积分的化简,最后介绍著名的量子修正计算的计算机代数程序[1]。

1. 图形产生

在量子场论的微扰计算过程中,首先要做的工作就是要确定所有与计算过程相关的费曼图。这对于费曼图较少的过程而言,手工不遗漏地绘出所有相关的费曼图还可以是一个能够做到的事情。然而当过程涉及几百个甚至更多的费曼图时,特别是涉及高阶的微扰计算时,就必须依靠计算机代数系统,按照一个系统的处理步骤产生出完全的费曼图。

Thomas Hahn 等开发了一个能够有效地产生相关费曼图的算法,并通过 FeynArts[2] 程序包得以实现。该程序首先采用递归算法产生了所有的相关拓扑结构。其拓扑是指一组传播子线将一组作用顶点连接的构造,即点和连接点的线的集合。FeynArts 程序所产生的拓扑是相连接的拓扑,即拓扑结构中的任何一部分至少通过一个传播子与其余部分连接。程序运行到第二步时,外线被外部粒子标记,而内线和内部结点则被所有与费曼规则相容的传播函数和相互作用顶点代替。在此阶段,还利用图形的对称特性来避免产生多个等价的费曼图,并确定其对称因子。

以 FeynArts 程序包为例:使用时,首先加载该程序包:

≪FeynArts.m(或者把该指令加到 Mathematica 工作目录的 init.m 文件中。)

一旦用户给定初、末态粒子,微扰计算的阶数,适当的模型,利用 FeynArts 就可以得到非零贡献的费曼图。用如下函数的操作指令就可以得到费曼图[2]:

(1) $CreateTopologies[l,e]$ 产生 l 圈 e 个外腿的拓扑。

(2) $InsertFields[top, ext, Model -> \{mod1, mod2, \cdots\}]$ 将 mod1, mod2, ⋯ 模型中的场加到外腿数为 ext 的拓扑 top 中去。

(3) $Paint[expr]$ 在屏幕上画出 $InsertFields$ 输出 expr 的费曼图形。

2. 费曼幅度和指标收缩计算

在产生所有费曼图形以后,计算机代数系统的程序包还可以进一步利用费曼规则将费曼图形转换成为不变振幅的数学表达式。例如,FeynArts 程序包中,采用函数 $CreateFeynAmp[expr]$ 就可以对 $InsertFields$ 输出 expr 的一组费曼图产生对应的解析幅度。

这个图形与幅度的转换过程,是按照费曼图图形技术中所对应的规则进行的:外线对应自由波函数,内线对应着传播函数,顶点对应相互作用顶点。作为费曼规则的一个例子我们给出协变规范中的胶子传播函数的规则和夸克-胶子作用顶点的规则

$$\text{〜〜〜} = \frac{-\mathrm{i}}{k^2}\left(g_{\mu\nu} - (1-\xi)\frac{k_\mu k_\nu}{k^2}\right)\delta_{ab}$$

$$\text{〜〜}\!\!\!\!\!\blacktriangleleft = \mathrm{i}g\gamma^\mu T^a_{ij} \qquad (7.2.2)$$

由上面的费曼规则得到的不变振幅的表达式中包含了重复指标求和。例如,洛伦兹指标的收缩可以通过不断运用以下几个规则来实现

$$g_{\mu\rho}g^{\rho\sigma} = g_\mu^\sigma, \qquad g_{\mu\nu}p^\nu = p_\mu, \qquad g_{\mu\nu}\gamma^\nu = \gamma_\mu, \qquad g_\mu^\mu = D$$
$$p_\mu q^\mu = pq, \qquad p_\mu\gamma^\mu = \not{p}, \qquad \gamma_\mu\gamma^\mu = D \qquad (7.2.3)$$

如果要对一串狄拉克(Dirac)矩阵乘积的重复指标收缩(例如 $\gamma_\mu\gamma_\nu\gamma^\mu$),我们可以先用狄拉克矩阵的反对易关系 $\{\gamma_\mu, \gamma_\nu\} = 2g_{\mu\nu}$,使两个狄拉克矩阵用同一个指标,然后再用公式(7.2.3)化简。在振幅平方的计算中,一般总会有狄拉克矩阵的求阵迹计算,由于涉及 γ 矩阵指标的阵迹运算需要从 0 到 3 求和,因而计算也相当麻烦。但是由于结果是相对论性不变量,所以人们很少有必要去研究公式中各个矢量的分量,而只需研究这些矢量的标积。这样计算就没有原来那么复杂了。原则上这个计算方法是很明确的:奇数个狄拉克矩阵的阵迹是零;Tr1=4;偶数(2n)个 γ 矩阵的乘积的阵迹计算可以用公式

$$\mathrm{Tr}\,\gamma_{\mu_1}\gamma_{\mu_2}\cdots\gamma_{\mu_{2n}} = g_{\mu_1\mu_2}\mathrm{Tr}\,\gamma_{\mu_3}\cdots\gamma_{\mu_{2n}} - g_{\mu_1\mu_3}\mathrm{Tr}\,\gamma_{\mu_2}\gamma_{\mu_4}\cdots\gamma_{\mu_{2n}}$$
$$+ \cdots + g_{\mu_1\mu_{2n}}\mathrm{Tr}\,\gamma_{\mu_2}\cdots\gamma_{\mu_{2n-1}} \qquad (7.2.4)$$

将$(2n)$个γ矩阵的乘积的阵迹计算转变为对$(2n-2)$的γ矩阵的乘积求阵迹。理论上反复运用公式(7.2.4),$(2n)$个狄拉克矩阵的阵迹会产生$(2n-1)(2n-3)\cdots 3\cdot 1=(2n-1)!!$项。这个数目随$n$增加而指数增长。如果在指标$\mu_1,\cdots,\mu_{2n}$之间没有别的关系,则这实际上就是$(2n)$个$\gamma$矩阵的乘积的阵迹最后结果的项数。

如果在计算中出现γ_5矩阵,就会稍稍麻烦些。在维数正规化中,这要求对γ_5有一致的定义。一种定义是′t Hooft-Veltman 方案。它将γ_5取为一个一般的四维矩阵。这样就必须区分四维和$D=4-2\varepsilon$维的量。在这个方案中,D假定为大于4。进一步假定四维子空间和(-2ε)维数子空间是正交的。计算中需要将所有的量分为一个四维部分(用波浪符号$\sim$表示)和一个(-2ε)维部分(用帽子符号$\wedge$表示)

$$g_{\mu\nu} = \tilde{g}_{\mu\nu} + \hat{g}_{\mu\nu}, \qquad \gamma_\mu = \tilde{\gamma}_\mu + \hat{\gamma}_\mu \tag{7.2.5}$$

这些量满足以下关系

$$\tilde{g}_\mu{}^\mu = 4, \qquad \hat{g}_\mu{}^\mu = -2\varepsilon, \qquad \tilde{g}_{\mu\nu}\hat{g}^{\nu\varphi} = 0 \tag{7.2.6}$$

那么γ_5就可以定义为一般的四维对象

$$\gamma_5 = \frac{i}{4!}\varepsilon_{\alpha\beta\gamma\delta}\tilde{\gamma}^\alpha\tilde{\gamma}^\beta\tilde{\gamma}^\gamma\tilde{\gamma}^\delta \tag{7.2.7}$$

结果,γ_5与四维狄拉克矩阵反对易,但与剩余的部分对易

$$\{\gamma_5, \tilde{\gamma}_\mu\} = 0, \qquad [\gamma_5, \hat{\gamma}_\mu] = 0 \tag{7.2.8}$$

FORM 程序[3]是处理费曼幅度化简、洛伦兹指标收缩和γ矩阵阵迹的最好工具之一。运用′t Hooft-Veltman 方案对狄拉克代数的计算在 TRACER 程序[4]中得以实现。

3. 单圈积分函数计算和 Passarino-Veltman 化简

对于一圈标量和张量积分函数的计算,Passarino 和 Veltman 已经首先给出了它们系统的算法[5]。其计算的基本思想就是将张量积分计算化解为标量积分函数的计算,而标量积分函数最终化为 Spence 函数的计算。我们现在介绍张量圈积分化简(例如,圈内动量出现在分子上的积分)到一个标量圈积分的集合(例如,分子与圈动量无关的积分)。以下面的三点积分计算为例

$$I_3^{\mu\nu} = \int \frac{\mathrm{d}^D k}{\mathrm{i}\pi^{D/2}} \frac{k^\mu k^\nu}{k^2(k-p_1)^2(k-p_1-p_2)^2} \tag{7.2.9}$$

其中,p_1和p_2表示外线动量。Passarino 和 Veltman 采用将$I_3^{\mu\nu}$写成最一般的形式,即用形状因子乘以外部动量和(或)度规张量表示的形式。在以上的例子里,我们将该张量积分写为

$$I_3^{\mu\nu} = p_1^\mu p_1^\nu C_{21} + p_2^\mu p_2^\nu C_{22} + \{p_1^\mu, p_2^\nu\} C_{23} + g^{\mu\nu} C_{24} \tag{7.2.10}$$

这里，$\{p_1^\mu, p_2^\nu\} = p_1^\mu p_2^\nu + p_2^\mu p_1^\nu$。然后通过方程两边与外部动量 $p_1^\mu p_2^\nu, p_2^\mu p_1^\nu$，$\{p_1^\mu, p_2^\nu\}$ 和度规张量 $g^{\mu\nu}$ 收缩，来解出形状因子 C_{21}, C_{22}, C_{23} 和 C_{24}。左边的结果是按照传播子重写成圈动量 k^μ 与外部动量之间的标量乘积的形式，例如

$$2p_1 \cdot k = k^2 - (k-p_1)^2 + p_1^2 \tag{7.2.11}$$

右边的前两项消去了传播子，而最后一项根本与圈动量无关。接着，就是对由式 (7.2.10)得到线性方程求解形状因子 C_{2i}。在这一步，我们会遇到计算 Gram 行列式

$$\Delta_3 = 4 \begin{vmatrix} p_1^2 & p_1 \cdot p_2 \\ p_1 \cdot p_2 & p_2^2 \end{vmatrix} \tag{7.2.12}$$

这个算法的缺点就出现在对这个行列式的计算上面。如果在一个 p_1 和 p_2 共线的相空间域中，Gram 行列式趋向于零，这时形状因子就会取很大的值，在它们之间可能出现大数相消，这就使得建立一个自动计算张量圈积分的、稳定的数值计算程序变得十分困难。目前已经有对 Passarino-Veltman 算法的改进的方法，这在很大程度上避免了 Gram 行列式出现。基于旋量方法的改进算法可以参考文献[6]。

近年来出现了解析或数值计算一圈图的一点、二点、三点、四点甚至五点积分函数的程序包。LoopTools[7] 就是这样一个计算标量和张量单圈积分的程序包。由于多点单圈图的动量积分具有可以最终归结为 Spence 函数计算的共性，因而这样的积分是可以用计算机代数系统来解决复杂计算的困难。然而二圈以上的动量积分计算就不再具有这一共性，不具备统一的算法，因此用计算机代数系统来解决复杂计算还存在困难。当然，原则上所有高圈图的积分，只要有解析结果，都是可以用计算机代数系统解出来。目前这方面的工作还在进行之中。当前二圈以上圈图积分运算主要依靠数值计算方法。这样的数值与非数值计算交替使用是计算机在粒子物理和核物理领域应用的特点。

4. 高阶量子修正计算的计算机代数程序

目前比较著名的，用于高阶电弱和 QCD 理论微扰计算，基于计算机代数的程序包有以下四组[8]。每组中的不同程序包大都有相同的语法，它们还可以链接起来使用。

(1) FeynArts[2]，FeynCalc[10]，FormCalc[11]，LoopTools[7]，TwoCalc[12] 和 s2lse[13]。

FeynArts, FeynCalc, FormCalc 和 TwoCalc 这四个程序包是由 Mathematica 语言写成的，FormCalc 程序包中部分是由 FORM 写成。FeynArts 是对某个过程，产生在某阶下有贡献的所有费曼幅度的程序包，该幅度是以 Mathematica 格式输出，程序还可以绘出对应的费曼图。FeynArts 程序不但产生在给定阶数下，未

重整化的费曼图，而且还给出同阶的抵消项贡献和重整化所需的抵消项图。FeynArts 程序包中还包括标准模型(SM)，双 Higgs 二重态模型(THDM)，最小超对称模型下的电、弱和强相互作用的模型文件(含费曼规则)。FeynCalc 和 FormCalc 程序包使用与 FeynArts 相同的语法，可以用高度自动化计算的方式解析计算具有单圈、三到五条外腿的费曼图幅度平方。FormCalc 程序内部包括与 FORM 的接口，以便在耗时、耗内存的计算部分使用。在 LoopTools 程序中包括了单圈的标量、张量积分的数值计算子程序，FormCalc 程序还可以直接与它链接使用。LoopTools 程序包是基于 FF 程序包发展的，并提供了 FORTRAN 和 C++ 程序库。TwoCalc 程序包是计算张量两点积分函数的程序包。它可以用来自动推导任意质量、动量和规范参数的两圈自能函数。它还可以直接与 s2lse 链接使用，s2lse 是用 C++ 写成的程序包，它可以快速进行高精度的两圈、两点积分函数的数值计算。

(2) GEFICOM[14]，QGRAF[15]，MATAD[16] 和 MINCER[17]。

GEFICOM，QGRAF，MATAD 和 MINCER 主要用于物理观测量的 QCD 和 QCD 修正的计算。GEFICOM 相当于主程序的角色，它调用其他的程序包。它含有 Mathematica 和 FORTRAN 子程序，也包括脚本语言 AWK 和 PERL 的子程序。FORTRAN 程序 QGRAF 能有效地产生费曼图。它输出的费曼图采用符号编码。由于运算速度高，QGRAF 对包含非常多的图($\sim 10^4$)特别有用。GEFICOM 用来进行费曼图计算，得到结果中的积分函数用 MINCER 和 MATAD 程序计算。MINCER 程序对所有内外线粒子为无质量，且仅仅一个外线动量非零的情况可以算到三圈阶积分函数。早期的 MINCER 是用 SCHOONSCHIP 写成，现在的版本是用 FORM 写的。MATAD 是设计来计算只有一个质量标度的(即它们的传播子要么无质量，要么都有同样的质量)，高达三圈的真空积分。

(3) DIANA[18]，QGRAF[15] 和 ON-SHELL2[19]。

DIANA 是 C 语言程序，它被设计为高阶量子场论计算的主程序。在作特定运算时需调用必要的子程序。如果用户事先定义好相关的拓扑，DIANA 能够读进 QGRAF 程序的输出，绘出相应费曼图形。在计算费曼图时，要调用 FORM 程序，例如调用 ONSHELL2 计算单标度的两圈、两点函数(限于只有一个非零质量的内线和外线动量在相同质壳上的情况)。

(4) xloops[20] 和 GiNaC[21]。

xloops 是个 Maple 程序包，用于计算标准模型中某些电弱单圈和两圈图。它需要调用数值计算圈图积分的 C++ 子程序。将来计划在 GiNaC 程序包基础上发展 xloops 的符号计算部分。GiNaC 是用 C++ 语言特别设计的一个系统。

现代计算机代数程序的应用已经不只是局限在量子场论计算的某一部分中的应用。正如前面所列举的高阶精确计算程序包表明：计算机代数系统与其余程序部分间的有效交流是极为重要的。这些外部程序可能是数值计算、文字处理、数据库、专家库类型的程序包,也可能是特别适合问题的某一部分计算的计算机代数系统。将来为了方便这种交流,人们会更多地强调对程序集成的某种程度的标准化,以及要求具备不同系统间传递数据的功能。

7.3 Mathematica 语言编程

Mathematica 是美国 Wolfram 研究公司开发的功能强大的计算机符号处理系统。它是集符号代数运算、任意精度的数值计算和图形显示功能于一身的集成化系统。Mathematica 系统还是一个功能较强的程序设计语言,因而它的程序功能也很容易扩充。它的基本系统主要是由 C 语言编写的,因而比较容易移植到各种计算机和运行环境上。例如,在 SUN 工作站、DEC 工作站、IBM R-600 和 SGI 工作站上都可以运行该系统。在微机上可以用 MS-DOS 和 MS-Window 下的 Mathematica 版本。

Mathematica 系统可以在交互式的状态下运行。人们可以将它作为一个高级计算器,通过用户与系统之间信息和数据的交流完成计算工作;也可以用批处理的方式运行较大型的程序和程序包。作为一种计算机语言,它对于各种数、变量、函数、代数表达式和语句都有比较严格的要求和规定。有关 Mathematica 系统的这些表示规则,可以参考文献[22],[23]及附录 D。本节将仅介绍利用 Mathematica 语言编程的基本知识。

对于一个复杂的计算过程,用户需要知道在程序设计中如何运用 Mathematica 的语言规则来构架计算的控制结构,运算规则的定义,以及在需要时如何将常用的函数和过程做成程序包。

1. 过程

Mathematica 系统中以不同参量重复使用一个取了名字的语句,或者为一个算符定义完整的计算过程,这都是很有用的做法。Mathematica 系统的"过程"就是起这种作用的,它是程序中的基本结构之一。它的作用与数值计算中的 FORTRAN 语言中的子程序(Function 和 Subroutine)相似。过程一般采用模块(Module)的结构:

Module[{〈局部变量名表〉},表达式 1;表达式 2;…;表达式 n]

在 Module 中的{〈局部变量名表〉}是用于说明零个或多个局部变量。在这个变量表中的局部变量,仅仅在 Module 结构内部被操作而不会影响结构外的同名变量。Module 中表达式位置是用一系列用分号分隔开来的复合表达式。在运行时,程序顺序执行各个表达式,而最后一个表达式则给出整个复合表达式的结果。

利用 Module 可以定义一个函数(规则),其一般形式为:
〈函数名〉[〈变量名表〉]:=Module[{〈局部变量名表〉},表达式1;
表达式2;…;表达式n]
〈变量名表〉是调用过程计算时必须输入的参量。例如:
unit[x_, y_, z_]:= Module[{len}, len = Sqrt[x^2 + y^2 + z^2];
N[{x/len, y/len, z/len}]]

在上面定义的函数 unit 中,有三个宗量,分别表示一个三维矢量在 x, y, z 坐标轴上的三个分量大小。局部变量 len 为该三维矢量的长度。当使用模块时,第一个表达式给出该局部变量的值或表示式。模块运行最后返回第二个表达式给出的结果。表内列出该归一化后的矢量在 x, y, z 三个坐标轴上的投影长度。

在数学运算中,有时要求变量在模块中是全局变量,而变量值有时是局部的。Block 的结构正可以满足这种要求。其一般形式为:

Block[{〈局部变量名表〉},表达式1;表达式2;…;表达式 n]

Block 中的表示与 Module 中的完全一致。但是进入 Block 时,局部变量名表中已说明的变量的当前值实际上被压进一个栈;当这个 Block 终止时,变量的原始值又再从栈中恢复。对一般用户大都使用 Module 结构,因为 Module 的内部结构优于 Block。但是在 Mathematica 1.2 版本中只有 Block 结构,而没有 Module 结构。只有在 Mathematica 2.0 以上版本中才有 Module 结构。

2. 控制选择

在编程中往往不能简单地将 Mathematica 语言中的功能性指令结合到一块来进行复杂计算。为此 Mathematica 系统提供了一套描述计算工作如何进行的语言结构,以表述如何控制计算工作的顺序进行。这些语言结构包括顺序、条件、循环、非正常和非局部的控制转移等等控制结构。

(1) 顺序控制

Mathematica 系统中的顺序控制结构是在若干个子表达式之间以分号分隔的复合表达式。其结尾一般应当没有分号。如果用户在结尾加上分号,则系统自动地在该复合表达式的结尾加上一个 Null。当然对 Null 计算得到的结果就是它自己。如同在 Module 或 Block 中由 n 个表达式构成复合表达式的情况一样,整个复合表达式计算出来的结果应当是顺序计算每个子表达式后,由最后一个表达式得到的值作为复合表达式计算所得的值。而在中间的子表达式计算出的值并不直接显示。

(2) 条件控制

Mathematica 系统提供了三种描写条件分支的语言结构。这种条件分支结构功能应当是一般计算机语言所应当具备的。这样程序才能判断在满足不同的条件情况下应当做什么样的不同计算。

If 语言结构。If 结构与其他程序设计语言的条件控制语句结构相似。它是由 If 语句中的逻辑判断表达式的计算结果来决定程序执行的走向。If 语句有三种表述形式：

$$\text{If}[逻辑表达式,表达式]$$

只有当逻辑表达式的计算值为 True 时，对宗量中的表达式求值，将它的值作为整个结构的值。当逻辑表达式的值为 False 和"非 True 非 False"时（通常是无法判定时），结果为 Null。

$$\text{If}[逻辑表达式,表达式 1,表达式 2]$$

当逻辑表达式的计算值为 True 时，将表达式 1 的计算值作为整个结构的值；当逻辑表达式的计算值为 False 时，将表达式 2 的值作为该语句的值。

$$\text{If}[逻辑表达式,表达式 1,表达式 2,表达式 3]$$

当逻辑表达式的计算值为 True 时，将表达式 1 的计算值作为整个结构的值；当逻辑表达式的计算值为 False 时，将表达式 2 的值作为该语句的值；当逻辑表达式的值为"非 True 非 False"时，将表达式 3 的值作为该语句的值。含有 If 语句的表达式在编程中十分有用。采用它可以构成很复杂的变量间的依赖关系。例如：

$$f[x\_]:=\text{If}[(x>0)\ ||\ (x==0),\ N[\text{Sqrt}[x]],\ \text{Print}["x\ is\ negative."],$$
$$\text{Print}["x\ is\ not\ numerical."]]$$

这里，应用 If 语句定义函数 $f[x]$。当 x 为大于或者等于零的数时，函数调用值为对 x 开方后所得的值；若 x 为小于零的数，则显示"x is negative."；若 x 没有赋值，则显示"x is not numerical."。

Which 语句结构。它的一般形式为：

$$\text{Which}[条件 1,表达式 1,条件 2,表达式 2,\cdots,\ 条件 n,表达式 n]$$

运行该语句时，依次计算每一个条件的值，当计算第一个求出值为 True 的条件时，求该条件对应的表达式值为整个结构的值。若所有条件都得到 False 值，则结构的值为 Null。如果有一个条件不能求出逻辑值，则与 If 语句类似，整个结构以未求值的形式为结果。示例：

$$\text{Which}[\ 2==3,x,3==3,y\ ]$$

其结果为 y。这是由于条件 2==3 的结果为 False，而条件 3==3 的结果为 True。

Switch 语句结构。它的一般形式为：

$$\text{Switch}[判别表达式,模式 1,表达式 1,模式 2,表达式 2,\cdots,\ 模式 n,表达式 n]$$

首先求判别表达式，将结果顺序与模式 1，模式 2，……进行比较，遇到第一个与判别表达式匹配的模式时，其对应的表达式的值为整个结构的值。如果没有与判别表达式匹配的模式，则整个语句的结果为 Null。示例：

$$i=1$$
$$\text{Switch}[i\char`\^2,0,x,1,y,2,z]$$

最后结果为 y。

(3) 循环控制

在程序中往往需要重复地做一些类似的计算来完成一些计算任务。例如，对一组同一物理量的测量数据的逐个计算处理。在各种程序设计语言中均提供了重复执行的循环控制语句。在 Mathematica 中提供了三种循环语句：

Do 语句结构。其一般形式为：

$$\text{Do[表达式,\{循环描述\}]}$$

其中，循环计算的表达式由一个或多个子表达式组成，子表达式间用分号来分隔。循环描述给出循环的范围和次数，表述形式可以为 {j=n0,n1,n2},{j=n0,n1} 和 {n0}。第一种形式表示循环变量 j 从 n0 到 n1，每次增加步长为 n2；第二种表示的步长为 1，可省略不写；第三种表示对表达式循环计算 n0 次。例如：

$$\text{Do[Print[2\textasciicircum i],\{i,1,5\}]}$$

该指令的结果是循环打印出 2^i，($i=1,2,3,4,5$) 的值 2,4,8,16,32。

For 语句结构。它的一般形式为：

$$\text{For[初始表达式,条件,步进表达式,循环表达式]}$$

在调用 For 的循环结构时，首先求初始表达式的值，然后进入循环；依次求条件，步进表达式，循环表达式的值，每次循环计算的循环表达式的值即为该循环结构的值。当对条件求值不能得到 True 时，立即结束整个 For 结构，最后结果的值为 Null。例如：

$$\text{For[i=0,i<=10,++1,Print[i]]}$$

该指令开始置 i 的值为零，在满足 $i\leqslant 10$ 的条件下，循环打印出 i 的值，每次打印后将 i 的值再加上 1。即得到打印出的 i 值为 0,1,2,3,4,5,6,7,8,9,10。

While 语句结构。它的一般形式为：

$$\text{While[条件,循环表达式]}$$

运行该循环结构，当对条件求值为 True 时，计算循环表达式的值；然后返回求条件的值和循环表达式的值，直到条件的值为 False 时循环停止。当条件为非 True 或非 False 时，该结构不作任何反应。例如：

$$i=0$$
$$\text{While[i<=10,Print[i];i++]}$$

这两个指令最后的结果与上面 For 指令的例子相同。

(4) 程序包结构

一般的程序包具有如下的基本框架：

BeginPackage["程序包名称"]

名字::usage="字符串,程序包中定义在包外可以使用的函数、变量等的名字和使用说明。"

……

Begin["` Private'"]

程序包主体(包括外部可用的函数及变量,一些内部函数变量的定义)。

……

End[]

EndPackage[]

程序包结构实际上是一种信息包装机制。在这个结构中将一批相关的函数、数据集合成一个整体。它将程序包内部的函数、变量等与外部隔离开来;同时给出一个清晰的界面把程序包内的函数变量保护起来。这种程序包结构又往往作为一个文件存放,要使用时再将该文件读进 Mathematica 系统,则有关的函数就可以调用了;并且程序包内部的函数、变量等的使用说明字符串,也可以供用户输入问号来查询函数名及其使用说明。

与 Module 结构比较,程序包结构可以保证安全地使用各种函数和变量名称,而不必顾忌与别人或自己以往编写的程序中的函数和变量名冲突。这是由于程序包结构所独有的隔离包装机制。这个机制类似于在数值计算语言 FORTRAN 中的子程序 Subroutine 和函数 Function 中的情况。在 FORTRAN 的子程序中凡未出现在被调用子程序的宗量,Function 的函数名以及 COMMON 块中的变量,都是与该子程序外隔离开来的。

习　题

(1) 用 Mathematica 语言定义求解一元二次方程 $ax^2+bx+c=0$ 的函数,该函数还要求能处理各种常数 a,b,c 的情况。

(2) 用 Mathematica 语言定义一个能画出任意给定 n 值的正 n 边形的函数。

(3) 用 Mathematica 语言定义一个操作函数,它可以在给定二维矩形 x-y 平面区间,按给定步长 h_x,h_y 划分矩形网格,并列出节点的坐标表 $\{x_i,y_i\}$。

(4) 接着上题,用 Mathematica 语言定义一个操作函数,对确定步数 n,生成一个在 x-y 平面格点上 n 步服从均匀分布的随机游走的图。

(5) 用 Mathematica 语言实现一个产生任意阶的勒让德多项式的 Mathematica 程序包。勒让德多项式的递推公式为

$$P_0(x)=1,\quad P_1(x)=x,\quad P_{n+1}(x)=[(2n+1)xP_n(x)-nP_{n-1}(x)]/(n+1)$$

(6) 用 Mathematica 语言实现一个产生任意阶的厄米多项式的 Mathematica 程序包。厄米多项式的递推公式为

$$H_0(x)=1,\quad H_1(x)=x,\quad H_{n+1}(x)=2xH_n(x)-2nH_{n-1}(x)$$

(7) 用 Mathematica 语言编写一个从某点出发求多元函数的局部极小或极大值的程序包。

(8) 用 Mathematica 语言编写一个程序包,它能实现平面图形的(a)平移,(b)旋转,(c)对 x 坐标轴的反射。

参 考 文 献

1. S Weinzierl. Computer Algebra in Particle Physics. hep-ph/0209234
2. J Kueblbeck, M Boehm and A Denner. Comput Phys Commun,1990, 60:165; T Hahn. Comput Phys Commun,2001, 140: 418, hep-ph/0012260
3. J A M Vermaseren. Symbolic Manuscription with FORM. Computer Algebra Nederland, 1991, ISBN 90-74116-01-9; J A M Vermaseren. math-ph/0010025
4. M Jamin and M E Lautenbacher. Comput Phys Commun,1993, 74:265
5. G Passarino and M J G Veltman. Nucl Phys,1979, B160:151
6. R Pittau. Comput Phys Commun, 1997, 104:23, hep-ph/9607309; Comput Phys Commun, 1998, 111:48, hep-ph/9712418; S Weinzierl. Phys Lett,1999, B450:234, hep-ph/9811365
7. T Hahn. LoopTools User's Guide. http://www.feynarts.de/looptools
8. G Weiglein. LoopToools User's Guide. hep-ph/0109237
9. J Kueblbeck, M Boehm and A Denner. Comput Phys Commun, 1990, 60:165; T Hahn. KA-TP-23-2000, hep-ph/0012260
10. R Mertig, M Boehm and A Denner. Comput Phys Commun,1991, 64:345
11. T Hahn. Nucl Phys B(Proc Suppl),2000, 89B:231
12. G Weiglein, R Mertig, R Scharf and M Boehm. In New Computing Techniques in Physics Research 2,ed. D. Perret-Gallix. Singapore: World Scientific, 1992, 617
13. S Bauberger, F A Berends, M Boehm and M Buza. Nucl Phys,1995,B434:383; S Bauberger, F A Berends, M Boehm, M Buza and G Weiglein. Nucl Phys B(Proc Suppl),1994,37B:95; S Bauberger and M Boehm. Nucl Phys,1995, B445:25
14. R Harlander and M Steinhauser. Prog Part Nucl Phys,1999,43:167
15. P Nogueira. J Comut Phys,1993, 105:279
16. M Steinhauser. Comput Phys Commun,2001, 134:335
17. S G Gorishny, S A Larin and F V Tkachov. 1984, INR P-0330; S G Gorishny, S A Larin, L R Surguladze and F V Tkachov. Comput Phys Commun,1989, 55:381; S A Larin, F V Tkachov and J A M Vermaseren. NIKHEF-H/91-18
18. M Tentyukov and J Fleischer. Comput Phys Commun, 2000, 132:124; J Fleischer and M Tentyukov, hep-ph/0012189
19. J Fleischer and M Yu Kalmykov. Comput Phys Commun, 2000, 128:531
20. L Bruecher, J Franzkowski and D Kreimer. Comput Phys Commun,1998, 115:140
21. C Bauer, A Frink, R Kreckel. MZ-TH-00-17, cs. SC/0004015,J. Symbolic Computation, 2002,33:1
22. M L Abell and J P Braselton. The Mathematica Handbook. Academic Press Limitted,1992
23. 张韵华. Methematica 符号计算系统实用教程. 合肥:中国科技大学出版社,1998

第八章 Mathematica 在量子力学中的应用举例

当今的科学家和工程技术人员在日常的工作中都会遇到复杂的数学计算问题。特别是在要检验计算结果的正确性和计算各种理论模型以预测新的实验现象的时候,人们往往不得不需要反复地进行大量的、耗时费力的计算。尽管在当今的计算机时代,我们还没有完全放弃使用纸和笔来进行计算工作,但是实际上采用类似于 Mathematica 这样的计算机代数程序已经给我们的工作方式带来了革命。Mathematica 不仅支持通常的数值计算,而且还能够使人们用计算机做精确的解析计算。今天,我们一旦知道了物理现象的理论模型和原理,就可以用 Mathematica 将它们中的内在关系解析或数值计算出来,并将结果用图形显示。利用 Mathematica 系统可以使需要数天的手工计算缩短到几分钟、几秒钟就完成了,对于计算结果的检验也可以在几秒钟内就完成,而这在以前是需要我们手工用若干小时、甚至数天才能完成的。

在本章中,我们将给出以 Mathematica 系统为工具来解决物理学问题的例子。其目的是要显示出 Mathematica 在物理学研究中的重要性。在这里我们并不详细进行 Mathematica 语言的语法描述,而只是举出运用该语言的范例。在例子中将涉及怎样用这个现代工具来解决物理学中某些量子力学问题。这些例子将表明 Mathematica 系统在物理学或数学上,在推导各种问题的结果中是非常有用的。

8.1 粒子在中心力场中的运动问题

在自然界中,我们常常会遇到物体在中心力场中运动的问题。这类问题的重要性反映在宏观和微观的物理研究中。例如,在天体物理中行星在宇宙中的运动,在量子力学中的电子在原子核库仑场中的运动的研究,在核力作用下的原子核结构的研究等。因而在中心力场作用下的运动学问题就占有特别重要的地位。下面我们将把电子在原子核的库仑场作用下的运动分析作为一例,来展示 Mathematica 代数系统的运用(参考文献[1])。

设电子与原子核的约化质量为 $\mu = \dfrac{m_e M}{m_e + M}$(由于原子核质量 M 远大于电子的质量 m_e,因而 $\mu \approx m_e$),球对称的中心力场势函数为 $V(r) = -\dfrac{Ze^2}{r}$,该系统的哈密

顿量为

$$\hat{H} = \frac{\hbar^2 \hat{\boldsymbol{p}}^2}{2\mu} + V(\hat{r}) = -\frac{\hbar^2 \nabla^2}{2\mu} + V(r) \tag{8.1.1}$$

其中,r 为粒子所处的空间位置到中心势原点的距离,算符 ∇^2 在球坐标中的表示为

$$\nabla^2 \equiv \Delta = \frac{1}{r^2}\left[\frac{\partial}{\partial r}\left(r^2 \frac{\partial}{\partial r}\right) + \frac{1}{\sin\theta}\frac{\partial}{\partial \theta}\left(\sin\theta \frac{\partial}{\partial \theta}\right) + \frac{1}{\sin^2\theta}\frac{\partial^2}{\partial \varphi^2}\right]$$

$$= \frac{1}{r^2}\left[\frac{\partial}{\partial r}\left(r^2 \frac{\partial}{\partial r}\right) - \frac{\hat{L}^2}{\hbar^2}\right] \tag{8.1.2}$$

式(8.1.2)中我们用到了角动量平方算符 $\hat{L}^2$ 在球坐标中的表示式

$$\hat{L}^2 = -\hbar^2 \left\{\frac{1}{\sin\theta}\frac{\partial}{\partial \theta}\left(\sin\theta \frac{\partial}{\partial \theta}\right) + \frac{1}{\sin^2\theta}\frac{\partial^2}{\partial \varphi^2}\right\} \tag{8.1.3}$$

据此我们可以将薛定谔方程写为在球坐标中的表示

$$-\frac{\hbar^2}{2\mu r^2}\left[\frac{\partial}{\partial r}\left(r^2 \frac{\partial}{\partial r}\right) + \left(\frac{1}{\sin\theta}\frac{\partial}{\partial \theta}\left(\sin\theta \frac{\partial}{\partial \theta}\right) + \frac{1}{\sin^2\theta}\frac{\partial^2}{\partial \varphi^2}\right)\right]\psi(r,\theta,\varphi)$$

$$= (E - V(r))\psi(r,\theta,\varphi) \tag{8.1.4}$$

角动量算符的定义为:$\boldsymbol{L} = \boldsymbol{r} \times \boldsymbol{p}$。它与哈密顿算符是对易的,即 $[\hat{L},\hat{H}] = 0$,所以角动量 $\hat{L}$ 是守恒量,这是在中心力场中运动粒子的一个重要特征。由此可以进一步得到 $\hat{L}^2$(角动量的平方)也是守恒量。在求解中心力场作用下粒子的能量本征方程时,$(\hat{H},\hat{L}^2,\hat{L}_z)$ 构成对易算符的一个完全集,因而选择它们为力学量完全集是很方便的。相应的本征值问题的解就完全决定了系统的特性。现在我们将三维的薛定谔方程的求解化为一维的微分方程求解。薛定谔方程(8.1.4)可以写为

$$-\frac{\hbar^2}{2\mu r^2}\left[\frac{\partial}{\partial r}\left(r^2 \frac{\partial}{\partial r}\right) - \frac{\hat{L}^2}{\hbar^2}\right]\psi(r,\theta,\varphi) = (E-V)\psi(r,\theta,\varphi) \tag{8.1.5}$$

在中心力场中波函数 $\psi(r,\theta,\varphi)$ 与极角 $\theta(-\pi/2 \leqslant \theta \leqslant \pi/2)$ 和方位角 $\varphi(0 \leqslant \varphi \leqslant \pi)$ 的关联是由算符 $\hat{L}^2$ 和 $\hat{L}_z$ 决定的。假定满足薛定谔方程的本征波函数 $\psi(r,\theta,\varphi)$ 可以分离变量表示为

$$\psi(r,\theta,\varphi) \equiv R(r)Y(\theta,\varphi) \equiv R(r)\Theta(\theta)\Phi(\varphi) \tag{8.1.6}$$

$\hat{L}_z$ 在球坐标系中可以表示为:$\hat{L}_z = -i\hbar \frac{\partial}{\partial \varphi}$。该算符的本征值由求解本征方程

$$-i\hbar \frac{\partial}{\partial \varphi}\Phi(\varphi) = L_z \Phi(\varphi) \tag{8.1.7}$$

来得到。方程(8.1.7)的解为

$$\Phi(\varphi) = Ae^{iL_z\varphi/\hbar} \tag{8.1.8}$$

由于式(8.1.8)所示波函数解必须唯一确定,因而它也必定满足条件:$\Phi(\varphi) = \Phi(2\pi+\varphi)$,并且角动量算符$\hat{L}_z$的本征值应当是离散的,其本征值表示为:$L_z = m\hbar$,($m=0,\pm 1,\pm 2,\cdots$)。由本征波函数的归一化条件,方程(8.1.7)归一化的解可以写为

$$\Phi(\varphi) = \frac{1}{\sqrt{2\pi}}e^{im\varphi} \tag{8.1.9}$$

类似地,对另一个守恒量——角动量平方,我们有本征方程

$$\hat{L}^2 Y(\theta,\varphi) = -\hbar^2\left\{\frac{1}{\sin\theta}\frac{\partial}{\partial\theta}\left(\sin\theta\frac{\partial}{\partial\theta}\right) + \frac{1}{\sin^2\theta}\frac{\partial^2}{\partial\varphi^2}\right\}Y(\theta,\varphi) = L^2 Y(\theta,\varphi) \tag{8.1.10}$$

方程(8.1.10)的解是球谐函数$Y_{l,m}$。如果本征值满足$L^2 = l(l+1)\hbar^2$,方程(8.1.10)写为

$$\left\{\frac{1}{\sin\theta}\frac{\partial}{\partial\theta}\left(\sin\theta\frac{\partial}{\partial\theta}\right) + \frac{1}{\sin^2\theta}\frac{\partial^2}{\partial\varphi^2} + l(l+1)\right\}Y_{l,m}(\theta,\varphi) = 0 \tag{8.1.11}$$

角动量算符$\hat{L}^2$作用在球谐函数$Y_{l,m}$上的本征值由角量子数$l=0,1,2,\cdots$决定。对应于确定的角量子数l,算符$\hat{L}^2$的本征值则为$l(l+1)\hbar^2$,此时磁量子数m则描写该角动量在z轴上的投影,它的取值范围为:$m=0,\pm 1,\pm 2,\cdots,\pm l$。这就是说:对确定的角动量量子数$l$,应当有$2l+1$个本征函数$Y_{l,m}$。对磁量子数$m$为正时的情况,球谐函数的完整表达式为

$$Y_{l,m}(\theta,\varphi) = (-1)^m\sqrt{\frac{(l-m)!}{(l+m)!}\frac{(2l+1)}{4\pi}}P_l^m(\cos\theta)e^{im\varphi} \tag{8.1.12}$$

其中,$P_l^m(x)$为l阶的第m个伴随勒让德函数。如果磁量子数为负时$(-|m|)$,其球谐函数满足如下关系式

$$Y_{l,-|m|}(\theta,\varphi) = (-1)^{|m|}\frac{(l-|m|)!}{(l+|m|)!}Y_{l,|m|}^*(\theta,\varphi) \tag{8.1.13}$$

显然,球谐函数$Y_{l,m}$也是算符$\hat{L}_z$的本征函数。容易证明类似式(8.1.7),球谐函数$Y_{l,m}$满足

$$\hat{L}_z Y_{l,m} \equiv -i\hbar\frac{\partial}{\partial\varphi}Y_{l,m} = m\hbar Y_{l,m} \tag{8.1.14}$$

因而球谐函数$Y_{l,m}$既是角动量算符平方$\hat{L}^2$,也是角动量算符的z分量$\hat{L}_z$的本征函数。在Mathematica中球谐函数表示为SphericalHarmonicY[]。勒让德多项式表示为LegendreP[]。

将式(8.1.6)代入薛定谔方程(8.1.4),再应用上面推导出的角动量部分波函数所满足的薛定谔方程,可以得到本征波函数$\psi(r,\theta,\varphi)$表示中的径向部分$R(r)$应

当满足的方程
$$\frac{d^2R}{dr^2}+\frac{2}{r}\frac{dR}{dr}+\left\{\frac{2\mu}{\hbar^2}\left[E+\frac{Ze^2}{r}\right]-\frac{l(l+1)}{r^2}\right\}R=0 \qquad (8.1.15)$$
Z 为原子核所带正电荷数。对于氢原子 $Z=1$,而类氢原子(He^+,Li^{++},Be^{+++},…),$Z\neq 1$。下面我们以氢原子为例进行分析。定义玻尔半径 $a_0=\frac{\hbar^2}{m_e e^2}\approx 5.29\times 10^{-11}$m 为长度单位,即 $\rho=r/a_0$;以氢原子的电离能量 $E_0=\frac{e^2}{2a_0}=\frac{m_e e^4}{\hbar^4}\approx 13.5$eV 为能量单位,即 $\varepsilon=E/E_0$;定义径向函数 $R(\rho)=u(\rho)/\rho$。这时方程(8.1.15)写为
$$\frac{d^2 u(\rho)}{d\rho^2}+\left[\varepsilon+\frac{2Z}{\rho}-\frac{l(l+1)}{\rho^2}\right]u(\rho)=0 \qquad (8.1.16)$$
能量 ε 的值是由方程(8.1.16)的本征值和本征函数决定的。

我们考虑稳定状态(束缚态),即 $\varepsilon<0$ 的状态。分析表明函数 $u(\rho)$ 可以表示为多项式或者指数形式。为了找出 $u(\rho)$ 的近似式,我们通过考查它在 $r\rightarrow 0$ 和 $r\rightarrow\infty$ 时的极限行为,发现由波函数的幺正性条件,要求上述两种表达方式下都可以推出
$$u(\rho)=\rho^{l+1}e^{-\gamma\rho}f_l(\rho) \qquad (8.1.17)$$
将式(8.1.17)代入式(8.1.16)后,求解得到超几何函数($_1F_1$)形式的解
$$f_l(\rho)=c\,_1F_1\left(l+1-\frac{Z}{\gamma},2l+2;2\gamma\rho\right) \qquad (8.1.18)$$
其中,$\gamma\equiv\sqrt{-\varepsilon}$。现在我们由式(8.1.17)得到电子在库仑势中的波函数的径向部分为
$$R(\rho)=N_{n,l}\rho^l e^{-Z\rho/n}\,_1F_1\left(l+1-n,2l+2;\frac{2Z}{n}\rho\right) \qquad (8.1.19)$$
由于归一化条件的要求,式(8.1.18)的级数表示必须只有有限项。这个限制就可以给出能量的值。定义
$$n_r=-\left(l+1-\frac{Z}{\gamma}\right), \qquad (n_r=0,1,2,\cdots) \qquad (8.1.20)$$
由此我们得到
$$\gamma=\frac{Z}{n_r+l+1} \qquad (8.1.21)$$
由 γ 和 ε 的定义,则
$$E=-\frac{E_0 Z^2}{(n_r+l+1)^2}=-\frac{E_0 Z^2}{n^2} \qquad (8.1.22)$$
其中,n 为主量子数($n=1,2,\cdots$)。它是由径向量子数 n_r($n_r=0,1,2,\cdots$)和轨道角

动量量子数 $l(l=0,1,2,\cdots)$ 决定的。在这里我们引入一组称为"拉盖尔（Laguerre）多项式"的特殊正交多项式 $L_k^{(\gamma)}$，拉盖尔多项式由级数定义为

$$L_k^{(\gamma)}(x) = \sum_{j=0}^{k} (-1)^j \binom{k+\gamma}{k-j} \frac{x^j}{j!}$$

相应的归一化为

$$\int_0^\infty \mathrm{d}x x^\gamma \exp(-x) L_k^{(\gamma)}(x) L_{k'}^{(\gamma)}(x) = \frac{\Gamma(\gamma+k+1)}{k!} \delta_{kk'}$$

超几何函数与拉盖尔多项式间有如下关系式

$$L_n^{(\alpha)}(x) = \frac{\Gamma(n+\alpha+1)}{n!\Gamma(1+\alpha)} {}_1F_1(-n,\alpha+1;x)$$

这样电子在库仑势中的波函数的径向部分的解也可以写为

$$R(\rho) = N'_{n,l} \rho^l \mathrm{e}^{-Z\rho/n} L_{n+l}^{(2l+1)}\left(\frac{2Z}{n}\rho\right) \tag{8.1.23}$$

径向部分波函数式(8.1.23)中的拉盖尔（Laguerre）多项式的性质见文献[2]。相应的电子总波函数为

$$\psi_{n,l,m}(\rho,\theta,\varphi) = N_{n,l} \rho^l \mathrm{e}^{-Z\rho/n} {}_1F_1\left(l+1-n,2l+2;\frac{2Z}{n}\rho\right) Y_{l,m}(\theta,\varphi) \tag{8.1.24}$$

在式(8.1.19)和(8.1.24)中的归一化常数为

$$N_{n,l} = \frac{1}{(2l+1)!} \sqrt{\frac{(n+l)!}{2n(n-l-1)!}} \left(\frac{2Z}{n}\right)^{l+3/2} \tag{8.1.25}$$

在 Mathematica 系统中拉盖尔多项式表述为 LaguerreL[]；超几何函数（${}_1F_1$）表述为 Hypergeometric1F1[]。下面的程序包 Coulombp.m 提供了电子在类氢原子库仑势中的本征波函数，以及该波函数在球坐标下的径向部分和角度关联部分的表示。本征波函数、径向波函数部分和角度关联波函数部分分别用 Mathematica 函数定义为 WaveF[]，WaveR[] 和 WaveA[]。它们的数学表示分别来自公式(8.1.24)，(8.1.25)，(8.1.19)和(8.1.12)。它们用 Mathematica V3.0 语言的定义表述如下：

Mathematica Package file Coulombp.m

BeginPackage["CoulombPotential`"]
Clear[WaveF,WaveR,WaveA];
WaveF::usage="WaveF[Z_, r_, theta_, phi_, n_, l_, m_]计算电子在库仑势中本征波函数的表示。Z 为原子核的电荷数；r 为电子到中心势原点的距离；

theta 和 phi 为球坐标中的角度;n,l 和 m 为能量和角动量算符的量子数。"
WaveR::usage="WaveR[Z_,r_,n_,l_] 计算电子在库仑势中的本征波函数径向部分的表示。Z 为原子核的电荷数;r 为电子到中心势原点的距离;n 和 l 为能量和角动量算符的量子数。"
WaveA::usage="WaveA[theta_,phi_,l_,m_] 计算电子在库仑势中本征波函数的角度关联部分表示。theta 和 phi 为球坐标中的角度;l 和 m 表示角动量算符的量子数。"

(* ———定义公共变量——— *)

r::usage
n::usage
l::usage
m::usage
theta::usage
phi::usage
Begin[" 'Private' "]
(* ——产生库仑势中波函数的径向部分—— *)
WaveR[Z_,r_,n_,l_]:=
  Module[{unit,tmp},
      (* ——归一化常数—— *)
  unit=(Sqrt[(n+l)!/(2 n (n−l−1)!)] ((2 Z)/n)^(l+3/2))/(2 l+1)!;
      (* ——产生波函数径向部分的定义—— *)
  tmp=unit r^l Exp[−((Z r)/n)] Hypergeometric1F1[l+1−n,2 l+2,(2 Z r)/n]
  ]
      (* ——产生库仑势中本征波函数的角度相关部分—— *)
WaveA[theta_,phi_,l_,m_]:=
    Module[{tmp},
      tmp=SphericalHarmonicY[l,m,theta,phi]
    ]
(* ——产生电子在库仑势中的本征波函数——— *)

WaveF[Z_,r_,theta_,phi_,n_,l_,m_]:=
    Module[{tmp},

```
            tmp=WaveR[Z, r, n, l] WaveA[theta, phi, l, m]
    ]
End[]
EndPackage[]
```

当我们需要对电子在原子核的库仑势中的本征波函数习性进行分析时,我们可以首先调入程序包 Coulombp.m,然后调用程序包中定义的函数。例如,通过运行下面的指令:

```
≪Coulombp.m
Plot[WaveR[1, r, 1, 0], WaveR[1, r, 2, 0], WaveR[1, r, 3, 0], WaveR[1, r, 4, 0],
    {r, 0, 35}, AxesLabel->"r","u",} Prolog->Thickness[0.001]]
Plot[Abs[WaveA[theta, Pi/2, 2, 1]]^2,
    {theta, 0, Pi}, AxesLabel->"theta","Y"}, Prolog->Thickness[0.001]]
Plot3D[Abs[WaveF[1, r, theta, Pi/2, 3, 2, 2]]^2,{r, 0, 15},{theta, 0, Pi}, Lighting->True]
```

我们就产生出图 8.1.1,8.1.2 和 8.1.3。图 8.1.1 为 $Z=1,l=0$ 和 $n=1,2,3,4$ 时,本征波函数径向部分的四条曲线。它们分别在 r 方向有 0,1,2,3 个节点 $n_r=n-l-1$(r 是以玻尔半径为单位)。图 8.1.2 为 $\varphi=\pi/2,l=2$ 和 $m=1$ 时,本征波函数角度关联部分绝对值平方随极角 θ 变化的曲线。当 $\theta=\pi/2$ 时,概率为极大值。图 8.1.3 为 $\varphi=\pi/2,n=3,l=2$ 和 $m=2$ 时,本征波函数绝对值平方随 r(以玻尔半径为单位)和极角 θ 变化的三维曲线。r 变化范围为 $[0,15]$;θ 变化范围为 $[0,\pi]$。

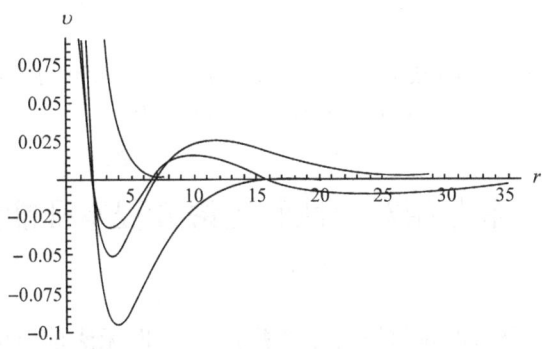

图 8.1.1　本征波函数径向部分的四条曲线(当 $Z=1,l=0$ 和 $n=1,2,3,4$ 时)

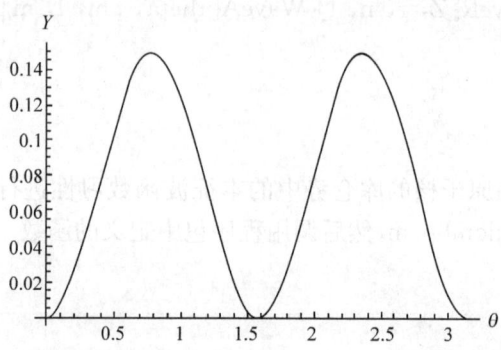

图 8.1.2 本征波函数角度关联部分绝对值平方随极角 θ 变化的曲线

（当 $\varphi=\pi/2, l=2$ 和 $m=1$ 时）

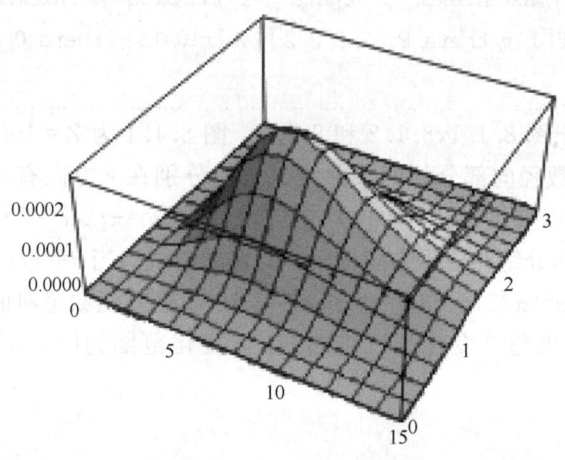

图 8.1.3 本征波函数绝对值平方随 r 和极角 θ 变化的三维曲线

（当 $\varphi=\pi/2, l=2$ 和 $m=1$ 时）

8.2 求非相对论性薛定谔方程本征能量限

1. 引言

我们知道大部分物理问题是无法解析求解的，即无法推导出一个紧凑的解析形式解。我们只能借助于数值计算方法为相应问题寻找一个近似的数值结果。然而，这样的处理将面临一个困难，那就是如何检验给出的数值解结果的可靠性？要解决这个问题，就要求我们在处理实际问题时，一开始就要对最终结果有一个预先的判断,即要对数值求解所可能给出的结果有一个大致的估计。具体的做法是:首先,需要对输出结果的量纲作一个定性的分析;其次,必须对所期望得到的数值量级大小做一个"猜测";然后,再通过对这一"猜测"进行不断的改进,以获得接近"真解"的结果。

Mathematica 语言具有很强的数学符号处理能力,它为我们提供了一个在计算机上推导数学问题的系统平台。在本节中,我们将演示如何利用 Mathematica 语言系统,解析地推导非相对论性薛定谔方程能量本征值上限等复杂的数学问题,并介绍如何在该系统下运用数值方法来改进我们所得到的结果[3]。

首先,我们将介绍如何掌握、运用量纲(dimension)分析的方法,如何对薛定谔方程进行量纲标度参数化。在引入变分处理方法后,我们将一方面采用"笔+纸"的经典方法,另一方面运用 Mathematica[4] 求解薛定谔方程的哈密顿量本征值上限,并对这两种方法的计算进行比较。

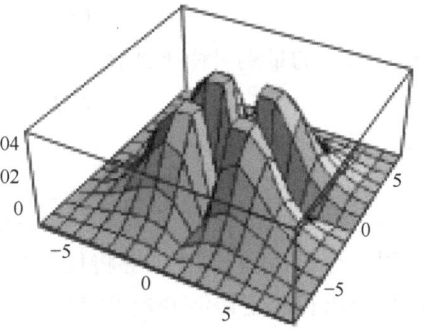

图 8.2.1 氢原子中电子 D 波函数描述的在 x-y 平面上的分布概率示意图

Mathematica 语言系统具有易于将计算结果用图形表示出来的能力,图 8.2.1 是 Mathematica 绘制的氢原子中电子 D 波本征函数描述的电子在 x-y 平面上的分布概率示意图。

2. 量纲分析

我们都知道,要想在"厘米·克·秒"单位制下推导量纲是非常复杂和困难的。因此,在粒子物理研究中,通常采用"自然"单位制来简化量纲处理的难度,其定义为

$$\hbar = c = 1$$

$\hbar$ 是量子力学中的普朗克常数,c 为光速。我们将能够很方便地运用"自然"单位制来描述物理量的量纲,如能量 E 的量纲。很显然我们有如下量纲

$$\mathrm{Dim}[\hbar] = \mathrm{Dim}[c] = 1$$

通过关系式

$$\mathrm{Dim}[Et] = \mathrm{Dim}[E]\mathrm{Dim}[t] = \mathrm{Dim}[\hbar] = 1$$

我们可以知道,时间 t 的量纲与能量量纲互为倒数

$$\mathrm{Dim}[t] = \frac{1}{\mathrm{Dim}[E]} = \mathrm{Dim}[E^{-1}]$$

根据爱因斯坦质能关系(m 和 E_0 为静止的单粒子质量和能量)

$$E_0 = mc^2$$

质量 m 的量纲与能量量纲相同

$$\mathrm{Dim}[m] = \mathrm{Dim}[E]$$

由于

$$\mathrm{Dim}[p] = \mathrm{Dim}[mc] = \mathrm{Dim}[m]$$

动量 p 的量纲也与能量量纲一致

$$\mathrm{Dim}[p] = \mathrm{Dim}[E]$$

空间坐标 x 的量纲可由下式得出

$$\mathrm{Dim}[px] = \mathrm{Dim}[\hbar] = 1$$

则我们有坐标 x 的量纲

$$\mathrm{Dim}[x] = \frac{1}{\mathrm{Dim}[p]} = \mathrm{Dim}[E^{-1}]$$

根据以上分析,我们现在能够将任意物理量以能量单位表示出来。作为一个例子,我们可以求得薛定谔波函数 Ψ 的量纲。在坐标空间表象中,薛定谔波函数归一化可表示为

$$\int \mathrm{d}^3 x \Psi^*(x) \Psi(x) = 1$$

这说明在量纲上有

$$\mathrm{Dim}[x^3 \Psi^2] = 1$$

即有

$$\mathrm{Dim}[\Psi^2] = \frac{1}{\mathrm{Dim}[x^3]}$$

因此可得

$$\mathrm{Dim}[\Psi] = \mathrm{Dim}[E^{3/2}]$$

再看一个例子,让我们运用量纲分析的方法来推导 $1/\boldsymbol{p}^2$ 的傅里叶变换。这一问题的解析求解不是容易的。其计算形式为

$$\int \mathrm{d}^3 p \, \frac{\mathrm{e}^{-\mathrm{i}\boldsymbol{p}\cdot\boldsymbol{x}}}{\boldsymbol{p}^2}$$

很明显,在以上积分中 $\boldsymbol{x}$ 是唯一的自由参数。由于积分含有坐标旋转不变的标量点乘 $\boldsymbol{p}\cdot\boldsymbol{x}$,积分结果将仅仅为空间坐标 $\boldsymbol{x}$ 的模 $|\boldsymbol{x}|$ 的函数。我们知道积分中涉及的变量量纲关系为

$$\mathrm{Dim}\left[\frac{\boldsymbol{p}^3}{\boldsymbol{p}^2}\right] = \mathrm{Dim}[\boldsymbol{p}] = \mathrm{Dim}[E] = \frac{1}{\mathrm{Dim}[x]}$$

因此,积分结果应当正比于 $|\boldsymbol{x}|$ 的倒数

$$\int \mathrm{d}^3 p \, \frac{\mathrm{e}^{-\mathrm{i}\boldsymbol{p}\cdot\boldsymbol{x}}}{\boldsymbol{p}^2} = \frac{A}{|\boldsymbol{x}|}$$

将拉普拉斯算子(Laplacian)$\Delta = \nabla \cdot \nabla$作用在上式两边,我们能够很容易地定出比例常数$A$。根据关系式

$$\Delta \frac{1}{|\boldsymbol{x}|} = -4\pi\delta^{(3)}(\boldsymbol{x})$$

以及积分式

$$\int \mathrm{d}^3 p\, \mathrm{e}^{-\mathrm{i}\boldsymbol{p}\cdot\boldsymbol{x}} = (2\pi)^3 \delta^{(3)}(\boldsymbol{x})$$

通过拉普拉斯算符作用在$1/\boldsymbol{p}^2$的傅里叶变换式可以得出

$$\Delta \int \mathrm{d}^3 p\, \frac{\mathrm{e}^{-\mathrm{i}\boldsymbol{p}\cdot\boldsymbol{x}}}{\boldsymbol{p}^2} = -\int \mathrm{d}^3 p\, \mathrm{e}^{-\mathrm{i}\boldsymbol{p}\cdot\boldsymbol{x}} = -(2\pi)^3 \delta^{(3)}(\boldsymbol{x}) = \Delta \frac{A}{|\boldsymbol{x}|} = -4\pi A \delta^{(3)}(\boldsymbol{x})$$

由此可以得到

$$A = \frac{(2\pi)^3}{4\pi} = 2\pi^2$$

由此可以看出,仅仅通过一些简单的物理讨论和量纲分析,我们就得到如下的积分结果

$$\int \mathrm{d}^3 p\, \frac{\mathrm{e}^{-\mathrm{i}\boldsymbol{p}\cdot\boldsymbol{x}}}{\boldsymbol{p}^2} = \frac{2\pi^2}{|\boldsymbol{x}|}$$

在这一推导中,我们并未去求解复杂的复平面积分。遵循以上的思想,我们将介绍如何仅靠类似上面讲述的量纲分析的一般性原理和规则,来解决某些复杂的物理问题。

3. 求解薛定谔方程能量本征值的方法

众所周知,求解薛定谔方程原则上是一项非常艰巨的工作。然而,有时候由于我们仅仅对能量本征值E与薛定谔方程引入的自由参数之间的相关性感兴趣,我们并不需要对方程直接进行求解,而仅仅采取类似于针对薛定谔方程的标度行为这样的物理讨论来获得我们所感兴趣的信息。

(1) 标度行为

这里我们将只限于讨论仅仅与径向坐标$r \equiv |\boldsymbol{x}|$有关的中心力场势函数的情况,该势函数具有$V(r) = ar^n$的形式。在空间坐标表象中,与时间无关的定态薛定谔方程表示为

$$\left(-\frac{\nabla^2}{2\mu} + ar^n\right)\Psi(\boldsymbol{x}) = E\Psi(\boldsymbol{x}) \tag{8.2.1}$$

其中,μ为两个粒子束缚态的约化质量,其定义为

$$\mu \equiv \frac{m_1 m_2}{m_1 + m_2}$$

在这里,我们引入一个任意选择的参数κ来标度坐标x的量纲,即

$$x = \kappa \rho \tag{8.2.2}$$

由关系式

$$\nabla^2 = \frac{\nabla_\rho^2}{\kappa^2}$$

以及

$$r^n = \kappa^n \rho^n$$

可得出标度后的定态薛定谔方程

$$\left(-\frac{\nabla_\rho^2}{2\mu\kappa^2} + a\kappa^n \rho^n\right)\Psi(\kappa\rho) = E\Psi(\kappa\rho)$$

方程两边乘以 $2\mu\kappa^2$，则有

$$(-\nabla_\rho^2 + 2\mu a\kappa^{2+n}\rho^n)\Psi = 2\mu\kappa^2 E\Psi$$

现在，让我们再来看一看我们对薛定谔方程进行这种再标度的更深层次的原因是什么？很显然，我们可以通过选取适当的 κ 值，使得方程中的 $2\mu a$ 因子消失

$$\kappa^{2+n} = \frac{1}{2\mu a}$$

由此可得

$$\kappa = \left(\frac{1}{2\mu a}\right)^{1/(2+n)} \tag{8.2.3}$$

通过对参数 κ 的这种特殊选取，标度的薛定谔方程形式变为

$$(-\nabla_\rho^2 + \rho^n)\Psi = \varepsilon\Psi \tag{8.2.4}$$

其中，ε 是由求解被标度的薛定谔方程所决定的某种无量纲数量。需要指出的是，现在被标度的薛定谔方程也是无量纲的。我们已通过标度参数化处理，将物理从"纯"数学中分离出来了，这体现在下面的恒等关系中

$$2\mu\kappa^2 E \equiv \varepsilon$$

将方程(8.2.3)代入，我们即可得出能量本征值 E 与方程引入参数 a, μ 和 n 的关系

$$E = \left[\frac{a^2}{(2\mu)^n}\right]^{1/(2+n)} \varepsilon \tag{8.2.5}$$

下面，我们将在不对薛定谔方程精确求解的情况下，讨论与不同径向 r 幂次形式的中心力场势函数对应的能量本征值 E 的物理行为。

库仑势 $(n=-1)$ 的情况下，由公式(8.2.5)得到

$$E = 2\mu a^2 \varepsilon$$

上式显示能量本征值与约化质量和耦合常数平方成正比。由于薛定谔方程引入的参数中唯有质量 μ 带能量量纲，所以能量本征值 E 必定与其成正比。然而，我们无法通过量纲分析推导出能量本征值 E 与耦合常数 a（精细结构常数）之间的关系。

线性势($n=1$)的情况下,由公式(8.2.5)得到

$$E = \left(\frac{a^2}{2\mu}\right)^{1/3} \varepsilon \tag{8.2.6}$$

与库仑势不同,线性势的能量本征值 E 正比于质量参数 μ 倒数的 $1/3$ 次方。

在对数势($n=0$)的情况下,能量本征值可以从 $n=0$ 时的公式(8.2.5)得到

$$E = a\varepsilon$$

注意,此时能量本征值 E 是与质量无关的。这意味着甚至在约化质量 μ 取不同值时,激发态的能量本征值之差都是一样的。

在无需精确求解微分方程的前提下,我们找出了薛定谔方程能量本征值与其所引入参数的函数依赖关系。由此,我们将能够通过求能量比的方法来检验数值求解的准确性。这个比值是与参数 ε 无关的,例如线性势中有

$$\frac{E_1}{E_2} = \left[\left(\frac{a_1}{a_2}\right)^2 \frac{\mu_2}{\mu_1}\right]^{1/3}$$

借助于这种检验,我们将能对数值计算的精确度有一个认识。

(2) 变分方法(上界逼近)

由于我们仅仅对变分处理的具体应用感兴趣,因而这里我们不讨论该方法在数学上的稳定性问题。本征值问题的变分处理方法及其应用可参见 3.5.3 小节和文献[5],[6]和[7]。在本节中我们只需了解:对于一个具有本征值 E_k($k=1,2,\cdots$)的哈密顿量 $\hat{H}$,引入一组含变分参数 λ 的正交"试探"波函数 Ψ_k,通过计算哈密顿算符在正交基 Ψ_k 上的矩阵元可以求出 E_k 的上限值 E_k^{upper}。对所得的 $E_k^{\text{upper}}(\lambda)$ 作关于变分参数 λ 的最小化处理,即可使这一上限值逼近能量本征值的"真解"。为获得径向波函数激发态本征值上限,必须对相应的能量矩阵(E_{ij})进行对角化,具体步骤如下:

(i) 选取一组相互正交的"试探"基 $|\Psi_i(\lambda)\rangle$,我们有 $\langle\Psi_i(\lambda)|\Psi_j(\lambda)\rangle = \delta_{ij}$。

(ii) 通过试探波函数确定哈密顿量 $\hat{H}$ 的矩阵元

$$E_{ij}(\lambda) \equiv \langle\Psi_i(\lambda)|\hat{H}|\Psi_j(\lambda)\rangle.$$

(iii) 求解其本征方程的根

$$\det[E_{ij}(\lambda) - E^{\text{upper}}(\lambda)\delta_{ij}] = 0 \tag{8.2.7}$$

(iv) 与任意选择的变分参数 λ 有关的方程根 $E^{\text{upper}}(\lambda)$ 就是能量上限。

(v) 求使 $E^{\text{upper}}(\lambda)$ 取最小值的参数 λ(即求解 $\lambda_{\min}$),以改善能量上界值。通过下面的极值条件方程求出 $\lambda_{\min}$

$$\frac{\partial E^{\text{upper}}(\lambda)}{\partial\lambda} = 0 \tag{8.2.8}$$

(vi) 将 $\lambda_{\min}$ 代入 $E(\lambda)$,即可得到 E_k 的最小上限,即在我们所选择希尔伯特

(Hilbert)空间的最小上限值
$$E_k \leqslant E_k^{\text{upper}}(\lambda_{\min}) \tag{8.2.9}$$
以上方法可以运用于不同的径向 r 幂指数的中心力场势函数情况。

4. 基态能量本征值问题

库仑势函数模型是基态问题的典型情况,体系的哈密顿算符 $\hat{H}$ 可以很简单的表示为
$$\hat{H} = -\frac{\nabla^2}{2\mu} - \frac{\alpha}{r} \tag{8.2.10}$$
其中,α 为电磁精细结构常数。首先,我们要选取一组合适的"试探"波函数。这里,我们将选用氢原子的基态本征波函数(当然也可以选取其他的正交基,如高斯函数作为试探函数)
$$\Psi(r,\lambda) = N\exp\{-\lambda r\}, \qquad \lambda^* = \lambda > 0$$
其中,λ 为变分参数。N 为归一化因子,它可以由下式确定
$$\int d^3 x \Psi^* \Psi = 1 = N^2 \int d^3 x \exp\{-2\lambda r\}$$
$$= N^2 4\pi \int_0^\infty r^2 \exp\{-2\lambda r\} dr = 4\pi N^2 \frac{\Gamma(3)}{(2\lambda)^3}$$
上式计算中用到了如下公式
$$\int_0^\infty r^n \exp\{-\lambda r\} dr = \frac{\Gamma(n+1)}{\lambda^{n+1}} \tag{8.2.11}$$
在 Mathematica V4.0 系统中[4],这一过程可表述为:

MATHEMATICA V4.0

(∗ 积分 ∗)

In[1]: $= \int_0^\infty E^{-\lambda r} r^n dr$

Out[1]$= If[\text{Re}[n] > -1 \&\& \text{Re}[\lambda] > 0, \lambda^{-1-n} Gamma[1+n], \int_0^\infty e^{-\lambda r} r^n dr]$

这一输出结果的含义是:如果 $\text{Re}[\lambda] > 0$,且 $\text{Re}[n] > -1$,则以上积分的结果为 $\lambda^{-1-n} \Gamma(1+n)$,否则将输出
$$\int_0^\infty \frac{r^n}{\exp\{\lambda r\}} dr$$
这意味着 Mathematica 无法求解该问题。由此可以得归一化因子

$$N = \frac{\lambda^{3/2}}{\sqrt{\pi}}$$

归一化的"试探"波函数为

$$\Psi(r,\lambda) = \frac{\lambda^{3/2}}{\sqrt{\pi}} e^{-\lambda r}$$

为保险起见,我们可以检验一下关系式两边的量纲。根据以前的讨论,我们知道关系式左边的量纲为 $\mathrm{Dim}[E^{3/2}]$。为使指数运算 $\exp\{-\lambda r\}$ 有意义,乘积 λr 必须是无量纲的量,即 $\mathrm{Dim}[\lambda r]=1$。由此有 $\mathrm{Dim}[\lambda] = \dfrac{1}{\mathrm{Dim}[r]} = \mathrm{Dim}[E]$,即

$$\mathrm{Dim}[\Psi] = \mathrm{Dim}[E^{3/2}] = \mathrm{Dim}[\lambda^{3/2}]$$

很显然,在以上推导中至少量纲是正确的。下面我们演示一下如何运用 Mathematica 语言作以上定义和计算。

采用 Mathematica V4.0 的对应计算为:

MATHEMATICA V4.0

$\mathrm{In}[2]:= 4\pi \int_0^\infty r^2 E^{-2\lambda r}\,\mathrm{d}r\,(*\ \text{积分}\ *)$

$\mathrm{Out}[2] = 4\pi \quad If\left[\mathrm{Re}[\lambda] > 0, \dfrac{1}{4\lambda^3}, \int_0^\infty e^{-2\lambda r} r^2\,\mathrm{d}r\right]$

输出的含义是:当 $\mathrm{Re}[\lambda] > 0$ 时,计算结果为 π/λ^3,否则,Mathematica 无法求解,将返回输入形式 $4\pi\int_0^\infty e^{-2\lambda r} r^2\,\mathrm{d}r$。完整的结果应是

$$N^2 \frac{4\pi}{4\lambda^3} = 1 \quad \Rightarrow \quad N = \sqrt{\frac{\lambda^3}{\pi}}$$

下一步,我们将借助引入的"试探"波函数求动能项的期望值。由于我们只讨论基态的能量本征值,而对基态量子数 $l=0$,此时在径向中心力场情况下可采用拉普拉斯算子形式为

$$\Delta \equiv \nabla^2 = \frac{\mathrm{d}^2}{\mathrm{d}r^2} + \frac{2}{r}\frac{\mathrm{d}}{\mathrm{d}r}$$

其期望值为

$$\int \mathrm{d}^3 x \Psi^*(r,\lambda) \Delta \Psi(r,\lambda) = \frac{\lambda^3}{\pi}\int \mathrm{d}^3 x\, e^{-\lambda r}\left(\frac{\mathrm{d}^2}{\mathrm{d}r^2} + \frac{2}{r}\frac{\mathrm{d}}{\mathrm{d}r}\right)e^{-\lambda r}$$

$$= \frac{\lambda^3}{\pi} 4\pi \int_0^\infty \mathrm{d}r(r^2\lambda^2 - 2r\lambda) e^{-2\lambda r}$$

$$= 4\lambda^3 \left[\lambda^2 \frac{\Gamma(3)}{(2\lambda)^3} - 2\lambda \frac{\Gamma(2)}{(2\lambda)^2}\right]$$

$$= 4\lambda^3 \left(-\frac{1}{4\lambda}\right) = -\lambda^2$$

我们可以看到这里的量纲检验仍然是正确的。我们在下式中省略了 Dim[…] 符号

$$x^3 \Psi \frac{1}{x^2} \Psi \to E^{-3} E^{3/2} E^2 E^{3/2} = E^2 \to \lambda^2$$

动能项的期望值为

$$\left\langle \frac{\boldsymbol{p}^2}{2\mu} \right\rangle = \int d^3 x \Psi^*(r,\lambda) \left(-\frac{\Delta}{2\mu}\right) \Psi(r,\lambda) = \frac{\lambda^2}{2\mu} \tag{8.2.12}$$

相应的 Mathematica V4.0 计算过程为：

MATHEMATICA V4.0

$\mathrm{In}[3]:= \psi[r\_,\lambda\_] := \dfrac{\lambda^{3/2}}{\sqrt{\pi}} E^{-\lambda r}$ (* 定义"试探"波函数 *)

$\mathrm{In}[4]:= g[r\_,\lambda\_] := D[\psi[r,\lambda],\{r,2\}] + \dfrac{2}{r} D[\psi[r,\lambda],\{r,1\}]$

(* 轨道角动量为零的有效拉普拉斯算符 *)

$\mathrm{In}[5]:= 4\pi \int_0^\infty r^2 \psi[r,\lambda] g[r,\lambda] dr$

$\mathrm{Out}[5]= 4\sqrt{\pi}\ \lambda^{3/2}\ \ If\left[\mathrm{Re}[\lambda]>0, -\dfrac{\sqrt{\lambda}}{4\sqrt{\pi}}, \int_0^\infty e^{-\lambda r} r^2 \left(-\dfrac{2e^{-\lambda r}\lambda^{5/2}}{\sqrt{\pi} r} + \dfrac{e^{-\lambda r}\lambda^{7/2}}{\sqrt{\pi}}\right) dr\right]$

Mathematica 表达式 $D[\mathrm{psi}[r,\mathrm{lambda}],\{r,n\}]$ 功能为，以 r 为变量对 $\Psi(r,\lambda)$ 求 n 次偏导。幂指数势函数 $V(r)=ar^n$ 的期望值为

$$\int d^3 x \Psi^*(r,\lambda) V(r) \Psi(r,\lambda) = \frac{\lambda^3}{\pi} 4\pi a \int_0^\infty r^{n+2} e^{-2\lambda r} dr = \frac{\lambda^3}{\pi} 4\pi a \frac{\Gamma(n+3)}{(2\lambda)^{n+3}}$$

即

$$\langle V(r) \rangle \equiv \int d^3 x \Psi^*(r,\lambda) V(r) \Psi(r,\lambda) = 4a\lambda^3 \frac{\Gamma(n+3)}{(2\lambda)^{n+3}} \tag{8.2.13}$$

量纲分析要求

$$V = ar^n \quad \to \quad aE^{-n} \to E$$

即耦合常数 a 的量纲为

$$a \to E^{n+1}$$

则方程(8.2.13)的量纲也是正确的,即
$$a\lambda^{-n} \to E^{n+1}E^{-n} = E$$
与之对应的 Mathematica V4.0 的指令为:

MATHEMATICA V4.0

In[6]:= $\int_0^\infty r^{n+2} E^{-2\lambda r} dr$ (* 积分 *)

Out[6]= $If[\mathrm{Re}[\lambda]>0\&\&\mathrm{Re}[n]>-3, 2^{-3-n}\lambda^{-3-n}Gamma[3+n], \int_0^\infty \mathrm{e}^{-2\lambda r}r^{2+n}dr]$

结合方程(8.2.12)和(8.2.13),可得能量表示为
$$E(\lambda) = \frac{\lambda^2}{2\mu} + \frac{a}{2}\frac{\Gamma(n+3)}{(2\lambda)^n} \tag{8.2.14}$$

对于任何 $\lambda>0$ 的值,这一能量解始终是能量值"真解"的上界:$E_{\text{true}} \leqslant E(\lambda)$。通过求可使 $E(\lambda)$ 取最小值的变分参数 λ 值,即解出 $\lambda_{\min}$,就可以很容易地改进这一能量上限,使其逼近真解。显然,$\lambda_{\min}$ 由下式给出
$$\frac{\partial E(\lambda)}{\partial \lambda} = 0$$

对公式(8.2.14)求偏导,可得
$$\frac{\partial E(\lambda)}{\partial \lambda} = \frac{\lambda}{\mu} - an\frac{\Gamma(n+3)}{(2\lambda)^{n+1}} = 0$$

求解该方程得到
$$\lambda_{\min} = \left[\frac{an\mu\Gamma(n+3)}{2^{n+1}}\right]^{1/(n+2)} \tag{8.2.15}$$

将这一结果反代回关系式(8.2.14),即可得改进后的能量本征值上限
$$E_{\text{var}} = E(\lambda_{\min}) = \frac{1}{2}\left(\frac{1}{\mu}\right)^{n/(n+2)}\left[\frac{an\Gamma(n+3)}{2^{n+1}}\right]^{2/(n+2)}\left(1+\frac{2}{n}\right) \tag{8.2.16}$$

对应的 Mathematica V4.0 的程序为:

MATHEMATICA V4.0

In[7]:= $e[\lambda\_]:=\lambda^2/(2\mu) + a/2$ $Gamma[n+3]/(2\lambda)^n$ (* 定义函数 $E(\lambda)$ *)

In[8]:= $D[e[\lambda],\lambda]$

(∗对参数 λ 作微分(注意:D[e[λ],{λ,1}]等效于 D[e[λ],λ])):∗)

Out[8]= $\frac{\lambda}{\mu} - 2^{-1-n} a n \lambda^{-1-n} Gamma[3+n]$

(∗解方程求 $\lambda_{\min}$ ∗)}

In[9]:= $Solve[\lambda/\mu - 2^{-1-n} a n \lambda^{-1-n} \ Gamma[3+n] == 0, \lambda]$

Out[9]= {{$\lambda \to (2^{-1-n} a n \mu \ Gamma[3+n])^{\frac{1}{2+n}}$}}

In[10]:= $e[(2^{-1-n} a n \mu \ Gamma[3+n])^{1/(2+n)}]$ (∗计算 $E(\lambda_{\min})$ ∗)

Out[10]= $\frac{(2^{-1-n} a n \mu \, Gamma[3+n])^{\frac{2}{2+n}}}{2\mu} + 2^{-1-n} a \left((2^{-1-n} a n \mu Gamma[3+n])^{\frac{1}{2+n}}\right)^{-n} Gamma[3+n]$

(∗ 注意:指令 PowerExpand[expr] 的功能为将所有乘积和指数作幂次展开。% 代表 Mathematica 输出的最后的一个表达式,在此即为上面最后一个表达式,即Out[11]}。∗)

In[11]:= $PowerExpand[\%]$

Out[11]= $2^{\frac{-4-3n}{2+n}} a^{\frac{2}{2+n}} n^{\frac{2}{2+n}} \mu^{-\frac{n}{2+n}} Gamma[3+n]^{\frac{2}{2+n}} + 2^{\frac{-2-2n}{2+n}} a^{\frac{2}{2+n}} n^{-\frac{n}{2+n}} \mu^{-\frac{n}{2+n}} Gamma[3+n]^{\frac{2}{2+n}}$

通过仔细的比较,输出 Out[11]给出的结果与公式(8.2.16)是一致的。下面我们将式(8.2.16)应用于一些典型的势函数上。

库仑势:将 $a = -\alpha$ 和 $n = -1$ 代入,可得

$$E_{\text{true}} \leqslant -\frac{\alpha^2 \mu}{2}$$

可以看出,表达式的右边正好是氢原子基态能量,即等号是严格成立的。显然,这是由于我们恰好选取氢原子基态波函数作为"试探"波函数引来的。对于 $\alpha = 1$ 和 $\mu = 1$ 情况,能量数值解为 $E = -0.5$。这一处理的 Mathematica V4.0 表述式为

MATHEMATICA V4.0

In[13]:= $e[\lambda\_, n\_, a\_, \mu\_] := \lambda^2/(2\mu) + a/2 \ Gamma[n+3]/(2\lambda)^n$

(∗定义需要最小化的函数∗)

In[14]:= $FindMinimum[e[\lambda, -1, -1, 1], \{\lambda, 0.5\}]$

(∗以变分参数 $\lambda = 0.5$ 为起始点,求最小值∗)

Out[14]= {−0.5,{λ → 1.}}

(∗这可以理解为 $\lambda_{\min}=1$ 时,能量最小值 $E_{\min}=-0.5$ ∗)

对线性势情况,即 $V(r)=ar$,我们将 $n=1$ 代入关系式(8.2.16),得到

$$E_{\text{true}} \leqslant E_{\text{var}} = \left(\frac{3}{2}\right)^{5/3}\left(\frac{a^2}{\mu}\right)^{1/3}$$

将这一结果按关系式(8.2.6)的格式重写出来,有

$$E_{\text{true}} \leqslant \frac{3^{5/3}}{2^{4/3}}\left(\frac{a^2}{2\mu}\right)^{1/3} = 2.4764\left(\frac{a^2}{2\mu}\right)^{1/3} \tag{8.2.17}$$

而基态能量的"真解" E_{true} 可由 Airy 函数[8,9]的第一个零点给出

$$E_{\text{true}} = 2.3381\left(\frac{a^2}{2\mu}\right)^{1/3}$$

比较两种结果,可以看到我们求得的原始上限 E_{var} 与真值的相对误差非常小

$$\frac{E_{\text{var}}-E_{\text{true}}}{E_{\text{true}}} \cong 6\%$$

由此我们在不具体求解薛定谔方程的情况下,解析地推导出线性势基态本征能量,其数值结果与"真解"有很好的近似。

MATHEMATICA V4.0

In[15]:= e[λ_,n_,a_,μ_]:=$\lambda^2/(2\mu)$+a/2 Gamma[n+3]/(2λ)^n
  (∗定义能量函数∗)
In[16]:= FindMinimum[e[λ,1,1,1],{λ,0.5}]
  (∗以变分参数 λ=0.5 为起始点,求最小值。∗)
Out[16]= {1.96556,{λ−>1.14471}}

将 $n=a=1$ 代入公式(8.2.15)、(8.2.16)和(8.2.17),可以对以上结果进行检验。通常将计算结果用绘图显示出来,这样有助于进行比较。令 $2\mu=1$,我们分别绘制函数 $E_{\text{true}}=2.3381a^{2/3}$ 和 $E_{\text{var}}=2.4764a^{2/3}$,然后借助 Mathematica 的 Show 指令将两个图形合在一起进行比较。

MATHEMATICA V4.0

定义函数

In[17]:= etrue[a_]:=2.3381 a^(2/3)

In[18]:= eupper[a_]:=2.4764 a^(2/3)

In[19]:= plot1=Plot[etrue[a],{a,0,3},AxesLabel−>{"a","E"},TextStyle−

>{FontSlant->"Italic",FontSize->14}]　（∗绘制 E_{true}（plot1）∗）
（∗AxesLabel：定义坐标轴的表述；TextStyle 定义字型和字体大小。∗）

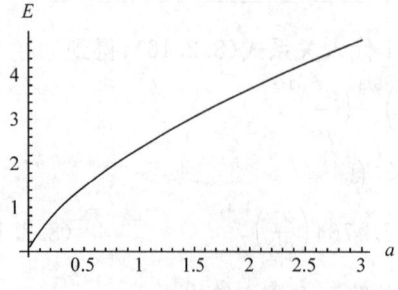

图 8.2.2　线性势基态能量真值 E_{true}

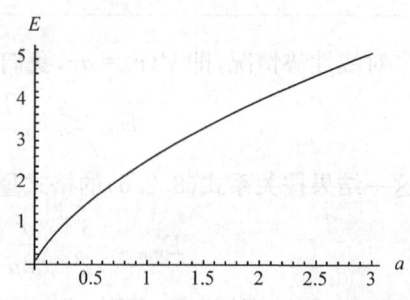

图 8.2.3　线性势基态的变分上限
能量 E_{var}

In[20]:=plot2=Plot[eupper[a],{a,0,3},AxesLabel->{"a","E"},TextStyle->
　　　{FontSlant ->"Italic",FontSize->14}]　　（∗绘制 E_{var}（plot2）∗）
In[21]:=Show[plot1,plot2]　　（∗将{plot1}与{plot2}合并绘制 ∗）

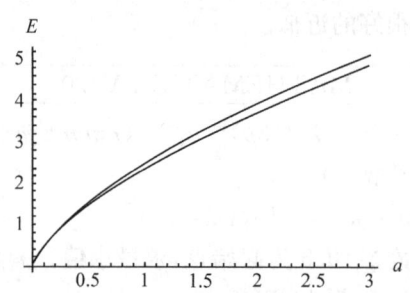

图 8.2.4　线性势基态能量真值和变分上限

5. 径向激发态能量本征值问题

上一小节讨论了基态的能量本征值问题。下面我们将讨论如何求解径向激发态的能量上限。这一求解过程的详细介绍可以参看文献[6]。在这里我们将求解一个线性势束缚系统的基态和第一激发态能量，以演示求解这类问题的一般方法。首先，需要选取一组正交基（"试验"波函数）。对于基态，我们再次选择氢原子本征函数

$$\Psi_0(r,\lambda) = \frac{\lambda^{3/2}}{\sqrt{\pi}} e^{-\lambda r}$$

而对于第一激发态，我们选用

$$\Psi_1(r,\lambda) = \frac{\lambda^{3/2}}{\sqrt{3\pi}}(3 - 2\lambda r)e^{-\lambda r} \qquad (8.2.18)$$

激发态的波函数是有节点的,我们选取的"试验"函数必须反映这一特性。第一激发态有一个节点,因此"试验"函数必须有一个零点,如等式(8.2.18)所示。第一激发态的"试验"波函数要求与基态本征函数相互正交

$$\langle \Psi_0 | \Psi_1 \rangle = 0$$

我们可以运用 Mathematica V3.0 语言系统直接检验其正交归一性。

MATHEMATICA

In[22]:=psi0[lambda_,r_]:= Sqrt[lambda^3/Pi] Exp[−lambda r]
　　(*定义基态"试验"函数 Ψ_0 *)
In[23]:=psi1[lambda_,r_]:= Sqrt[lambda^3/(3 Pi)](3− 2 lambda r) Exp[−lambda r]
　　(*定义第一激发态"试验"波函数 Ψ_1 *)
In[24]:=4 Pi Integrate[r^2 psi0[lambda,r]^2,{r,0,Infinity}]
(*检验 Ψ_0 的归一性*)
Out[24]:=$4Pi \dfrac{1}{4Pi}$

In[25]:=4 Pi Integrate[r^2 psi1[lambda,r]^2,{r,0,Infinity}]
　　(*检验 Ψ_1 的归一性*)
Out[25]:=$4Pi \dfrac{1}{4Pi}$

In[26]:=4 Pi Integrate[r^2 psi0[lambda,r] psi1[lambda,r],{r,0,Infinity}]
　　(*检验波函数 Ψ_0 和 Ψ_1 的正交性*)
Out[26]=4 Pi 0
In[27]:= 4 Pi Integrate[r^2 psi0[lambda,r] a r psi0[lambda,r],{r,0,Infinity}]
　　(*线性势期望值 $V_{00}=\langle \Psi_0 |ar| \Psi_0 \rangle$ *)
Out[27]= $4 \quad Pi \quad \dfrac{3a}{8 \; lambda \; Pi}$

In[28]:=4 Pi Integrate[r^2 psi0[lambda,r] a r psi1[lambda,r],{r,0,Infinity}]
　　(*线性势矩阵元 $V_{01}=V_{10}=\langle \Psi_0 |ar| \Psi_1 \rangle$ *)
Out[28]=$4 \quad Pi\left(-\dfrac{Sqrt[3] \quad a}{8 \; lambda \; Pi}\right)$

In[29]:=4 Pi Integrate[r^2 psi1[lambda,r] a r psi1[lambda,r],{r,0,Infinity}]

(∗线性势期望值 $V_{11}=\langle\Psi_1|ar|\Psi_1\rangle$ ∗)

Out[29]= $4 \quad Pi \quad \dfrac{5}{8} \dfrac{a}{lambda \ Pi}$

In[30]:= laplacepsi0[lambda _, r _]:=D[psi0[lambda,r],{r,2}]+2/r
　　　D[psi0[lambda,r],r]　(∗定义基态波函数 Ψ_0 的拉普拉斯量∗)

In[31]:= laplacepsi1[lambda _, r _]:=D[psi1[lambda,r],{r,2}]+2/r
　　　D[psi1[lambda,r],r]　(∗定义第一激发态 Ψ_1 的拉普拉斯量∗)

In[32]:= 4 Pi Integrate[r^2 psi0[lambda,r](−laplacepsi0[lambda,r]/(2 mu)),
　　　{r,0,Infinity}]　(∗动能项期望值 $T_{00}=\langle\Psi_0|-\dfrac{\nabla^2}{2\mu}|\Psi_0\rangle$ ∗)

Out[32]= $4 \ Pi \dfrac{lambda^2}{8 \ muPi}$

In[33]:= 4 Pi Integrate[r^2 psi0[lambda,r](−laplacepsi1[lambda,r]/(2 mu)),
　　　{r,0,Infinity}]　(∗动能项矩阵元 $T_{01}=T_{10}=\langle\Psi_0|-\dfrac{\nabla^2}{2\mu}|\Psi_1\rangle$ ∗)

Out[33]= $4 \quad Pi \quad \dfrac{lambda^2}{4 \ Sqrt[3]muPi}$

In[34]:= 4 Pi Integrate[r^2 psi1[lambda,r](−laplacepsi1[lambda,r]/(2 mu)),
　　　{r,0,Infinity}]　(∗动能项期望值 $T_{11}=\langle\Psi_1|-\dfrac{\nabla^2}{2\mu}|\Psi_1\rangle$ ∗)

Out[34]= $4 \quad Pi \quad \dfrac{7}{24} \dfrac{lambda^2}{mu \ Pi}$

根据以上矩阵元定义,即可求解方程(8.2.7)。我们将运用 Mathematica 语言,分别以解析和数值两种方式求能量本征值。

MATHEMATICA

(∗能量矩阵元:∗)

In[35]:= e00[lambda _, mu _, a _]:=lambda^2/(2 mu)+3 a/(2 lambda)
In[36]:= e11[lambda _, mu _, a _]:=7 lambda^2/(6 mu)+5 a/(2 lambda)
In[37]:= e10[lambda _, mu _, a _]:=lambda^2/(Sqrt[3]mu)−Sqrt[3]a/(2 lambda)
In[38]:= ematrix[lambda _, mu _, a _]:={{e00[lambda,mu,a],e10[lambda,mu,a]},
　　　{e10[lambda,mu,a],e11[lambda,mu,a]}}
　　(∗定义以参数 λ,μ 和 a 为自变量的能量矩阵元 $E_{ij}(\lambda)$ ∗)
In[39]:= eeigen[lambda _, mu _, a _]:=Eigenvalues[ematrix[lambda,mu,a]]

(*定义以参数 λ, μ 和 a 为自变量的能量本征值 $E(\lambda)$ *)
In[40]:= eeigen[lambda,mu,a]　(* 解析推导本征值 *)
Out[40]= {(5 * lambda^4 * mu + 12 * a * lambda * mu^ — 2 * lambda * mu * Sqrt[4 * lambda^6 — 6 * a * lambda^3 * mu + 9 * a^2 * mu^2])/(6 * lambda^2 * mu^2), (5 * lambda^4 * mu + 12 * a * lambda * mu^2 + 2 * lambda * mu * Sqrt[4 * lambda^6 — 6 * a * lambda^ * mu + 9 * a^2 * mu^2])/(6 * lambda^2 * mu^2)}
In[41]:= FullSimplify[%]　(* 化简上式 *)
Out[41]= {(5 * lambda^3 + 12 * a * mu — 2 Sqrt[4 * lambda^6 — 6 * a * lambda^3 * mu + 9 * a^2 * mu^2])/(6 * lambda * mu), (5 * lambda^3 + 2 * (6 * a * mu + Sqrt[4 * lambda^6 — 6 * a * lambda^3 * mu + 9 * a^2 * mu^2]))/(6 * lambda * mu)}
In[42]:= eeigen[1,1/2,1]
(* 在 $\lambda=1$ GeV、$\mu=0.5$ GeV 及 $a=1(GeV)^2$ 条件下,数值求解本征值 E *)
(* 在 $\lambda=1$ GeV、$\mu=0.5$ GeV 及 $a=1(GeV)^2$ 条件下,数值求解本征值 E *)
Out[42]= {(11 — Sqrt[13])/3, (11 + Sqrt[13])/3}
In[43]:= N[%]　(* 数值化 Mathematica 指令 N[expr]可求表达式 expr 的数值 *)
Out[43]= {2.46482, 4.86852}

由上式可知,能量本征值的变分上限分别为

$$E_{upper}(1S) = 2.46482 \quad GeV$$

$$E_{upper}(2S) = 4.86852 \quad GeV$$

其相应的真值解为(由 Airy 函数的头两个零点给出)

$$E_{true}(1S) = 2.33811 \quad GeV$$

$$E_{true}(2S) = 4.08795 \quad GeV$$

对于基态(以 1S 表示),我们所得的变分上限值 E_{upper} 的相对误差为

$$\frac{E_{upper}(1S) - E_{true}(1S)}{E_{true}(1S)} = 5.4\%$$

这一结果比前面给出的 6% 相对误差稍好一些。由此可以看出,通过增加矩阵的大小(此处是由 1×1 变成 2×2),可以提高上限值的近似程度。对于第一激发态(以 2S 表示),变分上限值 E_{upper} 的相对误差为

$$\frac{E_{upper}(2S) - E_{true}(2S)}{E_{true}(2S)} = 19.1\%$$

这一误差值稍大了一些,我们可以运用方程(8.2.8)及(8.2.9)来改进这一结果。这样我们就能找到覆盖在所选的这组"试验"波函数上的能量本征值最小值。

但是,改变变分参数 λ 往往会破坏来自于不同激发态"试验"波函数的正交性。原则上,特征方程并非由方程(8.2.7)给出。关于这一困难的详细讨论参见文献

[6]。考虑到这一因素,下面我们将仅限于基态 1S 的讨论,因为基态不涉及正交性破坏的问题。

运用最小化过程,通过最小化相应的能量矩阵 E_{ij} 的本征值 E_λ,我们能够优化前面得到的线性势基态能量上限。借助 Mathematica 指令 Part[expr,i] 功能:将表达式 expr 的第 i 部分取出返回,这样就将本征值从前面给出的解析结果中提取出来。

MATHEMATICA

In[44]:=e00eigen[lambda_]:=Part[Eigenvalues[ematrix[lambda,1/2,1]],1]

(* 在 $\mu=0.5$ GeV 及 $a=1$ (GeV)^2 条件下,定义以 λ 为自变量的基态本征值 *)

In[45]:=e00eigen[lambda] (* 解析计算基态能量本征值 *)

Out[45]=(6 * lambda+5 * lambda^4−lambda * Sqrt[9−12 * lambda^3+
    16 * lambda^6])/(3 * lambda^2)

In[46]:=FindMinimum[%,{lambda,0.5}]

(* 寻找 1S 态能量的最小值(以 $\lambda=0.5$GeV 为起始点) *)

(* 虽然我们希望能够用 Mathematica 指令 FindMinimum[e00eigen[lambda],{lambda,0.5}]求得正确的最小值,但实际运行显示 Mathematica 无法同步实现计算本征值、抽取矩阵元相关部分并求解最小值。因此,在实际运用中,我们是将计算过程仔细地划分成几部分来进行的。*)

Out[46]={2.4322,{lambda −>0.665633}}

通过对变分参数最小化后,得到改进的新结果为

$$E_{\text{var}}(1S) = 2.43220 \quad \text{GeV}$$

此时参数为

$$\lambda_{\min} = 0.665633 \quad \text{GeV}$$

显然,我们已经成功地减小了相对误差

$$\frac{E_{\text{var}}(1S) - E_{\text{true}}(1S)}{E_{\text{true}}(1S)} = 3.9\%$$

正如前面所说,最小化过程一般将导致基态和激发态具有不同的变分参数值:$\lambda_i \neq \lambda_j$。由此,所有这些态一般将不再正交。即

$$\langle \Psi_i(\lambda_i) | \Psi_j(\lambda_j) \rangle \neq \delta_{ij}$$

此时,本征值问题的特征方程(8.2.7)将变为

$$\det \left| \langle \Psi_i(\lambda_i) | \hat{H} | \Psi_j(\lambda_j) \rangle - E^{\text{upper}} \langle \Psi_i(\lambda_i) | \Psi_j(\lambda_j) \rangle \right| = 0$$

在下面的内容中,我们将讨论如何通过扩大矩阵大小,来进一步提高薛定谔能级上限的精确度。

6. 拉盖尔(Laguerre)上限

从前面的讨论可以看出,精确地求解能量上限的关键步骤是选择一组合适的"试探"波函数。我们这里引入一组拉盖尔多项式 $L_k^{(\gamma)}$,以提高"试探"波函数的性能。并进一步引入两个变分参数:含质量量纲的参数 λ 及无量纲的参数 β;以及选择可以得到含角动量 l 及其投影 m 的"试验"波函数 $\psi_{k,lm}(\boldsymbol{x})$,其相应的坐标空间表述为

$$\psi_{k,lm}(\boldsymbol{x}) = N \mid \boldsymbol{x} \mid^{l+\beta-1} \exp(-\lambda \mid \boldsymbol{x} \mid) L_k^{(\gamma)}(2\lambda \mid \boldsymbol{x} \mid) Y_{lm}(\Omega) \qquad (8.2.19)$$

波函数的归一化条件要求变分参数 λ 数值为正:即 $\lambda > 0$。这里,$Y_{lm}(\Omega)$ 标识在与立体角 Ω 内的角动量为 l,其投影为 m 的球谐函数,其正交关系约定为

$$\int d\Omega Y_{lm}^*(\Omega) Y_{l'm'}(\Omega) = \delta_{ll'}\delta_{mm'} \qquad (8.2.20)$$

式(8.2.19)所定义的波函数正交归一,不但确定了归一化常数 N,还对参数 γ 的取值做出限制:$\gamma = 2l + 2\beta$。由此可得

$$\psi_{k,lm}(\boldsymbol{x}) = \sqrt{\frac{(2\lambda)^{2l+2\beta+1}k!}{\Gamma(2l+2\beta+k+1)}} \mid \boldsymbol{x} \mid^{l+\beta-1} \exp(-\lambda \mid \boldsymbol{x} \mid) L_k^{(2l+2\beta)}(2\lambda \mid \boldsymbol{x} \mid) Y_{lm}(\Omega)$$

它满足的正交归一化条件为

$$\int d^3 x \psi_{k,lm}^*(\boldsymbol{x}) \psi_{k',l'm'}(\boldsymbol{x}) = \delta_{kk'}\delta_{ll'}\delta_{mm'}$$

很显然,正交归一化同时也对第二个变分参数 β 做出限制 $2\beta > -1$,即其取值域为 $\beta > -\frac{1}{2}$。为便于讨论,我们做以下化简:质量标度 $m_1 = m_2 = 1\text{GeV}$,变分参数 $\lambda = 1\text{GeV}$ 及 $\beta = 1$。为表述求解的一般过程以及便于比较,我们仍将讨论线性势的情况 $V = ar$,并取 $a = 1(\text{GeV})^2$。这里的计算至少在矩阵大小扩大到 4×4 阶时,所有计算仍能够解析求解(手工推导)。这一工作留给读者作为一个练习。下面将演示运用 Mathematica 语言进行计算的过程:
- 定义所选取的"试探"波函数 $\psi_{k,lm}(\boldsymbol{x})$;
- 计算拉普拉斯算符(动能项)的矩阵元;
- 计算径向坐标 r(势能项)的矩阵元;
- 确定所得的总能量矩阵 $E_{ij}(\lambda)$ 的本征值 $E(\lambda)$;
- 比较不同矩阵大小对应的能量本征值,以期观测到收敛行为。

MATHEMATICA

In[47]:= psix[k_,l_,m_,r_] := Sqrt[2^(2 l+3) k! /Gamma[2 l+3+k]] r^l
 Exp[-r] * LaguerreL[k,2 l+2,2 r] * SphericalHarmonicY[l,m,theta,phi]

(*定义"试探"波函数 $\psi_{k,lm}(x)$ *)
In[48]:=psi[k_,r_]:=psix[k,0,0,r]
(*由于我们仅讨论 S 波情况,可使"试探"波函数有 $l=m=0$ *)
In[49]:=delta[k_,r_]:=D[psi[k,r],{r,2}]+2/r D[psi[k,r],{r,1}]
(*定义拉普拉斯算符作用在 $l=0$(S 波)态上的 $\Delta\psi_k(r)$ *)
In[50]:=intks[k_,s_,r_]:=psi[s,r] delta[k,r]
(*定义 $\psi_s(r)\Delta\psi_k(r)$ *)
In[51]:=kinen[k_,s_]:=-4 Pi Integrate[r^2 intks[k,s,r],{r,0,Infinity}]
(*动能算符 $T=-\Delta$ 的矩阵元 $\int_0^\infty dr\, r^2 \psi_s(r)(-\Delta\psi_k(r))$(注:由于已取两粒子质量为 $m_1=m_2=1\text{GeV}$,约化质量 μ 也将等于 $1/2\text{GeV}$) *)
In[52]:=poten[k_,s_]:=4 Pi Integrate[r^3 psi[s,r] psi[k,r],{r,0,Infinity}]
(*势能算符 $V(r)=r$ 的矩阵元 $\int_0^\infty dr\, r^2 \psi_s(r) r \psi_k(r)$ *)
In[53]:=toten[k_,s_]:=kinen[k,s]+poten[k,s]
(*总能量矩阵元*)
(*下面我们将用 Table 指令来构造矩阵。因为矩阵指标是从 0 开始计数的,我们需要重新定义矩阵,以使 $x=1$ 时给出 1×1 矩阵等等。*)
In[54]:=totenmat[x_]:=Table[toten[k,s],{k,0,x-1},{s,0,x-1}]
(*借助指令 Eigenvalues[M],定义函数 eeigen[x]。这一指令将给出 $x\times x$ 阶矩阵 M 的本征值,亦即对任意的 $x\times x$ 阶矩阵对角化。*)
In[55]:=eeigen[x_]:=Eigenvalues[totenmat[x]]
In[56]:=eeigen[1]   (* 1×1 能量矩阵的本征值*)
Out[56]=$\left\{\frac{5}{2}\right\}$

In[57]:=eeigen[2]   (* 2×2 能量矩阵的本征值*)
Out[57]=$\left\{\frac{1}{3}(11-\sqrt{13}),\ \frac{1}{3}(11+\sqrt{13})\right\}$

In[58]:=N[%]   (*运用 N[%] 指令对上式输出进行数值化处理*)
Out[58]={2.46482,4.86852}   (*数值化的基态和第一激发态能量*)
In[59]:=eeigen[3]   (* 3×3 能量矩阵的本征值*)
Out[59]=$\left\{\frac{9}{2},\ 5-\sqrt{7},\ 5+\sqrt{7}\right\}$

In[60]:=N[%] (*运用 N[%]指令对上式输出进行近似数值计算*)
Out[60]={2.35425,4.5,7.64575} (*数值化的基态和第一、第二激发态能量*)
(*通常,一个 5×5 矩阵的本征值是无法解析求解的。我们来进行数值求解*)

In[61]:=N[eeigen[5]]　（*求基态和前4个激发态的能量的近似数值*）
Out[61]={2.34136,4.13334,5.72535,8.11424,15.519}
In[62]:=N[eeigen[10]]　（*注:10×10能量矩阵本征值的计算将耗费一定机时*）
Out[62]={2.33812,4.08858,5.53209,6.83859,8.14892,9.91409,12.195,14.096,17.146,49.7026}　（*基态和前9个径向激发态的能量*）

在表8.2.1中,我们对基态、激发态能级上限精确度与能量矩阵大小的关系进行了一个对照比较。

表8.2.1　不同大小矩阵对应的能量本征值相对误差的比较

矩阵大小	1S态	2S态
1×1	6%	—
2×2	5%	19%
3×3	0.7%	10%
5×5	0.1%	1%
10×10	4×10^{-4}%	2×10^{-2}%

可见,这样的处理对精度的提高极为显著。需要指出的是,这种处理方法应用范围很广,对不同幂指数 $V=r^n$ 的势函数 $V(r)$,以及不同于非相对论 $p^2/2m$ 的微分算符都适用。因此,我们可以用这一方法来求解更为复杂的哈密顿算符的能量本征值问题,如处理包含平方根相对论动能算符 $\sqrt{p^2+m^2}$ 的准相对论过程[10]。另一方面,由于直到 4×4 阶能量矩阵 E 是能够解析对角化的,这一特性使我们能够对纯数值计算给出的结果进行控制。但是,我们需要牢记此处计算得出的数值结果,仅是表示能量本征值真实解的上限:$E_{true}\leqslant E(\lambda)$。

总结:在本节中,我们讨论了如何运用Mathematica语言和一些基本物理原理简便地处理束缚态问题,并且由此计算给出的数值结果具有较好的精度。我们在计算中并未真正涉及相关波函数的确定问题。然而,我们的这种处理和计算方法说明,只要矩阵尺度足够大,即可实现对于波函数任意精度的逼近。另一方面,对于小尺度矩阵而言,一般来说即使能级计算给出的结果相当准确,我们也不能完全相信所选取的波函数。

作为一个例子,下面将绘制 $k=0$ 和 $k=5$ 情况下"试探"波函数的三维图形。以便直观了解一下这些波函数到底是什么样的。

MATHEMATICA

In[63]:=psix[k_,l_,m_,x_,y_] := Sqrt[2^(2 l+3) k! /Gamma[2 l+3+k]]

Sqrt[x^2 + y^2]^l Exp[-Sqrt[x^2+y^2]] LaguerreL[k, 2 l+2, 2 Sqrt[x^2+y^2]]

(* 将"试探"波函数 $\psi_{k,lm}(x)$ 化为自变量 x,y 的图形函数 $\psi_{k,lm}(x,y)$ *)

In[64]:=Plot3D[psix[0,0,0,x,y],{x,-4,4},{y,-4,4},TextStyle-> {FontSlant->"Italic",FontSize->12}]

(* 绘制 $k=l=m=0$ 情况下"试探"函数 $\psi_{k,lm}(x,y)$ 的三维图形。这就是波函数的本征基态。见图 8.2.5 *)

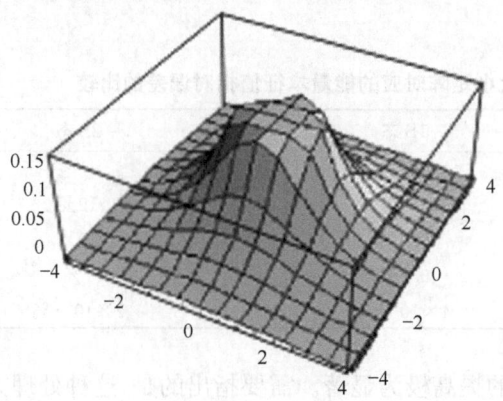

图 8.2.5　$k=l=m=0$ 时的"试探"波函数 $\psi_{k,lm}(x,y)$

(* 注:对 $k\neq 0$,函数 $\psi_{k,lm}(x,y)$ 并不是对应于特定的激发能级上的"试验"波函数。合适的"试验"函数要通过求解能量矩阵的本征矢量来决定,"试验"波函数则是各种"试验"函数的叠加。*)

In[65]:=Plot3D[psix[5,0,0,x,y],{x,-4,4},{y,-4,4},TextStyle-> {FontSlant->"Italic",FontSize->12}]

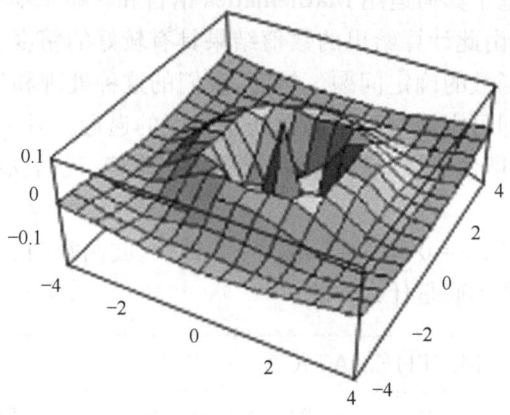

图 8.2.6　$k=5$ 且 $l=m=0$ 时的"试探"波函数 $\psi_{k,lm}(x,y)$

（*绘制 $k=5$ 且 $l=m=0$ 时的"试探"函数 $\psi_{k,lm}(x,y)$ 的三维图形。见图 8.2.6。*）

8.3 求解薛定谔方程束缚态问题

正如前面介绍的，在大量的应用领域中，存在着许多非相对论势作用下的薛定谔方程却难以求得其解析解。夸克在束缚态下通过球对称势进行的相互作用就属于这类情况。对于有球对称性的势函数（$V(r)$，$r=|\boldsymbol{r}|$，其中 $\boldsymbol{r}$ 为两体的相对坐标）的两体问题的薛定谔方程，我们已经在8.1节中进行了推导。在自然单位制下（$\hbar=c=1$），其定态薛定谔方程可以通过波函数分离变量的表示，得到径向微分方程[参见公式(8.1.15)]

$$\frac{1}{r^2}\frac{\mathrm{d}}{\mathrm{d}r}\left(r^2\frac{\mathrm{d}R}{\mathrm{d}r}\right)-\left[2\mu(V(r)-E)+\frac{l(l+1)}{r^2}\right]R=0 \quad (8.3.1)$$

我们对这个方程引入变换

$$R_{n,l}(r)=\frac{y_{n,l}(r)}{r}$$

从而得到一个导出波函数 $y_{n,l}(r)$ 的微分方程

$$\left[\frac{1}{2\mu}\left(-\frac{\partial^2}{\partial r^2}+\frac{l(l+1)}{r^2}\right)+V(r)\right]y_{n,l}(r)=E_{n,l}y_{n,l}(r) \quad (8.3.2)$$

其中，激发态主量子数为 n，轨道角动量量子数为 l（$l=0,1,2,\cdots$），$E_{n,l}$ 为能量本征值，$n=0,1,2,\cdots$ 也等于对应束缚态波函数在 $r\in(0,\infty)$ 区间的节点数，这些节点位置也对应径向激发态。非相对论两体问题薛定谔方程的导出波函数 $y_{n,l}(r)$ 应当具有如下归一化条件

$$\int_0^\infty \mathrm{d}r[y_{n,l}(r)]^2=1 \quad (8.3.3)$$

本节我们将介绍一个 Mathematica 程序（见附录 F）[11]，它采用龙格-库塔（Runge-Kutta）方法（见附录 C）来对球对称的势函数类型的薛定谔方程做数值求解。由于在 Mathematica 系统下程序事先未经过编译过程而直接交计算机，因而，采用 Mathematica 程序求解微分方程要比采用 FORTRAN 程序消耗更多的计算时间。但另一方面，在 Fortran 系统内部处理图像是相当复杂的，同时在 FORTRAN 系统下对于任意新的势函数都需要重复编辑——编译——运行程序的过程。因此，在研究各种不同的势函数情况的时候，Mathematica 系统要比 FORTRAN 系统方便。在 Mathematica 系统下定义用户函数，计算矩阵元，以及使用图形工具都要简洁得多。

现在我们来看如何求解式(8.3.2)所示的束缚态问题的径向微分方程。方程

(8.3.2)可以写为更方便处理的形式

$$y''_{n,l}(r) = [V_{\text{eff}}(r) - \varepsilon_{n,l}]y_{n,l}(r) \tag{8.3.4}$$

这里我们定义了有效势:$V_{\text{eff}}(r) = 2\mu V(r) + \dfrac{l(l+1)}{r^2}$,对应的标度能量本征值定义为:$\varepsilon_{n,l} \equiv 2\mu E_{n,l}$。

为了使能量本征值 E 有下界,势函数 $V(r)$ 至少应满足如下条件:$r^2 V(r)$ 要是解析、非奇异的函数(即 $V(r)$ 要比 $-1/r^2$ 的奇异性小)。微分方程(8.3.4)的可归一化的通解可以用如下的展开形式给出:$y(r) \propto r^{l+1}[1 + O(r)]$。因此,未归一化的波函数 $y(r)$ 在 $r \to 0$ 时的渐近值为

$$\lim_{r \to 0} y(r) = r^{l+1}$$

归一化条件式(8.3.3)要求波函数在 $r \to \infty$ 时,$y(r) \to 0$。因此,寻找能量本征值 E 及对应的波函数 y 的主要思路就是:使方程(3.8.4)中定义的 ε 的值由低至高变化,进行一次渐近行为的扫描,在其中寻找在 $r \to \infty$ 时,满足 $y(r) \to 0$ 条件的 ε 值。我们不失一般性地假定在原点附近 y 为正值,即 $y(0+) \geqslant 0$。分析得到导出波函数 $y(r)$ 的渐进行为如下:

(1) 对于足够小的 ε,$V_{\text{eff}} - \varepsilon$ 显然为正,故当 $r \to \infty$ 时,$y(r) \to +\infty$。

(2) ε 值增大,$y(r)$ 在 $r \to \infty$ 时的发散程度应当减弱。

(3) ε 值继续增大,在 r 的某些取值范围内 $V_{\text{eff}} - \varepsilon$ 变为负值。如果这个范围足够大,则有可能在 ε 取某个值时,使得当 $r \to \infty$,$y(r) \to 0$(见图 8.3.1)。这就找到了在给定 l 值时的最低束缚态本征能量 $E_{0,l}$ 的值。

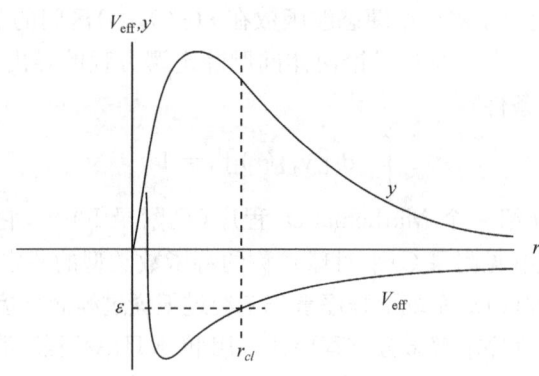

图 8.3.1 有效势 V_{eff} 与导出基态波函数 $y(r)$ 的数值特性图

(4) ε 值继续增大,$y(r)$ 将会在某处跨越 0 值,并且具有 $r \to \infty$ 时,$y(r) \to -\infty$ 的渐进性质。

(5) 进一步增大 ε,对于某个特定的 ε 值,$y(r)$ 将满足:当 $r \to \infty$ 时,$y(r) \to 0-$,则第一径向激发态能量本征值 $E_{1,l}$ 可以确定下来。

现在我们将该扫描计算流程具体总结如下：微分方程(8.3.4)的积分从原点开始。如果势函数在原点奇异，则从距离原点很近的一点 $r=\delta$ 开始。考虑到边界条件

$$y(\delta) = \delta^{l+1}$$
$$y'(\delta) = (l+1)\delta^{l} \qquad (8.3.5)$$

首先，我们注意到存在一个经典的转折点 r_{cl}，使得对所有的 $r>r_{cl}$，我们有 $V_{\text{eff}}(r)>\varepsilon_{n,l}$，其中 r_{cl} 为满足方程 $V_{\text{eff}}(r)=\varepsilon_{n,l}$ 的最大 r 值。第二，我们还需注意对于所有 $r>r_{cl}$，$\text{sign}[y''(r)]=\text{sign}[y(r)]$。这意味着波函数为正（负）值的时候，其曲线呈凹（凸）特性。因此对于任意点 $r_>>r_{cl}$，$y(r_>)>0$ 和 $y'(r_>)>0$，则意味着 $y(r)\to +\infty$（对 $r\to\infty$）；而 $y(r_>)<0$ 和 $y'(r_>)<0$，则意味着 $y(r)\to -\infty$（对 $r\to\infty$）。显然在这两种情况下积分过程均可以终止。

在积分过程中激发态等级可以通过本征值理论确定。即激发态波函数的节点数等于其激发等级数。由此可以知道基态波函数无节点（$n=0$），而对第 n 级激发态波函数则对应着 n 个节点数（$n=1,2,\cdots$）。为了能定位一个所需的束缚态，可以为能量 ε 确定一个范围，即确定大致的下界 E_L 和上界 E_U。数值积分采用龙格-库塔（Runge-Kutta）方法（参考附录 C）由 $r=\delta$ 开始积分，对应的边界条件采用式(8.3.5)，初值取算术平均值 $(E_L+E_U)/2$。积分过程中在预先设定的区间 (E_L, E_U) 内测定节点数 n，并且在迭代的过程中适当的改变 E_L 和 E_U 的值。如果 E_L 与 E_U 取值不当，ε 将趋近于与真实的能量本征值最接近的一个边界。而为了使 (E_L, E_U) 包含能量本征值，就需将对应的边界值更改（参照附录 F 中的程序）。

现在，我们介绍如何运用 Mathematica 程序来实现上述求解思想。Schroedinger.m 通过如下方法确定 r_{cl}：在 r 最大的点附近找到有效势的局部最小值，为便于数值计算，程序给极小值加上一个步长 h，以此设定一个上界。当然，对于某些势函数，如某些保守场的势，局部极小值可以以解析的形式给出。对于所有的纯幂次势，这个局部极小值可以得到解析的表示。例如，对于一些球对称的势函数 $V(r)=r^k, k\in N$，其有效势的极小值存在于

$$r = \left[\frac{l(l+1)}{k\mu}\right]^{1/(k+2)}$$

对更加复杂的势函数，局部极小值则需用数值方法给出。这一工作是由 xwmil1 模块完成；后面的宗量包括电子的激发态量子数 l，用于数值积分的步长 h，还有包括搜索最小值的步长 weit 以及搜寻时的初值 xrat。其中 l,h 是在调用 schroe 的过程中获得的。过程在调用 xwmil1 时，将 *weit* 值定为 0.5，*xrat* 值猜测为 20（这两个值在搜寻极小值时是相当好的起始值，但也可以在程序模块 schroe 中加以更改）。Schroedinger.m 程序中采用的是 4 阶的龙格-库塔方法。对于形式为附录 C

公式(C.1)的常微分方程,其 4 阶的龙格-库塔法数值积分采用附录 C 公式(C.12)。而对于程序中的微分方程:$y''_{n,l}(r)=[V_{eff}(r)-\varepsilon_{n,l}]y_{n,l}(r)$,则将其变换为:$z'=f(x,y,z),y'=z,y(a)=y_0,z(a)=y'(a)=z_0$ 进行数值积分。

在加载 Schroedinger.m 以后,程序首先给出使用方法及参数、变量的定义。该程序使用步骤如下:

输入:schroedinger.m

输出:定义及使用方法说明

输入:势函数 vl[r_](例如,谐振子势,vl[r_]:=r2)

输入:schroe[0,20,2,1,0.01,1,1]

上述变量分别对应:

能量本征值 ε 下限值 E_L 在选择能量单位下的数值(=0);

能量本征值 ε 上限值 E_U 在选择能量单位下的数值(=20);

节点数 $n=$径向激发态数(=2);

角动量量子数 $l=$轨道激发态(=1);

积分步长 h 在选择能量单位下的数值(=0.01);

质量 m_1,m_2 在选择能量单位下的数值($m_1=m_2=1$)。

输出:能量本征值在选择能量单位下的数值,等等。

```
E =13.,L =1, N = 2,
Integration steps = 5 89,h = 0.01,del =0.001,el =0,eu =20,
Largest x, upper integration limit, XMAX =5.881,
Smallest x, lower integration limit, XMIN = del =0.001,
The not normalized reduced wave function is yschr[x].
The normalizationfactor is given by:
1/NIntegrate[yschr[x]^2,{x,del,xmax}]
```

上面则是示例产生的一个数值结果的输出。如果需要,还可以给出未归一化的导出波函数 y(程序中称为 yachr)随 r(程序中称为 x)变化的图。其结果如下:

我们现在可以用 Mathematica 内部函数计算诸如矩阵元 $<1/r>$。

```
Input : NIntegrate[1/r yschr[r]^2, {r, del, xmax}]/
        NIntegrate[yschr[r]^2, {r, del, xmax}]
Output : 0.625982
```

表 8.3.1 和表 8.3.2 分别列出了对简谐振子势和库仑势下,步长 h 和出发点 del 变化时测试运行得到的结果。很明显,对所有的态 $y(0)$ 必须为零,而 $y'(0)$ 仅仅对 $l=0$ 的态才不为零,这给了一个平庸而自洽的检验。当然所需的计算时间强烈依赖所需的计算精度。可以看出,本节介绍的 Mathematica 程序提供了一个易

于掌握的非相对论性束缚态波函数和能量计算的工具。

表 8.3.1 简谐振子势 $V(r)=r^2$ 下的能量本征值，在原点的动量、波函数和误差

（选择的参数为 $m_1=m_2=1\text{GeV}, h=0.01(\text{GeV})^{-1}, E_L=0\text{GeV}$ 和 $E_U=20\text{GeV}$。准确的能量为 $E_{n,l}=(4n+2l+3)\text{GeV}$；计算值的误差仅仅是由于我们数值计算方法的精度与 h 的关联上。）

n	l	$E_{n,l}$/GeV	$\langle 1/r \rangle$/GeV	$\langle 1/r^2 \rangle/(\text{GeV})^2$	$[v(0)]^2$/GeV	$[v'(0)]^2/(\text{GeV})^3$
0	0	2.999997	1.1284	1.9977	0.0000	2.2567
1	0	7.000003	0.9403	1.9966	0.0000	3.3851
2	0	10.999999	0.8369	1.9958	0.0000	4.2314
0	1	4.999995	0.7523	0.6667	0.0000	0.0000
1	1	9.000001	0.6770	0.6667	0.0000	0.0000
2	1	12.999997	0.6260	0.6667	0.0000	0.0000
0	2	7.000003	0.6018	0.4000	0.0000	0.0000
1	2	10.999999	0.5588	0.4000	0.0000	0.0000
2	2	15.000005	0.5266	0.4000	0.0000	0.0000

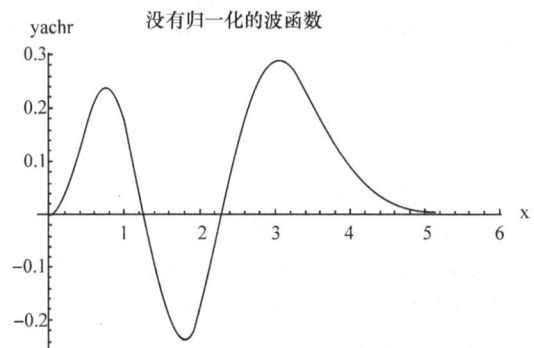

图 8.3.2 导出波函数 y（图中称为 yachr）随 r（图中称为 x）变化的图

表 8.3.2 库仑势 $V(r)=-1/r$ 下的能量本征值，动量、在原点的 1S, 2S 和 2P 态的波函数和误差等作为步长 h 的函数变化表

（起点 δ 由 $\delta=h/10$ 计算得到。选择的参数数值为 $m_1=m_2=1\text{GeV}, E_L=-1\text{GeV}$ 和 $E_U=+1\text{GeV}$。对应的准确结果在括号内给出。）

状态	1S		2S		2P	
$h/(\text{GeV})^{-1}$	0.1	0.05	0.1	0.05	0.1	0.05
$-E_{n,l}$/GeV	0.249973	0.249996	0.062496	0.062496	0.062504	0.062504
	(0.25)		(0.0625)		(0.0625)	
$\langle 1/r \rangle$/GeV	0.4999	0.4999	0.1250	0.1250	0.1250	0.1250
	(0.5)		(0.125)		(0.125)	
$\langle 1/r^2 \rangle/(\text{GeV})^2$	0.4947	0.4974	0.06185	0.06221	0.02082	0.02082
	(0.5)		(0.0625)		(0.02083)	
$[v'(0)]^2/(\text{GeV})^3$	0.4897	0.4949	0.06123	0.06190	2.10^{-6}	4.10^{-7}
	(0.5)		(0.0625)		(0)	

习 题

(1) 画出不同主量子数、轨道量子数 n,l 下,氢原子径向部分波函数随 r 的变化图形,并讨论原子序数 Z 变化的作用。

(2) 画出不同轨道量子数、磁量子数 l,m 下,氢原子 θ,φ 部分波函数随 θ 和 φ 的变化的三维图形。

(3) 采用诺伊曼诺夫(Numerov)法(参见附录 C),编写一个程序求解电子的一维薛定谔方程的最低的两个能量本征值和波函数。该电子所在势阱的势函数为(我们选择原子单位 a.u.,即 $m_e=e=\hbar=c=1$)

$$V(x)=\begin{cases} 10x, & 0<x<5 \\ 50, & \text{其他} \end{cases}$$

(4) 编写求解不同势阱高度和宽度的一维势阱薛定谔方程波函数和能量谱的程序包。势阱的势函数为

$$V(x)=\begin{cases} -V_0, & |x|<a \\ 0, & \text{其他} \end{cases}$$

(5) 试用 Schroedinger.m 程序计算 $V(r)=r^2$ 时薛定谔方程的基态,第一激发态的能量值,并与变分法求得的结果进行比较。

参 考 文 献

1 Gerd Baumann. Mathematica in Theoretical Physics. TELOS Publications, 1996

2 M Abramowitz and I A Stegun. Handbook of Mathematical Functions. New York: Dover, 1964

3 Han Liang, W Lucha, Ma Wengan and F F Schoeberl. Bounds on Schroedinger Energies. HEPHY-PUB 690/98, UWThPh-1998-29, hep-ph/9807300

4 S Wolfram. The Mathematica Book, Fourth Edition. Cambridge: Cambridge Unioversity Press, 1999

5 A Weinstein and W Stenger. Methods of Intermediate Problems for Eigenvalues-Theory and Ramifications. New York: Academic Press, 1972

6 D Flamm and F Schoeberl. Introduction to the Quark Model of Elementary Particles. New York: Gordon and Breach, 1982

7 M Reed and B Simon. Methods of Modern Mathematical Physics IV: Analysis of Operators. New York: Academic Press, 1978, Sections XIII. 1 and XIII. 2

8 M Abramowitz and I A Stegun. Handbook of Mathematical Functions. New York: Dover, 1964

9 W Lucha, F F Schoeberl and D Gromes. Phys. Reports, 1991, 200: 127

10 W Lucha and F F Schoeberl. Vienna preprint HEPHY-PUB 693/98, UWThPh-1998-38; W Lucha and F F Schoeberl. Phys. Rev. , 1997, A56: 139, hep-ph/9609322

11 P Falkensteiner, H Grosse, Franz F Schoeberl, P Herte. Computer Physics Communication, 1985, 34: 287~293; Wolfgang Lucha and Franz F Schoeberl. HEPHY-PUB 703/98, UWThPh-1998-58, October 1998

第九章 神经元网络方法及其应用举例

神经元网络方法是计算机模拟的一个重要方法之一。它是人们在计算机上模仿人脑组织,模拟人类大脑神经元网络的结构和行为,使计算机也具有人脑处理知识的基本功能:学习、记忆和思维[1]。神经元网络(neural network)是大量简单的处理单元广泛连接组成的复杂网络,它又称为人工神经元网络。它是人们在计算机科学和现代生物学对人脑组织的研究取得的成果基础上发展起来的。因而探索在计算机上模仿生物学中人脑的特性,研究将某些基本功能元件组合起来所构成的人工神经元网络的内部机制,是扩大计算机应用的重要研究领域。神经元网络科学的发展和应用已经促进了脑神经科学、认知科学、心理学、控制论、微电子学、信息技术以及数学、物理等学科的发展。近年来,神经元网络在高能物理研究中的应用也得到极大的发展。以高能物理实验为例,大型高能物理实验装置和数据处理的复杂性是十分突出的。实验中所测量的物理量很多,可能发生的粒子物理反应道多,粒子径迹的判选也十分困难。因而,近年来神经元网络法被广泛应用于高能物理研究中粒子的鉴别和标记、径迹重建和在线触发等许多方面[2~4]。

9.1 神经元网络法

长期以来,人们对人类自己大脑无穷的智慧一直感到十分惊讶和难以理解。人们不断地在实验和理论上探索和思索着这种特殊功能运行的机制。当前尽管生物学家在人类大脑神经元的基本结构及其连接机制的研究上都有了突破性的进展,但是仍然缺乏由严格的实验观测所取得的结论。人们对大脑的认识仍然还存在许多疑问。不过,今天我们可以说,人们对神经元结构和它们的连接模型都已经有了深刻的了解,我们可以在计算机上用数学模型去模拟和测试大脑智能和研究它的理论。从生物学的观点来看,单个神经元的结构和功能都是非常简单的,但是大量神经元所构成的神经元网络却具备了人脑非常复杂和丰富多彩的行为。本节我们将介绍神经元网络法的基本原理。

1. 极值原理

在人类的大脑中,神经元是神经系统构成的基本单元,又称为神经细胞。它是由细胞的躯体、树突和轴突所构成(见图 9.1.1)。其中树突为接受信号的输入端。当神经元接受到信号就会在细胞躯体中积累,直到引起神经元兴奋或抑制。当神经元被驱动时,则通过输出端——轴突发送输出信号。神经元的轴突上的突触与另外的许多神经元的树突相连。在人类的大脑中约有 10^{11} 个神经元以极为复杂的连接方式构成人脑的神经元网络。

图 9.1.1 神经元基本结构

受人类大脑结构的启发,在人工神经元网络中我们选择神经元是神经元网络构成的基本计算单元。它一般是多个输入和一个输出,并可以有一个内部反馈和阈值的非线性单元。图 9.1.2 是一个完整的神经元结构。它是由一个具有多个输入和一个输出,内部可以看着是个"黑匣子"而不考虑其具体结构的神经元。假定输入网点的输入范例样本编号为 p,y_i 为输出点的输出,下标 i 为输出层的网点数(特殊情况下也有取 $i=1$),则我们可以定义一个误差

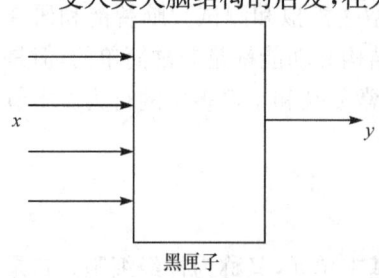

图 9.1.2 神经元结构

函数
$$E = \frac{1}{2}\sum_p \sum_i (y_i(p) - A_i(p))^2 \qquad (9.1.1)$$

其中，A 是对输出的设计目标值。我们约定其赋值为

$$A = \begin{cases} 1, & \text{对信号事例} \\ 0, & \text{对本底事例} \end{cases} \qquad (9.1.2)$$

采用经过预选的具有统计意义的模拟事例作为网络的输入，不断地调整"黑匣子"内某种算法中的参数，使得误差函数 E 的值最小。这里我们可以明显地看出这个调整算法中的参数的过程就是一个学习和进化的过程。

2. 网络的结构模型

单个的神经元只能够完成一些简单的功能，大量的神经元构成的神经元网络才能具备复杂的学习、记忆和思维的能力。所谓网络的结构模型就是将神经元连接起来成为一个网络的模式。这种连接就是通过神经元之间连接函数值的大小来反映信号传递的强弱，从而构成各种结构的模型。图 9.1.3 是一个神经元网络结构模型的例子。图中 x_k 为输入层的输入，h_j 为隐藏层的输出，y_i 为输出层的输出。

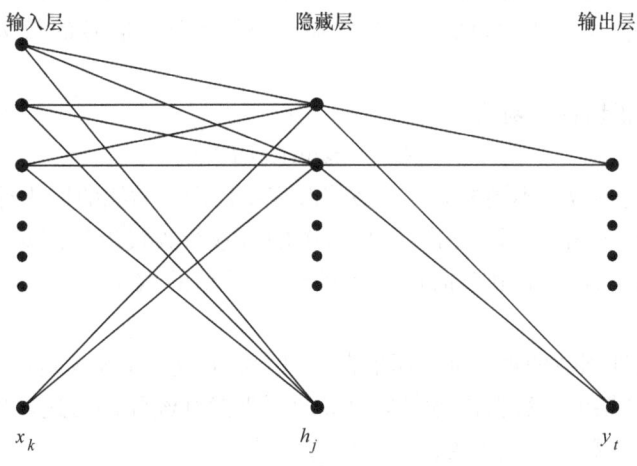

图 9.1.3　神经元网络结构

通常神经元所接受的输入信号的总和 $\sum_k x_k$ 尚不能反映神经元输入和输出之间所应有的各种关系，我们还必须用一个非线性的特性函数来描述这种关系，并得到一个新的输出。假定我们将由输入层到隐藏层信号的关系采用如下函数描述。设

$$a_j = \sum_k w_{jk} x_k + t_j \qquad (9.1.3)$$

其中,w_{jk} 为权重因子,t_j 为阈值。则将隐藏层的输出信号取为

$$h_j = g(a_j) \qquad (9.1.4)$$

上式中的 $g(a_j)$ 称为激活函数。激活函数可以有许多不同的函数形式,通常取以下形式的特性函数:

(1) 阈值特性函数

$$g(x) = \begin{cases} 1, & \text{当 } x \geqslant \theta \\ 0, & \text{当 } x < \theta \end{cases} \qquad (9.1.5)$$

这是最早提出的一种离散型的两值函数,其图形见图 9.1.4(a)。

(2) S 形逻辑特性函数

$$g(x) = \frac{1}{1 + e^{-x/T}} \qquad (9.1.6)$$

公式(9.1.6)中的 T 为温度参数。这是输入和输出呈 S 形曲线的关系。此特性函数反映了神经元具有类似非线性增益的电子系统的"压缩"和"饱和"行为特性。采用具有这样增益特性的电子系统,可以解决噪音饱和问题,即在输入信号小的时候,产生有效的输出信号;但是当输入信号很强时又不能够有高的增益,高增益将会使噪声放大或者引起饱和而消除有效的输出。S 形特性函数具有中间为高增益区,适用于小信号的放大;两端为低增益区,适合于大信号的放大。其图形见图 9.1.4(b)。

(3) 双曲正切特性函数

$$g(x) = \tanh(x/T) \qquad (9.1.7)$$

其中,T 为温度参数。不同的温度参数将改变特性函数曲线的形状,控制网络的压缩行为。当 T 值小的时候,公式(9.1.7)中的函数行为接近于阈函数行为。双曲正切函数常被生物学家用来描述生物神经元活动的数学模型。它的图形见图 9.1.4(c)。

这三种特性函数的输出都被压缩在[0,1]区间,这个输出又可以作为下一层的输入,而以后各层的算法操作是完全相似的。当然神经元网络还可以采用其他不同类型的特性函数。这里不再做进一步的介绍。

类似图 9.1.3 所示的由输入层到隐藏层的输出的关系式(9.1.3)和(9.1.4),我们可以得到由隐藏层到输出层的函数关系式

$$\tilde{a}_i = \sum_k \tilde{w}_{ik} h_k + \tilde{t}_i \qquad (9.1.8)$$

$$y_i = g(\tilde{a}_i) \qquad (9.1.9)$$

类似公式(9.1.3)和(9.1.4),$\tilde{w}_{ik}$ 为权重因子,$\tilde{t}_i$ 为阈值,g 为激活函数。我们记 y_i 为输出层网点的最后输出。然后我们再计算如同上面定义的误差函数式(9.1.1)。

所谓训练网络实际上就是求出 $w(\tilde{w})$ 和 $t(\tilde{t})$ 的值,使得误差函数 E 取极小值。由于 E 是 $w(\tilde{w})$ 和 $t(\tilde{t})$ 的非线性函数,因而不能用一般求极值的方法来求出 $w(\tilde{w})$ 和 $t(\tilde{t})$ 的值。

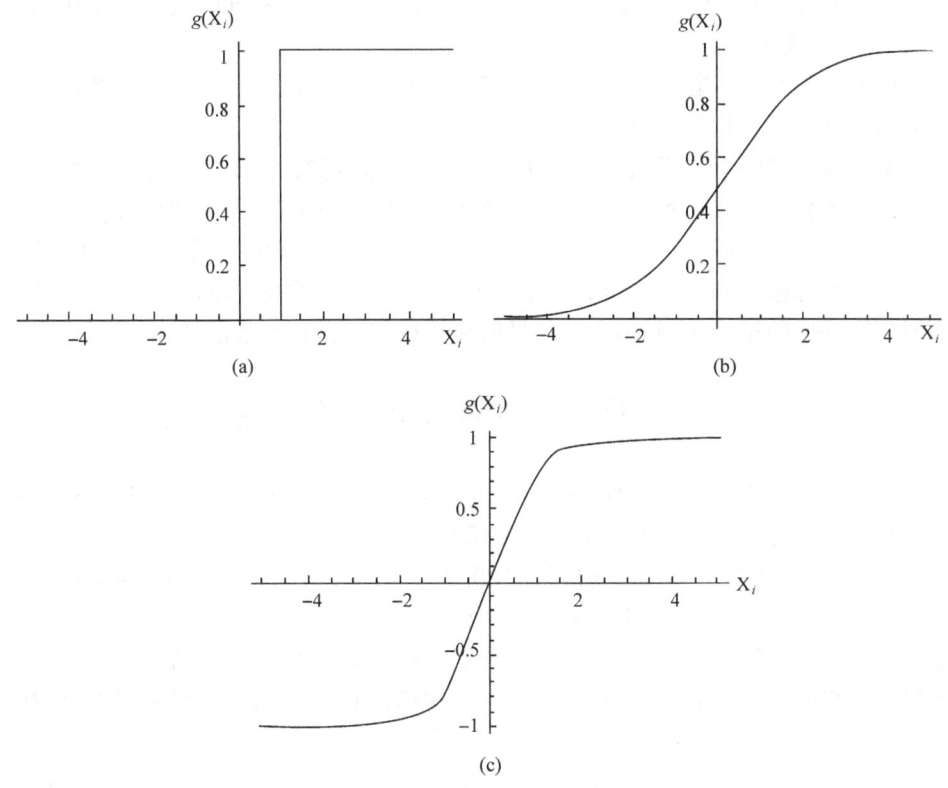

图 9.1.4　神经元特性函数图

3. 网络的训练

训练实际上是网络的学习过程,是指连接神经元的模型,在产生出希望行为的作用前的学习阶段。其算法正是用来描述学习过程的,并且是连接模型的一个附属部分。具有所希望行为的训练是指连接模型的输入神经元有一组输入时,经过学习算法,在神经元网络输出层给出一组所希望的输出值的过程。训练的目的是对网络连接函数中的参数值进行调整,使得在应用一个输入矢量时,网络能够有一个所需要的输出矢量。训练的范围正是由一个输入矢量 (x_k) 与所需的目标矢量 (A_i) 配对组成。两者一起称为"训练对"。训练一个网络要用许多范例的训练对。例如,这样的训练可以按如下步骤进行:

(1) 从训练范例集中取一组训练对,将输入矢量 (x_k) 作为网络的输入;

(2) 计算网络的输出矢量(y_i);

(3) 计算网络输出矢量(y_i)与训练对中的目标矢量(A_i)间的方差[见公式(9.1.1)];

(4) 再从输出层反向计算到第一中间层,向减小方差的方向调整网络中的权重值和阈值[参见公式(9.1.3)];

(5) 对训练范例集中每一个范例重复上面的(1)~(4)步,直至使整个训练集的方差[见公式(9.1.1)]达到最小。

上述过程实际上是反向传播算法(B-P)的训练步骤。它是一个监督训练多层神经网络的算法。在这种算法中,每一个训练范例在网络中经过两遍传递计算。第一遍是向前传播计算,从输入层开始传递各层,经过处理后产生一个输出,并得到一个该实际输出和所需输出之方差的方差矢量;第二遍是向反向传播计算,从输出层到第一中间层为止,利用方差矢量对权重值和阈值进行逐层修改。

9.2 高能物理中的神经元网络应用举例

在高能物理实验中,从探测器测量所提供的物理信息来鉴别喷注类型、粒子种类等是困扰物理学家的问题。事实上在研究喷注事例时,当喷注经过一个探测装置时,都会测量到若干个物理变量的值,物理学家们想通过对探测器提供的这些物理变量测量值的分析,来确定该喷注是夸克喷注呢,还是胶子喷注。对此我们可以设计一个神经元网络,它的输入层和隐藏层的网点数与喷注事例的测量所得物理变量个数相同,而其输出层只有一个网点。这样的神经元网络有可能用来分辨喷注事例的种类。

下面我们将对如图 9.1.3 所示的,具有输入层—隐藏层—输出层三层结构的神经元网络采用反向传播法(B-P)对网络进行训练。首先,我们采用事例产生程序产生信号事例和非信号事例的一组物理变量值 $x_i(p)$,作为输入矢量。例如,选取胶子喷注作为信号事例,而将其他的喷注事例作为本底。将这些足够多的信号事例和非信号事例通过探测器模拟和重建,得到各个物理变量值,并将它们作为网络的输入。首先,对所有的权重 $w(\tilde{w})$ 和阈值 $t(\tilde{t})$ 在某一区间内随机地赋以初值,一般选在区间[-0.1, 0.1]。然后,我们按如下的步骤来寻找它们的最佳值,使误差函数得到最小值。其具体训练步骤叙述如下(参见文献[5]):

(1) 在输出层到隐藏层之间,由于 $\tilde{w}_{jk}$ 应当在 E 的负梯度方向变化,我们应当有

$$\begin{cases} \Delta \tilde{w}_{ji} = -\eta \dfrac{\partial E}{\partial \tilde{w}_{ji}} \\ \dfrac{\partial E}{\partial \tilde{w}_{ji}} = \sum_p (y_i - A_i) g'(\tilde{a}_i) h_j = \sum_p \delta_i g'(\tilde{a}_i) h_j \end{cases} \quad (9.2.1)$$

上式中定义了 $\delta_i = y_i - A_i$，$g'(\tilde{a}_i) = \dfrac{\partial g(\tilde{a}_i)}{\partial \tilde{w}_{ji}}$。从公式(9.2.1)可以得到

$$\Delta \tilde{w}_{ji} = -\eta \sum_p \delta_i g'(\tilde{a}_i) h_j \tag{9.2.2}$$

或者采用从公式(9.2.2)改写的公式

$$\Delta \tilde{w}_{ji} = -\eta \sum_p \delta_i g'(\tilde{a}_i) h_j + \alpha \Delta \tilde{w}_{ji}^{\text{old}} \tag{9.2.3}$$

在公式(9.2.3)中等式右边加上了第二项，这是为了抑制震荡而引入的，这一项叫作动量项。$\Delta w_{ji}^{\text{old}}$ 为上一次循环得到的值。η 称为学习强度。同样对 t_j 我们有

$$\Delta \tilde{t}_{ji} = -\eta \sum_p \delta_i g'(\tilde{a}_i) h_j + \alpha \Delta \tilde{t}_{ji}^{\text{old}} \tag{9.2.4}$$

(2) 由隐藏层到输入层的计算与前面第(1)步类似。这时由于

$$\frac{\partial E}{\partial w_{kj}} = \sum_p \sum_i \delta_i g'(\tilde{a}_i) \tilde{w}_{ji} g'(a_j) x_k = \sum_p \delta'_j g'(a_j) x_k \tag{9.2.5}$$

(这里我们定义了 $\delta'_j = \sum_i \delta_i g'(\tilde{a}_i) \tilde{w}_{ji}$。)公式(9.2.5)与(9.2.1)中的第二式完全相似，所以我们在由隐藏层到输入层的计算中仍然用公式(9.2.3)和(9.2.4)，只是将这两个公式中的 δ_i 换成 δ'_i 来使用。

在训练中一般取 α 在 [0.2, 0.8] 范围内，选取学习强度 η 的取值在区间 [0.001, 0.5]。η 在开始训练时取大一些的值，随着循环次数的增加，η 取值逐渐减小。每次循环中随机地选取一个信号事例和一个本底事例作为网络的输入，调整所有的权重和阈值。实践表明，调整的变化量 $\Delta w(\Delta \tilde{w})$ 和 $\Delta t(\Delta \tilde{t})$ 大致在每 5~10 次（$p=1,2,\cdots,5$ 或 10）输入值更新一次得到的效果较好。网络训练的事例样本要足够多，事例样本中不但要有信号事例，还要有非信号事例。这样才能使网络得到充分地学习足够多的物理信息。一般训练需要几万到几百万次循环。

网络一旦训练成功以后，所有权重和阈值都固定下来不再改变。这时网络就像一个函数型的"黑匣子"，它得到一个确定的输入后就会产生一个确定的输出。此时人们一般用一组新的模拟事例对该网络进行检验，将检验结果与训练结果进行比较。由于训练的模拟数据的统计有限性，以及训练过程中样本内部复杂的自调整和补偿效应，训练样本给出的结果必然比在实际应用中要好一些。Lund 大学的彼德森(C. Peterson)等所发展的 JETNET，JETSET7.2 等程序包就可以用于研究正负电子碰撞模拟中夸克和胶子喷注鉴别。当采用只有一个输出网点的网络，并设置输出截断为 0.5 时，鉴别夸克和胶子喷注的精度可以达到 85%，这仅仅比贝斯理论低 2%，而用常规方法只能达到 65%。

神经元网络法在大量开创性的应用中体现出如下特点：无论连接神经元网络的模式如何不同，所有的神经元网络都具有学习、概括和抽取的共同特性。所谓学习特性是指它可以根据外部环境的改变修改自身的判断行为，而这是由于网络组

织形式能适应各种学习算法,而网络能通过训练范例来决定自身的行为。所谓概括特性是神经元网络在训练后,具有一定的容错能力。即它的判断能力在某种程度上不会因为输入信息少量的丢失或神经元网络局部的缺损而受影响。所谓抽取特性是指神经网络具有抽取外界输入信息特征的特殊功能。这些正反映了神经元网络方法具有的直觉形象思维的特性,而传统的人工智能理论和方法仅具有逻辑思维的特性,因此它们两者间是相互补充的关系。

参 考 文 献

1　P Wasserman. Neural Computing: Theory and Practice. New York: van Nostrand Reinhold, 1989
2　L Loennblad et al. Nucl Phys, 1991, B349:675
3　L Bellantoni et al. Using Neural Network with Jet Shape to Identify B Jets in e+e− Interactions. CERN-PPE/91-80
4　L3 Collaboration, Badeva et al. Nucl Instr And Meth. 1990, A289:35
5　张子平,王贻芳. 高能物理与核物理,1994,Vol. 18:769

第十章 高性能计算和并行算法

10.1 引　　言

物理学家总是对计算机硬件和软件的发展有着浓厚的兴趣。这是因为如果不作简化处理,目前大多数的物理学问题仍然会由于计算量很大而不能够在现有的计算机上完成。例如"完全精确"的 QCD 和电弱修正计算等。在过去的近 30 年间,我们经历了计算机科学和技术的迅速发展。具体表现在市场上计算机的性能价格比得到迅速地提高。一方面计算机的运算速度在日新月异地增长;另一方面计算机的市场价格却不断地下降。今天,我们在市场上能买到的家用微机的工作性能就可能远远超过过去十分昂贵的计算机工作站。然而,当前的计算机技术仍然远远不能满足物理问题计算的需要。

高性能计算机的概念并无明确的定义,一般认为运算速度非常快的计算机就可以认为是高性能计算机。严格地讲,高性能计算机是一个所有最先进的硬件、软件、网络和算法的综合概念,"高性能"的标准是随着技术的发展而发展的。高性能计算系统中最为关键的要素是单处理器的最大计算速度,存储器访问速度和内部处理器通讯速度,多处理器系统稳定性,计算能力与价格比,以及整机性能等。

传统的计算机是冯·诺伊曼计算机,它是由中央处理器、内存器和输入/输出设备构成。中央处理器分别与内存器和输入/输出设备(包括键盘、显示屏幕、打印机和磁带机等)相联系。在这样的结构中,每一段被处理的数据都要通过中央处理器,中央处理器能够按照固定的时钟频率完成基本操作。时钟频率决定了计算机可能运算的最大速度,因而计算机的运算速度受到了限制,一般称该限制为冯·诺伊曼"瓶颈"。为了要超越这个"瓶颈",人们发展了两种计算机体系结构和相关软件技术的应用原则。一个是并行算法(parallelism),另一个是流水线技术(pipelining)。实际上,这两个原则都与并行有关。并行的概念有两种:一种是仅仅时间上的并行,称为流水线计算机,另一种既是时间,也是空间上并行的并行计算机。并行计算机用同一控制器,同步地控制所有处理器阵列执行相同操作来开发空间上的并行。这两个应用原则都是在过去 20 多年间才发展起来的。

流水线技术是源于工业自动化生产中的流水线操作思想。在生产流水线上,一批产品的一部分安装完毕以后,进入流水线的下一段完成另一部分安装任务;整个流水线上同时对产品进行不同部分的安装工作。根据这个思想,流水线技术将一个计算任务 t 分解成为一系列的子任务 $t_1, t_2, \cdots, t_m$,安排一旦子任务 t_i 在处器中完成,后继的子任务 t_{i+1} 就可以立即开始,并以同样的速度进行计算。流水线技术对处理向量数据元素的重复相同的操作有极强的能力,从而产生了向量流水线计算机(包括存储器到存储器和寄存器到寄存器两种结构)。在并行处理中,流水线技术是一项重要的并行技术,目前已经在超级计算机和工作站上得到广泛的应用。

相比较而言,并行计算机上算法的具体实现则要复杂得多,要高效使用它就更不容易。造成这样局面的原因是修改算法来适应流水线操作,比去适应并行计算容易一些。但是,毫无疑问,向量处理超级计算机和并行计算系统的应用会给我们物理学的发展提供更多的机遇。

由于高性能计算机与当前能够应用的新计算技术相关联,因而它与并行算法和流水线技术有着密切的联系。下面我们将宏观地、总体地介绍目前并行计算机的概念、基本划分、体系结构和相关软件技术,而不作具体的细节描述。以便给计算物理工作者对高性能计算机有较为全面的了解[1]。

10.2 并行计算机和并行算法

并行计算机是由多个处理器组成(在这些处理器之间还可以相互通讯和协调),并能够高速、高效率地进行复杂问题计算的计算机系统。并行计算机的得名是相对于串行计算机而言的。串行计算机是指只有单个处理器,顺序执行计算程序的计算机,也称为顺序计算机。并行计算作为计算机技术,是在 20 世纪 70 年代中期提出来的,至今已有近 30 年的发展历史了。该技术的应用已经带来单机计算能力的巨大改进。

并行计算就是在同一时间内执行多条指令,或处理多个数据的计算。并行计算机是并行计算的载体。那么,为什么要采用并行计算呢？我们有三个方面的理由：首先,并行计算可以大大加快运算速度,即在更短的时间内完成相同的计算量,或解决原来根本不能计算的非常复杂的问题。第二,传统的计算机的计算速度一方面受到物理上光速极限和量子效应的限制,另一方面计算机器件产品和材料的生产受到加工工艺的限制,其尺寸不可能做得无限小。因此我们只能转向并行算法。第三,并行计算对设备的投入较低,既可以节省开支又能完成计算任务。实际上,许多物理计算问题本身就具有并行的特性,这就是需要并行算法的最朴素的原因。例如,在高能物理过程的事例产生程序中,按照微分截面随机产生的非加权事例。每个事例的产生过程与其他事例的产生是无关联的,即具有并行的特征。

实践中有多种实现并行计算的范例。控制并行法是通过系统的不同单元,计算相关任务的不同部分来实现的。流水线处理就是这些并行算法类型之一。对用户更为实际的方法是数据并行法,即系统的每一个处理器处理一组不关联数据的一部分。例如，我们要在一个具有 10^6 个处理器的大规模并行计算系统中，产生 10^9 个某粒子反应过程的事例。我们可以将系统分为 10^6 个单元，每个单元安排产生大约 10^3 个事例。

通常的冯·诺伊曼计算机是属于 SISD(single instruction single data stream computers) 单指令单数据流计算机类型计算机，它的结构只有一个处理器，同时可以处理一个单数据流。其单数据流是指被处理器从存储器取出或写到存储器上的数据序列。

并行计算机若采用与某种网络相关的多处理器结构，则会使其性能得到改善。计算机系统的处理器和内存条有各种各样的可能排列。我们可以根据一个并行计算机能够同时执行的指令与处理数据的多少，将如今广泛使用的结构分成以下类型：SIMD(single instruction multiple data stream computers) 单指令多数据流计算机；MIMD(multiple instruction multiple data stream computers) 多指令多数据流计算机。单/多指令指的是可以同时在计算机上执行的指令数，而单/多数据流指的是计算机同时可处理的一个或多个数据流。SIMD 和 MIMD 体系结构对并行计算机十分重要。

SIMD 计算机具有处理器器件阵列，它通过单个控制单元来控制功能设备。这个控制单元向所有处理器发出相同的执行指令，随后所有处理器对进入的不同数据流进行相同的操作。例如在 SIMD 并行计算机上作数组的赋值运算

$$X=X+1$$

即用加法指令对数组 X 的所有元素同时作加 1 的操作。可以看出在 SIMD 并行计算机上特别适合进行向量（数组）的运算，它的结构可以以很高的处理速度直接支持这种运算。

MIMD 计算机具有可以同时独立运行多条指令，对不同的数据进行操作。例如，对数组的如下运算 $A=B*C+D+E+F/G$，可以分解为乘法$(B*C)$，加法$(D+E)$和除法(F/G)直接交给 MIMD 计算机的直接处理部分同时进行计算。

在非常大的科学计算程序中，大部分的工作常常是反复地重复同样的操作。SIMD 结构更适用于处理这类问题的计算。因为在同样的价位下，SIMD 体系结构的处理器元件可以做得比 MIMD 计算机的所有处理器更快。但是 MIMD 计算机明显地提供了更大的灵活性，并可以用作多用户计算机，而这在 SIMD 计算机上是不可能的。

按照同时执行程序的不同并行计算机又可以分为：SPMD(single program multiple data stream computers)单程序多数据流并行计算机和 MPMD(multiple program multiple data stream computers)多程序多数据流并行计算机。这种划分依据的执行单位不是指令而是程序。SPMD 并行计算机一般是由多个相同的计算机或处理器构成；而 MPMD 并行计算机内计算机或处理器的地位是不同的，根据

分工的不同,它们擅长完成的工作也不同,因此可以根据需要将不同的程序放到MPMD并行计算机上执行,使得这些程序协调一致地完成给定任务。针对SPMD和MPMD并行计算机所设计的并行算法的思路与前面介绍的并行算法的思路有很大不同。

并行计算机也可以按照内存的结构来划分成"分布式内存"和"共享式内存"两种基本结构的并行计算机。在分布式系统中每个处理器有它自己的局域内存,不存在公共可用的存储单元,各处理器可以通过通讯网络相互作用(例如,与它们的局域内存交换数据)。从这里我们可以理解通讯对于分布式内存并行计算机的重要作用。在这种计算机上编写进行复杂信息传播的程序是比较困难的。在共享式内存结构中,所有处理器都能够通过某些通讯网络访问共享的内存(有时它们也可以与向量寄存器或其他处理器的高速缓冲存储器沟通)。在仅仅只有单地址空间的情况下,共享式内存结构比分布式内存更容易编程。虽然对分布式内存计算机的传统程序进行修改是相当容易的,但是这类并行计算机的内存访问往往是瓶颈。当有很多个处理器要访问内存时,很可能出现存储冲突。分布式内存系统尽管编程比较困难些,但是当系统程序编写得适当,它们的潜能会更大,具有很好的扩展性。分布式内存模型在当今几种超级计算机和并行计算机工作站上已经采用,这些并行计算机上都装有数十个功能强大的向量处理器。然而,目前流行的机群计算(cluster computing)大部分采用分布式共享内存模式结构。

并行算法是在给定并行模型下的一种具体明确的计算方法和步骤。其分类有不同的分类方法。根据并行计算任务的大小分类,可以分为三类:①粗粒度并行算法。它所含的计算任务有较大的计算量和较复杂的计算程序。②细粒度并行算法。它所含的计算任务有较小的计算量和较短的计算程序。③中粒度并行算法。它所含的计算任务的大小和计算程序的长短在粗粒度和细粒度两种类型的算法之间。通常并行的粒度越小,就越有可能开发更多的并行性,提高程序运行的并行度,但是此时通讯量和次数会相对增加,这就会增加额外的操作。因此,我们应当对计算量、通讯量、计算速度等进行综合考虑来选择适当的并行粒度,以便得到高效率的计算。

根据并行计算的基本对象可以分为:数值并行计算和非数值并行计算。实际上两者之间并无严格的界限。非数值计算也会用于高精度数值计算,数值计算中也会有查找、匹配等非数值计算成分。实际分类时,主要是根据主要的计算量所属范畴以及宏观的计算方法来判断。

根据并行计算进程间的依赖关系可以分为:①同步并行算法。该算法是通过一个全局的时钟来控制各部分的步伐,将任务中的各个部分计算同步地向前推进。②异步并行算法。它执行的各部分计算步伐之间没有关联,互不同步;在操作中,它们根据计算过程的不同阶段决定等待、继续或终止。对于SIDM并行计算机一般适合用同步并行算法,而 MIMD 并行计算机则适合用异步并行算法。

10.3 并行编程

对使用者来说,设计任何并行算法,最终在使用时还是要进行并行编程。然而,设计一个高效的并行算法并不是一件容易的事,它的设计过程比较复杂。通常编程设计过程可以分为四步[1]:

任务划分(partitioning)。该阶段将整个使用域或功能分解成一些小的计算任务,它的目的是要揭示和开拓并行执行的机会。

通信(communication)分析。由任务划分产生的各项任务一般都不能独立完成,可能需要确定各项任务中所需交换的数据和协调各项任务的执行。通信分析可以检测在任务划分阶段划分的合理性。

任务组合(agglomeration)。按照性能要求和实现的代价来考察前两个阶段的结果,必要时可以将一些小的任务组合成更大的任务以提高执行效率和减少通信开销。

处理器映射(mapping)。这是设计的最后阶段。要决定将每一个任务分配到哪个处理器上去执行。目的是要最小化全局执行时间和通讯成本,并最大化处理器的利用率。

上述过程简称为 PCAM 设计过程。虽然这里对过程的描述是一步一步进行的,但是实际上是可以同时一齐考虑的。就我们的愿望来说,我们总是希望一次完成四步设计工作,但实际上我们无法避免设计过程的反复调试。

目前最重要的并行编程模型有两种,一种是数据并行(data parallel)模型(它的初衷是为了 SIMD 并行机),另一种是消息传递(message passing)模型(其初衷是为了多计算机)。此外还有共享变量模型、函数式模型等,但是它们的应用都没有前面两种那样普遍。数据并行编程模型的编程级别比较高,编程相对简单,但是它仅仅使用于数据并行问题;消息传递编程模型的编程级别相对较低,但是它有更广泛的应用范围。

数据并行的含义是将相同的操作同时作用于不同数据,因此不但适用于在 SIMD 计算机上实现,也可以在 SPMD 并行计算机上运行,这取决于粒度大小。SIMD 程序着重开发指令级中细粒度的并行性,SPMD 程序着重开发子程序级中粒度的并行性。在向量机上通过数据并行求解问题的实践也说明数据并行可以高效率地解决一大类科学和工程计算问题。数据并行编程模型是一种较高层次上的模型。它提供给编程者一个全局的地址空间。一般这种形式的语言本身就提供并行执行的语义。对于编程者,实现数据并行的程序,只需要简单地指明执行什么并行操作以及并行操作对象。例如,对于数组的运算,通过语句

$$A=B+C(\text{或其他的表达方式})$$

就可以实现 B 和 C 数组的对应元素相加后结果赋给 A。因此数据并行的表达是相对简单和简洁的，它不需要编程者关心并行机是如何对该操作进行并行执行的。对于非数据并行类问题编程模型，如果也采用数据并行的方式来解决，一般难以取得高的效率，数据并行不容易表达，甚至无法表达其他形式的并行特征。数据并行编程目前面临的主要问题是要实现高效的编译。有了高效的编译器，数据并行程序就可以在共享内存和分布式内存的并行机上都得到高执行效率。有了高效的编译器，就可以提高并行程序的开发效率，提高并行程序的可移植性。

消息传递编程模型是在各个并行执行部分之间传递消息，相互通讯。消息可以是指令、数据、同步信号或中断信号等。消息传递一般是对分布式内存并行计算机的方法，但是也可以适用于共享式内存的并行计算机。消息传递为编程者提供了更灵活的控制手段和表达并行的方法，一些用数据并行很难表达的并行算法都可以用消息传递编程模型来实现。消息传递编程模型比数据并行编程模型更灵活，还具有各种各样的控制手段，这就可以使程序高效率运行。消息传递程序是由多个进程组成，每个进程都有自己的控制线。由于采用消息传递编程模型需要编程者来明确地为进程分配数据和负载，因此它也使得编程者的工作量增加，其编程的级别比较低。虽然这样，消息传递的基本通信模式是简单和清楚的，学习和掌握这些部分并不困难，因此大量的并行程序设计仍然是消息传递并行编程模式的。

并行程序是需要通过并行语言来表达。并行语言的产生有三种方式：①设计全新的并行语言；②扩展原来串行语言的语法成分，使它支持并行特征；③为串行语言提供可调节的并行库，并不改变串行语言。目前常用的是第②和③两种方式，最常用的是第③种。并行语言的发展十分迅速，并行语言的种类也很多，但是真正使用起来并被广泛接受的语言却寥寥无几。对 FORTRAN 和 C 语言的扩充是最常见的并行语言产生办法。如 MPI 就是 FORTRAN 和 C 语言结合起来实现的[2]。

参 考 文 献

1 陈国良. 并行算法的设计与分析. 北京：高等教育出版社，2002
2 郁志辉. 高性能计算之并行编程技术——MPI 并行程序设计

附　录

附录A　贝斯理论

统计理论中的一个基本定理叫作贝斯(Bayes)定理。在"经典"的概率理论中的贝斯定理介绍如下：如果有一个随机事件，它的四种可能性是：A 出现；B 出现；A 和 B 都出现；A 和 B 都不出现。设 A 出现的概率为 $P(A)$；B 出现的概率为 $P(B)$；A 和 B 都出现的概率为 $P(A,B)$；B 出现的条件下，A 出现的概率为 $P(A|B)$。则有

$$P(A,B) = P(A|B)P(B) = P(B|A)P(A) \tag{A.1}$$

这就是贝斯定理。它给出了条件概率的关系式。从式(A.1)我们有

$$P(B|A) = P(A|B)P(B)/P(A) \tag{A.2}$$

我们现在将"经典"概率理论中的贝斯定理所适用的范围作一下推广。假定我们已知条件分布密度函数 $f(t|\theta)$，而实验给出的是 t 的分布。如果要想得到对 θ 的条件分布密度函数，显然我们可以直接应用贝斯定理

$$P(\theta|t) = P(t|\theta)P(\theta)/P(t) \tag{A.3}$$

公式(A.3)中的概率实际上就是概率分布密度乘上 $d\theta$ 或 dt。

附录B　一些常用分布密度函数的抽样

在这里我们将只给出一些常用的分布密度函数的抽样方法，但省略了它们的详细数学推导。

1. Γ 分布

Γ 分布密度函数的一般形式为

$$f(x) = \frac{a^n}{\Gamma(n)} x^{n-1} e^{-ax}, \quad x>0, \quad n>0, \quad a>0 \tag{B.1}$$

Γ 函数分布的平均值为 n/a，方差为 n/a^2。当 $n=1$ 的特殊情况时，就给出指数分布密度函数

$$f(x) = ae^{-ax} \tag{B.2}$$

Γ 函数的抽样方法分为 $n=1, n>1$ 和 $0<n<1$ 三种情况。为讨论简单，我们不失一般性地假定 $a=1$。对 $a \neq 1$ 的情况下的抽样，只需将在 $a=1$ 时的 Γ 分布抽样值除以 a 即可。对 $n=1$ 的情况，其分布为式(B.2)表示的指数分布。取抽样值为

$\eta = -\ln\xi$。对 $0<n<1$ 的情况,采用舍选法。首先,我们看到函数

$$g(x) = \begin{cases} \dfrac{x^{n-1}}{\Gamma(n)}, & 0 \leqslant x \leqslant 1 \\ \dfrac{e^{-x}}{\Gamma(n)}, & x > 1 \end{cases} \tag{B.3}$$

为 $f(x)$ 的优化函数。下面表示

$$h(x) = \begin{cases} \dfrac{en}{e+n} x^{n-1}, & 0 \leqslant x \leqslant 1 \\ \dfrac{en}{e+n} e^{-x}, & x > 1 \end{cases} \tag{B.4}$$

为与 $g(x)$ 成正比的概率密度函数(其中 e 为自然数),其抽样能够容易些。这样,我们得到抽样步骤如下:

(1) 置 $v_1 = 1 + n/e$。

(2) 产生[0,1]区间均匀分布的两个独立伪随机数 ξ_1, ξ_2,并置 $v_2 = v_1\xi_1$。

(3) 如果 $v_2 \leqslant 1$,置 $\eta = v_2^{1/n}$;如果满足 $\xi_2 \leqslant e^{-x}$,则接受该 η 为抽样值;否则返回(2)。

(4) 如果 $v_2 > 1$,置 $\eta = -\ln[(v_1-v_2)/n]$;如果满足 $\xi_2 \leqslant x^{n-1}$,则接受该 η 为抽样值;否则返回(2)。

对于 $n>1$ 的情况,我们采用优化式

$$\frac{x^{n-1}e^{-x}}{\Gamma(n)} \leqslant \frac{1}{\Gamma(n)} \frac{(n-1)^{n-1}e^{-(n-1)}}{1+\dfrac{(x-(n-1))^2}{2n-1}} \quad n>1 \tag{B.5}$$

得到如下抽样步骤:

(1) 置 $b=n-1, A=n+b$ 和 $s=\sqrt{A}$。

(2) 产生[0,1]区间均匀分布的伪随机数 ξ_1,并置 $t = s\tan(\pi(\xi_1-1/2))$ 和 $\eta = b+t$。

(3) 如果 $\eta<0$,返回(2)。

(4) 产生[0,1]区间均匀分布的伪随机数 ξ_2,如果满足

$$\xi_2 \leqslant \exp\left(b\ln\left(\frac{x}{b}\right) - t + \ln\left(1 + \frac{t^2}{A}\right)\right) \tag{B.6}$$

则接受抽样值 η,否则就返回(2)。

2. χ^2 分布

如果 $x_1, \cdots, x_n$ 分别为 n 个 $N(\mu_i, \sigma_i^2), (i=1, \cdots, n)$ 正态分布密度函数独立的变量抽样值,它们按如下的方式求和

$$x = \sum_{i=1}^{n} \frac{(x_i - \mu_i)^2}{\sigma_i^2} \tag{B.7}$$

满足 n 自由度的 $\chi^2(n)$ 分布。χ^2 分布密度函数的一般形式为

$$f(x) = \frac{1}{2^{n/2} \Gamma(n/2)} x^{n/2-1} e^{-x/2}, \qquad x \geqslant 0 \tag{B.8}$$

$\chi^2(n)$ 分布的平均值为 n，方差为 $2n$。抽样方法为

$$\eta = \sum_{i=1}^{n} x_i^2 \tag{B.9}$$

其中，$x_1, x_2, \cdots, x_n$ 为标准正态分布的 n 个独立抽样值。

更有效的抽样方法是：当 n 为偶数时，$\eta = -2\ln(\xi_1 \xi_2 \cdots \xi_{n/2})$，当 n 为奇数时，$\eta = -2\ln(\xi_1 \xi_2 \cdots \xi_{(n-1)/2}) + y^2$，其中 y 为标准正态分布抽样值，ξ_i 为 $[0,1]$ 区间均匀分布独立的伪随机数。

3. β 分布

β 分布概率密度函数的一般形式为

$$f(x) = \frac{(N+1)!}{n!(N-n)!} x^n (1-x)^{N-n}, \qquad 0 \leqslant x \leqslant 1 \tag{B.10}$$

抽样方法为：产生 $N+1$ 个随机数 ξ_i，依其大小顺序进行重新排列，其顺序如果是

$$\xi'_1 \leqslant \xi'_2 \leqslant \cdots \leqslant \xi'_{N+1}$$

则其抽样值为

$$\eta = \xi'_{N+1} \tag{B.11}$$

4. 二项式分布

二项式分布概率密度函数的一般形式为

$$f(r) = \frac{n!}{r!(n-r)!} p^r (1-p)^{n-r} \tag{B.12}$$

其中，$r = 0, 1, 2, \cdots$ 的整数，$0 \leqslant p \leqslant 1$。二项式分布的平均值为 np，方差为 $np(1-p)$。如果 n 值比较小，产生按照二项式分布的 $r=0,\cdots,n$ 的整数可以从如下的步骤中得到：

(1) 取 $r=0$ 和 $m=0$。

(2) 产生 $[0,1]$ 区间均匀分布的伪随机数 ξ，如果 $\xi \leqslant p$，将 $r \Rightarrow r+1$。

(3) 将 $m \Rightarrow m+1$，如果 $m < n$，回到(2)，否则返回 r。

该算法随 n 的增加，所耗计算机机时线性增加。

5. 泊松分布

上面的二项式分布形式,在 $n\to\infty, p\to 0, np=\mu$ 时,就过渡到泊松分布。对大的 μ 值,则过渡到高斯分布。泊松分布概率密度函数的一般形式为

$$p(r)=\frac{\mu^r}{r!}e^{-\mu}, \qquad r\geqslant 0 \text{ 的整数}, \mu>0 \tag{B.13}$$

它决定了一个粒子在物质中通过总距离为 d 时(该物质中粒子的平均自由程为 λ,这里定义 $\mu=d/\lambda$),与物质中分子的碰撞数 r。抽样方法为:产生[0,1]区间均匀分布的独立随机数序列 $\xi_1, \xi_2, \cdots$,求出满足不等式

$$\prod_{i=0}^{k}\xi_i \geqslant e^{-\mu} > \prod_{i=0}^{k+1}\xi_i \tag{B.14}$$

的 k 值。将此 k 值作为一次抽样值,$r=k$。为了编制程序方便,我们取 $\xi_0=1$。

另一种产生泊松分布的抽样的方法为如下三步:

(1) 初始化使 $r=0, A=1$。

(2) 产生[0,1]区间均匀分布的伪随机数 ξ,置 $A\Rightarrow A\xi$;如果 $A\leqslant e^{-\mu}$,则接受 r 为抽样值,并回到(1)。

(3) 将 $r\Rightarrow r+1$,返回到(2)。

6. t 分布(student's distribution)

如果 x 和 $x_1,\cdots,x_n$ 是标准正态分布的抽样值。如下变量

$$t=\frac{x}{\sqrt{z/n}}, \qquad \text{其中 } z=\sum_{i=1}^{n}x_i^2 \tag{B.15}$$

的分布密度函数为 n 自由度的 t 分布。它的分布密度函数的一般形式为

$$f(t)=\frac{1}{\sqrt{n\pi}}\frac{\Gamma\left(\frac{n+1}{2}\right)}{\Gamma\left(\frac{n}{2}\right)}\left(1+\frac{t^2}{n}\right)^{-\frac{n+1}{2}} \tag{B.16}$$

t 变化的范围为 $[-\infty, +\infty]$,n 也不一定要求是整数。对于 $n\geqslant 3$ 时的 t 分布,它的平均值为 0,方差为 $n/(n-2)$。对 $n>0$ 时 t 分布抽样可以按如下步骤进行:产生一个标准正态分布的抽样值 x 和一个按照 $\Gamma(n=k/2, a=1)$ 分布的抽样值 y,取

$$t=x\sqrt{\frac{2k}{y}} \tag{B.17}$$

则它的分布就是自由度为 k 的 t 分布。

如果 $k=1$,t 分布就是 Breit-Wigner 分布

$$f(t)=\frac{1}{\pi}\frac{1}{1+t^2} \tag{B.18}$$

在这种特殊情况下,采用更简单的如下抽样步骤:产生[0,1]区间均匀分布的两个独立伪随机数 ξ_1,ξ_2,取 $\eta_1=2\xi_1-1$ 和 $\eta_2=2\xi_2-1$。如果 $\eta_1^2+\eta_2^2\leqslant 1$,则取 $t=\eta_1/\eta_2$,否则回到起始位置重新开始。

7. 产生中子能量谱分布

该分布的一个较好的近似式为两参数的瓦特(Watt)谱表达式

$$f(E)=c\exp\left\{-\frac{E}{A}\right\}\cdot\sinh\sqrt{BE}, \qquad E_{\min}\leqslant E\leqslant E_{\max} \tag{B.19}$$

其中,$0\leqslant E<\infty,A=0.965\mathrm{MeV},B=2.29(\mathrm{MeV})^{-1},c$ 为归一化常数。我们定义

$$K=1+(AB/8), \qquad L=T(K+\sqrt{K^2-1}), \qquad M=K-1+\sqrt{K^2-1}$$

抽取[0,1]区间均匀分布的两个独立随机数 ξ_1 和 ξ_2,如果这两个随机数满足如下不等式

$$-BL\ln\xi_1\geqslant[M(1-\ln\xi_1)+\ln\xi_2]^2 \tag{B.20}$$

则取能量为 $E=-L\ln\xi_1$。如此循环则得到满足分布函数式(B.19)的能量抽样值序列。

附录 C 求解微分方程的近似方法

1. 欧拉折线法

求解一个常微分方程的初始问题

$$\left.\begin{array}{l}\dfrac{\mathrm{d}y}{\mathrm{d}x}=f(x,y)\\ y(x=x_0)=y_0\end{array}\right\} \tag{C.1}$$

在 x 的定义域$[a,b]$上以步长 $h=\Delta x$ 将区间分成一系列子区间,节点记为 $x_0=a<x_1<x_2\cdots<x_m<x_{m+1}=b$,以向前的一阶差商代替式(C.1)中的微分,得到

$$\frac{y(x_n+h)-y(x_n)}{h}=f(x_n,y_n)$$

若以 y_n 表示在节点 x_n 处 $y(x_n)$ 的近似值,并代入上式,则得到

$$y_{n+1}=y_n+hf(x_n,y_n)$$

这样就得到欧拉近似法的公式

$$\left.\begin{array}{l}y_{n+1}=y_n+hf(x_n,y_n)\\ x_n=x_0+nh\end{array}\right\} \tag{C.2}$$

由 y_0 出发,运用上式进行反复递推,就可以求出 $y_1,y_2,\cdots,y_n,\cdots$。从泰勒展开很容易看出,欧拉法的误差量级是 $O(h^2)$。因此我们说它具有一阶精度。欧拉法的实质是在子区间内,用折线代替函数曲线,因此精度不是很高。随着 x 的增加,由

于积累效应,误差也越来越大。但是这种方法比较简单,在求解区间不太大,精度要求不是很高时仍可以使用。

我们很自然地想到,是否可以用朝后的差商来代替式(C.1)中的微商,这时可以推得

$$y_{n+1} = y_n + hf(x_{n+1}, y_{n+1}) \tag{C.3}$$

得到 y_n 的值以后,为求得 y_{n+1} 的值,就必须解一个关于 y_{n+1} 的方程(C.3)。所以称这一差分格式为隐式的,而式(C.2)的差分格式是显式的。

同样,若以中心差商代替式(C.1)的微商,得到

$$y_{n+1} = y_{n-1} + 2hf(x_n, y_n) \tag{C.4}$$

这时为求得 y_{n+1},就需要知道前两步 y_n 和 y_{n-1} 的值。因此又称这种方法为两步法,而前面的两种方法为单步法。类似的说法还可以推广到多步法。容易证明式(C.3)和(C.4)分别具有一阶和二阶精度。

2. 梯形法和龙格-库塔法

精度比较差是欧拉法的一大缺点。为了改善其精度,一个办法是取朝前的差分格式(C.2)和朝后的差分格式(C.3)的算术平均,即取

$$y_{n+1} = y_n + \frac{h}{2}[f(x_n, y_n) + f(x_{n+1}, y_{n+1})] \tag{C.5}$$

这就是所谓的梯形格式,可以证明它的精度为二阶。原则上说,这种隐形格式的求解可以用迭代法来解决,即

$$\left.\begin{array}{l} y_{n+1}^{(0)} = y_n + hf(x_n, y_n) \\ y_{n+1}^{(k+1)} = y_n + \dfrac{h}{2}[f(x_n, y_n) + f(x_{n+1}, y_{n+1}^{(k)})] \\ k = 0, 1, 2, \cdots \end{array}\right\} \tag{C.6}$$

运用上面的迭代公式时,存在的问题是不知道应当迭代多少次最理想,而且往往是迭代次数越多结果越不好。通常采用的求解方法是所谓的预报-校正法,即只迭代一次

$$\left.\begin{array}{l} \bar{y}_{n+1} = y_n + hf(x_n, y_n) \\ y_{n+1} = y_n + \dfrac{h}{2}[f(x_n, y_n) + f(x_{n+1}, \bar{y}_{n+1})] \end{array}\right\} \tag{C.7}$$

式(C.7)中的第一个式子称为预报公式,由欧拉公式先求出 y_{n+1} 的一个初始近似值 $\bar{y}_{n+1}$,然后将此 $\bar{y}_{n+1}$ 代入式(C.7)中的第二式——校正公式的右端,经过直接的计算得到新的校正值 y_{n+1}。显然这样做的计算量比欧拉法多了一倍。这种方法又称为改进的欧拉近似法。

下面介绍龙格-库塔法。我们再来考查式(C.7),并可以将它改写为

$$\left.\begin{aligned} y_{n+1} &= y_n + h(R_1 k_1 + R_2 k_2) \\ k_1 &= f(x_n, y_n) \\ k_2 &= f(x_n + ah, y_n + bhk_1) \end{aligned}\right\} \quad (C.8)$$

通过误差分析来选择其中的参数 R_1, R_2, a, b，使得计算结果具有尽可能高的精度，即在 $y(x_n) = y_n$ 的假定下，使得 $y(x_{n+1}) - y_{n+1}$ 的误差阶尽可能高。为此，对 k_2 作泰勒展开

$$k_2 = f(x_n, y_n) + ah \frac{\partial f}{\partial x} + bhk_1 \frac{\partial f}{\partial y} + \frac{1}{2}\left(ah \frac{\partial}{\partial x} + bhk_1 \frac{\partial}{\partial y}\right)^2 f + \cdots$$

$$= f(x_n, y_n) + ah \frac{\partial f}{\partial x} + bhf(x_n, y_n) \frac{\partial f}{\partial y} + O(h^2)$$

所以

$$y_{n+1} = y_n + hR_1 f(x_n, y_n) + hR_2 f(x_n, y_n) + h^2\left[aR_2 \frac{\partial f}{\partial x} + bR_2 f(x_n, y_n) \frac{\partial f}{\partial y}\right] + O(h^3)$$

$$= y_n + h(R_1 + R_2)y'_n + h^2\left(aR_2 \frac{\partial f}{\partial x} + bR_2 y'_n \frac{\partial f}{\partial y}\right) + O(h^3)$$

而

$$y(x_{n+1}) = y_n + hy'_n + \frac{h^2}{2}y''_n + O(h^3)$$

为了使 $y(x_{n+1}) - y_{n+1}$ 的误差阶为 $O(h^3)$，则必须要求

$$R_1 + R_2 = 1, \qquad aR_2 = bR_2 = 1/2$$

当我们取 $R_1 = R_2 = 1/2, a = b = 1$ 时，就回到了式 (C.8)；如果我们取 $R_1 = 0$，$R_2 = 1, a = b = 1/2$，则得到二阶的龙格-库塔公式

$$\left.\begin{aligned} y_{n+1} &= y_n + hk_2 \\ k_1 &= f(x_n, y_n) \\ k_2 &= f(x_n + h/2, y_n + hk_1/2) \end{aligned}\right\} \quad (C.9)$$

类似的方法可以构造出误差 $y(x_{n+1}) - y_{n+1} = O(h^4)$ 的三阶龙格-库塔公式

$$\left.\begin{aligned} y_{n+1} &= y_n + \frac{h}{6}(k_1 + 4k_2 + k_3) \\ k_1 &= f(x_n, y_n) \\ k_2 &= f(x_n + h/2, y_n + hk_1/2) \\ k_3 &= f(x_n + h, y_n - hk_1 + 2hk_2) \end{aligned}\right\} \quad (C.10)$$

而在计算物理中最普遍使用的是具有 $O(h^5)$ 截断误差的四阶龙格-库塔公式

$$\left.\begin{aligned}&y_{n+1}=y_n+\frac{h}{6}(k_1+2k_2+2k_3+k_4)\\&\qquad k_1=f(x_n,y_n)\\&\qquad k_2=f(x_n+\frac{h}{2},y_n+\frac{h}{2}k_1)\\&\qquad k_3=f(x_n+\frac{h}{2},y_n+\frac{h}{2}k_2)\\&\qquad k_4=f(x_n+h,y_n+hk_3)\end{aligned}\right\} \quad (C.11)$$

有兴趣的读者可以自己推导该公式。仿照上面的公式,我们可以写下求解一阶常微分方程组

$$\left.\begin{aligned}&y'_i=f_i(x,y_1,y_2,\cdots,y_m)\\&y_i(x_0)=y_{i0}\\&i=0,1,2,\cdots,m\end{aligned}\right\} \quad (C.12)$$

的龙格-库塔公式为

$$\left.\begin{aligned}&y_{i,n+1}=y_{i,n}+\frac{h}{6}(k_{i,1}+2k_{i,2}+2k_{i,3}+k_{i,4})\\&k_{i,1}=f_i(x_n,y_{1n},y_{2n},\cdots,y_{mn})\\&k_{i,2}=f_i(x_n+\frac{h}{2},y_{1n}+\frac{h}{2}k_{11},y_{2n}+\frac{h}{2}k_{21},\cdots,y_{mn}+\frac{h}{2}k_{m1})\\&k_{i,3}=f_i(x_n+\frac{h}{2},y_{1n}+\frac{h}{2}k_{12},y_{2n}+\frac{h}{2}k_{22},\cdots,y_{mn}+\frac{h}{2}k_{m2})\\&k_{i,4}=f_i(x_n+h,y_{1n}+hk_{13},y_{2n}+hk_{23},\cdots,y_{mn}+hk_{m3})\end{aligned}\right\} \quad (C.13)$$

最后应当指出的是:如果微分方程的解是足够光滑的,并且具有高阶导数,那么龙格-库塔法不失为一种比较理想的近似求解方法;反之,如果解的光滑性较差,高阶导数不存在,那么它就不适用。在后一种情况下如果仍使用近似较差的欧拉法,精度往往反而会好些。并且由于欧拉法简单、物理意义明确,计算结果也更可靠,所以选取何种计算方法应当根据问题的实际情况来定。不一定精度高的方法就一定比精度低的方法好。

3. Sturm-Liouville 微分方程近似求解方法——诺伊曼诺夫(Numerov)法

物理学中许多重要的线性微分方程都可以归结到 Sturm-Liouville 问题,如勒让德(Legendre)方程,贝塞尔(Bessel)方程等都属于这类方程。Sturm-Liouville 方程定义为

$$L\phi=q \quad (C.14)$$

其中,$L\equiv -\Delta(p\Delta)+f$,我们可以等价地将方程(C.14)的一维问题定义为

$$[p(x)u'(x)]'+q(x)u(x)=s(x) \tag{C.15}$$

其中,当 $s(x)=0$ 和 $q(x)=-r(x)+\lambda w(x)$(λ 为方程的本征值)时,是我们物理中常常遇到的情况。方程(C.15)具有 $O(h^6)$ 截断误差的三点计算公式为

$$c_{n+1}u_{n+1}+c_{n-1}u_{n-1}=c_n u_n+d_n \tag{C.16}$$

其中

$$c_{n+1}=24p_n+12hp'_n+2h^2 q_n+6h^2 p''_n-4h^2(p'_n)^2/p_n+h^3 p'''_n$$
$$\quad+2h^3 q'_n-h^3 p'_n q_n/p_n-h^3 p'_n p''_n/p_n$$
$$c_n=48p_n-20h^2 q_n-8h^2(p'_n)^2/p_n+12h^2 p''+2h^4 p'_n q'_n/p_n-2h^4 q''_n$$
$$c_{n-1}=24p_n-12hp'_n+2h^2 q_n+6h^2 p''_n-4h^2(p'_n)^2/p_n-h^3 p'''_n-2h^3 q'_n$$
$$\quad+h^3 p'_n q_n/p_n+h^3 p'_n p''_n/p_n$$
$$d_n=24h^2 s_n+2h^4 s''_n-2h^4 p'_n s'_n/p_n \tag{C.17}$$

在 $p(x)=1$ 的特殊情况下,上述公式可以简化为

$$c_{n+1}=1+\frac{h^2}{12}\left(\frac{1}{2}q_{n+1}+q_n-\frac{1}{2}q_{n-1}\right)$$
$$c_n=2-\frac{5h^2}{6}\left(\frac{1}{10}q_{n+1}+\frac{4}{5}q_n-\frac{1}{10}q_{n-1}\right)$$
$$c_{n-1}=1+\frac{h^2}{12}\left(-\frac{1}{2}q_{n+1}+q_n+\frac{1}{2}q_{n-1}\right)$$
$$d_n=\frac{h^2}{12}(s_{n+1}+10s_n+s_{n-1}) \tag{C.18}$$

物理中的许多方程,如具有球对称的泊松方程或者一维薛定谔方程等,就属于这一类型。

诺伊曼诺夫法是在 $p(x)=1$ 的情况下,从对微分方程(C.15)求二阶微分得到四阶 $u(x)$ 的微分方程

$$u^{(4)}(x)=\frac{\mathrm{d}^2}{\mathrm{d}x^2}[-q(x)u(x)+s(x)] \tag{C.19}$$

再对上面方程运用三点差分公式,保留式(C.18)右边所有的项,并反复利用公式(C.16),则诺伊曼诺夫算法的 c_{n+1},c_n,c_{n-1} 和 d_n 为

$$c_{n+1}=1+\frac{h^2}{12}q_{n+1},\qquad c_n=2-\frac{5h^2}{6}q_n$$
$$c_{n-1}=1+\frac{h^2}{12}q_{n-1},\qquad d_n=\frac{h^2}{12}(s_{n+1}+10s_n+s_{n-1}) \tag{C.20}$$

由于在上面方法的推导中反复用到三点差分公式,因而诺伊曼诺夫算法的总精度只有 $O(h^4)$。通常对同一个问题,采用上述求解 Sturm-Liouville 方程的方法比采用四阶龙格-库塔法得到的结果精度低。

附录 D 三角形型函数积分式的证明

计算三角形型函数积分 $t_a = \iint_e N_a \mathrm{d}x\mathrm{d}y (a=i,j,m)$ 等。这里三角形型函数、三角形元素 (e) 的选择约定及顶点编号见 5.2 节。其中

$$N_i(x,y) \equiv (a_i + b_i x + c_i y)/2\Delta$$
$$N_j(x,y) \equiv (a_j + b_j x + c_j y)/2\Delta \qquad \text{(D.1)}$$
$$N_m(x,y) \equiv (a_m + b_m x + c_m y)/2\Delta$$

$$\left. \begin{array}{l} a_i = x_j y_m - x_m y_j \\ b_i = y_j - y_m \\ c_i = x_m - x_j \end{array} \right\} \qquad \text{(D.2)}$$

其余的 a_j, b_j, c_j 及 a_m, b_m, c_m 则可以由公式(D.2)按下标 i,j,m 的顺序轮换得到。上面的公式(D.1)给出了 (x,y) 平面到 (N_i, N_j) 平面的变换。由于

$$N_i(x_i, y_i) = 1, \qquad N_j(x_i, y_i) = 0$$
$$N_i(x_j, y_j) = 0, \qquad N_j(x_j, y_j) = 1$$
$$N_i(x_m, y_m) = 0, \qquad N_j(x_m, y_m) = 0 \qquad \text{(D.3)}$$

因而 (x,y) 平面上的顶点 i,j,m 分别变换为 (N_i, N_j) 平面上的点 $(1,0), (0,1)$ 和 $(0,0)$。由公式(D.1)，得到积分面积元素的变换公式为

$$\mathrm{d}N_i \mathrm{d}N_j = \left| \begin{array}{cc} \frac{\partial N_i}{\partial x} & \frac{\partial N_i}{\partial y} \\ \frac{\partial N_j}{\partial x} & \frac{\partial N_j}{\partial y} \end{array} \right| \mathrm{d}x\mathrm{d}y = \frac{1}{4\Delta^2} \left| \begin{array}{cc} b_i & c_i \\ b_j & c_j \end{array} \right| \mathrm{d}x\mathrm{d}y = \frac{1}{2\Delta} \mathrm{d}x\mathrm{d}y \qquad \text{(D.4)}$$

其中

$$\Delta = \frac{1}{2} \left| \begin{array}{ccc} 1 & x_i & y_i \\ 1 & x_j & y_j \\ 1 & x_m & y_m \end{array} \right| = \frac{1}{2}(b_i c_j - b_j c_i) \qquad \text{(D.5)}$$

所以，我们得到

$$t_i = \iint_e N_i \mathrm{d}x\mathrm{d}y = 2\Delta \iint N_i \mathrm{d}N_i \mathrm{d}N_j = 2\Delta \int_0^1 N_i \mathrm{d}N_i \int_0^{1-N_i} \mathrm{d}N_j = \frac{\Delta}{3} \qquad \text{(D.6)}$$

类似地，可以得到 $a=j,m$ 时的积分 $t_a = \iint_e N_a \mathrm{d}x\mathrm{d}y$ 结果。这样我们有

$$t_a = \iint_e N_a \mathrm{d}x\mathrm{d}y = \frac{\Delta}{3}, \qquad (a=i,j,m) \qquad \text{(D.7)}$$

用上述相似步骤，可以证明(这里不再给出)

$$t_{aa} = \iint_e N_a^2 \mathrm{d}x\mathrm{d}y = \frac{\Delta}{6}, \qquad (a = i,j,m) \tag{D.8}$$

$$t_{ab} = \iint_e N_a N_b \mathrm{d}x\mathrm{d}y = \frac{\Delta}{12}, \qquad (a,b = i,j,m, a \neq b) \tag{D.9}$$

$$t_{abc} = \iint_e N_a N_b N_c \mathrm{d}x\mathrm{d}y = \frac{\Delta}{60}, \qquad (a,b,c = i,j,m, a \neq b \neq c) \tag{D.10}$$

附录 E Mathematica 函数和指令

在本附录中我们给出一些常用的函数和指令的简要说明。实际上在 Mathematica 系统中可用的函数和指令大约有 1200 个。读者可以参考 Mathematica 手册或者在加载 Mathematica 系统后用"?? 函数或指令名",得到该系统中这个函数或指令的详细说明。

首先,我们给出一些在编程中用到的缩写的符号。

lhs=rhs 计算右边的表达式,并将该结果赋给左边的表达式,从这时起左边的表示被右边出现的表达式所代替。如果 lhs 和 rhs 都是表,即 {l1,l2,…} = {r1, r2,…},则计算出 ri 的结果并赋给对应的 li。

lhs —> rhs 表示将 lhs 转换成 rhs 的规则。

expr /. rules 运用一个规则或者一个规则表来作表达式 expr 的每一个子部分的代换。

lhs := rhs 将 rhs 的表示赋给 lhs 的延迟值。即 rhs 保留成未计算的形式,每次当 lhs 出现时,lhs 都将被 rhs 重新计算的结果所代替。

lhs :> rhs 代表将 lhs 变换为 rhs 的规则,而 rhs 的计算是在应用该规则时才进行。

lhs = = rhs 如果 lhs 和 rhs 相同,则返回 True。

expr //. rules 反复地进行规则中的代换,直到 expr 中不再有变化。

AppendTo[s, elem] 将元素 s 追加到 elem 中。

Apply[f,expr] 或者 f @@ expr f 作用于 expr. 例如:Apply[Plus,2,3] 的结果为 5。

ArcSin[z] 给出复数 z 的反正弦值。

ArcTan[z] 给出复数 z 的反正切值。ArcTan[x,y] 其中 x,y 是实数,则给出 y/x 的反正切。

Begin["context"] 开始一个上下文。

BeginPackage["context"] 开始一个程序包。

BesselI[n,x] 给出修正的第一型的贝塞尔函数 $I_n(z)$。

BesselJ [n,z] 给出第一型的贝塞尔函数 $J_n(z)$。

BesselK[n,x] 给出修正的第二型的贝塞尔函数 $K_n(z)$。

BesselY[n,x] 给出第二型的贝塞尔函数 $Y_n(z)$。

Block[{x,y,⋯},expr] 表达式序列 expr 在工作变量{x,y,⋯}下运行。

C[i] 是在用 Dsolve 求解微分方程时产生的第 i 个常数。

Chop[expr] 在实数域和复数域中删除数量级小于 10^{-10} 的项。

Circle 二维图形选项。Circle[{x,y},r]以{x,y}为圆心,以 r 为半径的圆周。Circle[{x,y},{rx,ry}]以{x,y}为圆心,以{r_x,r_y}为长短半轴的椭圆周。Circle[{x,y},r,{theta1,theta2}]以{x,y}为圆心,以 r 为半径的圆弧。

Clear[symbol1,symbol2,⋯] 清除 symbol$i$ 的值和定义。

ClearAll[symbol1,symbol2,⋯] 清除所有与符号 symbol$i$ 相关的值、定义、属性和默认值。

Coefficient[expr,form] 给出多项式 expr 中 form 项的系数。Coefficient[expr,form,n] 给出多项式 expr 中 form^n 项的系数。

Conjugate[z] 给出复数 z 的共轭值。

ContourPlot[f,{x,xmin,xmax},{y,ymin,ymax}]画出 f 在范围{x,xmin,xmax},{y,ymio,ymax}内的等值线图。

Cos[z] 给出复数 z 的余弦值。

Cosh[z] 给出复数 z 的双曲余弦值。

Cot[z] 给出复数 z 的余切值。

D[f,x] 计算 f 的偏导数$\partial f/\partial x$;D[f,x,n] 计算 f 的 n 阶偏导数$\partial^n f/\partial x^n$。

expr[[i]] 或者 Part[expr,i] 给出 expr 中的第 i 部分,i 为负数时表示倒数编号。

Det[m] 表示对方阵 m 求行列式。

Disk[{x,y},r] 二维图形。圆心在{x,y}、半径为 r 的实心圆。Disk[{x,y},{r1,r2},{theta1,theta2}] 二维图形。圆心在{x,y}、长短半轴为 r_1 和 r_2、从弧度 theta1 到弧度 theta2 的椭圆弧。

Display[channel,graphics] 将声音或者图形目标 graphics 写入文件或通道 channel 中。

Do[expr,{i,imin,imax},{j,jmin,jmax}] 在 i 和 j 的循环范围内运行 expr。

Dsolve[eqn,y[x],x] 解微分方程 eqn,其中 y 是函数,x 是变量。Dsolve[{eqn1,eqn2,⋯},{y1,y2,..},{x1,x2,⋯}] 解微分方程 eqn$i$,其中 y_i 是函数,x_i 是变量。

Dt[f,x] 计算全导数 $\mathrm{d}f/\mathrm{d}x$。Dt[f] 计算全微分 df。

EllipticK[m] 计算第一类的椭圆积分 $K(m)$。

EllipticE[m] 计算第二类的椭圆积分 $E(m)$。

End[ ] 结束对应于 Begin 的当前内容。

EndPackage[ ]结束当前的 Package,重新保存 ＄Context 和 ＄ContextPath 的值。

EulerE[n] 欧拉数 E_n。EulerE[n,x] 欧拉多项式 $E_n(x)$。

EulerGamma 欧拉常数。

Evaluate[expr] 强行运行表达式 expr。

EvenQ[expr] 当 expr 为偶数时,其值为 True,反之为 False。

Exit[ ] 终止一个 Mathematica 的程序段。

Exp[z] 指数函数 e^z。

Expand[expr] 将表达式 expr 中的乘积和正整数幂展开。

ExpandAll[expr] 将表达式 expr 中的所有部分展开。

FindRoot[lhs＝rhs,{x,x0}] 求方程 lhs＝rhs 中 x 从 x_0 起的数值解。

Flatten[list] 去掉序列的嵌套。

Floor[x] 给出小于或等于 x 的最大整数。

Function[body]或者 body& 纯函数的定义形式。Function[x, body]以 x 为变量的纯函数。Function[{x1,x2,…}, body]以{x1,x2,…}为变量的纯函数。

＜＜name 读入一个文件,计算该文件的每一个表达式,返回最后一个表达式的计算结果。Get["name"]与＜＜name 功能相同。

Gamma[z]计算欧拉伽玛函数 $\Gamma(z)$,$\Gamma(z) = \int_0^\infty t^{z-1} e^{-t} dt$。

Graphics[primitives,options] 用图形元素 primitives 根据选项 options 构造平面图形。可以用 Show 显示 Graphics 构造出来的图形。图形元素 primitives 可以为 Circle,Line 和 Polygon 等;选项 options 有 Aspectio 和 Axes。

GraphicsArray[{g1,g2,…}] 表示图形目标列。

HermiteH[n,x] 给出 n 阶 Hermite 多项式。

Hold[expr] 将表达式 expr 保留为非运行或非计算的形式。

HoldForm[expr] 将表达式 expr 在非运行状态下输出。

If[condition,t,f,u] 如果 condition 为 True 结果为 t;如果 condition 为 False 结果为 f;如果 condition 既不为 True,也不为 False,结果为 u。

Im[z] 取复数 z 的虚部。

Infinity 表示正无穷大的数。

Input[ ] 交互式地读入一个表达式。Input["prompt"]用 prompt 作为提示符来要求输入表达式。

IntegerQ[expr] 当 expr 为整数时,其值为 True,反之为 False。

Integrate[f,x] 作不定积分 $\int f(x) dx$ 计算。Integrate[f,{x,xmin,xmax}] 作

定积分计算。Integrate[f,{x,xmin,xmax},{y,ymin,ymax}] 作多重定积分计算。

InterpolatingFunction[range,table] 对插值表 table 在范围 range 内计算近似函数。

Inverse[m] 计算方阵 m 的逆矩阵。

InverseFourier[list] 计算复数序列 list 的逆傅里叶变换。

Join[list1,list2,⋯] 将 list1,list2,⋯序列连接起来。

LagurreL[n,x] 给出 n 阶拉盖尔多项式。

Length[expr] 给出 expr 中元素的数目。

Lhs == rhs 如果 lhs 与 rhs 相同,则返回值 True。

Limit[expr,x->x0] 计算 expr 在 x 趋于 x_0 时的极限值。

Line[{pt1,pt2,⋯}] 用于二维或三维图形中连接点 pt1 到 pt2,pt2 到 pt3,⋯的直线段。

{e1,e2,⋯} 表示一个表的所有元素。

ListPlot[{y1,y2,⋯}] 画出连接点列 list 的平面曲线,对 x 坐标的点取为 1,2,⋯。

Log[z] 表示 z 的自然对数(对数底为 e)。Log[b,z] 表示底为 b 的对数。

Map[f,expr]或者 f @ expr 对 expr 中第一个层次的每一个元素应用 f。

MapAt[f,expr,n] 对 expr 中第 n 个位置的元素应用 f。

Max[x1,x2,⋯] 给出 x_i 中的极大值,x_i 为数字或数值表。

MemberQ[list,form] 当 list 中的一个元素与 form 匹配时,其值为 True,反之为 False。

Min[x1,x2,⋯] 给出 x_i 中的极小值,x_i 为数字或数值表。

Mode[m,n] 给出 m 被 n 除后的余数,这个余数的符号与 n 相同。

N[expr] 求出 expr 的数值。N[expr,n] 以 n 位数字的精度计算 expr 的数值。

NDSolve[eqns,y,{x,xmin,xmax}] 在变量 x 的范围{xmin,xmax}内求解方程或方程组的数值解。

Needs["context","file"] 调入文件 context。

Nest[f,expr,n] f 作用于 expr 上 n 次所得到的表达式。

NestList[f,expr,n] f 在 expr 上作用 0 到 n 次所得到的函数序列。

Nintegrate[f,{x,xmin,xmax}] 计算数值积分 $\int_{x_{min}}^{x_{max}} f(x)\mathrm{d}x$,也可以做多重数值积分。

Normal[eqns] 将 expr 从各种特殊表示形式转换成通常的表示。

Nsolve[eqns,vars] 计算以 var 为变量的多项式方程组的数值解。

NumberQ[expr] 当 expr 为数值时,其值为 True,否则为 False。

Off[s] 关闭与符号 s 有关的信息。

On[s] 开启与符号 s 有关的信息。

ParametricPlot[{{fx,fy},{gx,gy},⋯},{t,tmin,tmax}] 二维参数作图函数。其中 x,y 坐标分别是 t 的函数,该指令可以绘出几个参数曲线。

ParametricPlot3D[{{fx,fy,fz},{gx,gy,gz},⋯},{t,tmin,tmax}] 三维参数作图函数。其中 x,y,z 坐标分别是 t 的函数,该指令可以绘出几个参数曲线。

Partition[list,n] 将 list 分解成不交叠的子列,其长度为 n。

Pi 就是常数 π,其数值为 3.14159⋯。

Plot[{f1,f2,⋯},{x,xmin,xmax}] 产生几条函数 $\{f_1,f_2,\cdots\}$ 的几条曲线,绘制范围在 $x\in[x_{\min},x_{\max}]$。

Point[coords] 二维 $\{x,y\}$ 或三维点 $\{x,y,z\}$ 坐标的位置。

PowerExpand[expr] 对 expr 展开所有积的乘方。

Print[expr1,expr2,⋯] 输出 expri,输出完毕后换行。Expri 之间不换行。

Protect[s1,s2,⋯] 对符号 s_i 设置保护属性。

Quit[] 终止一个 Mathematica 程序段。

Random[] 产生一个[0,1]区间的、均匀分布的伪随机数。Random[type,range] 其中可能的形式有:Integer,Real 和 Complex;缺省的抽样范围为[0,1],也可给出范围[min,max]。

Re[z] 给出复数 z 的实数部分。

ReleaseHold[expr] 去除在 expr 中的 Hold 和 HoldForm。

Replace[expr,rules] 对表达式 expr 应用一个或多个代换规则 rules。

SameQ[lhs,rhs] 当 lhs 和 rhs 相等时,其值为 True,反之则为 False。

Save["filename",symb1,symb2,⋯] 将符号或定义的函数 symbi 等内容存在文件 filename 上。

Scaled[{x,y}] 图形中的相对坐标。

Series[f,{x,x0,n}] 将函数 f 在 $x=x_0$ 点处展开成最高幂次为 n 的幂级数。

SetDirectory["xxx"] 设置当前的工作目录到 xxx,并自动将 xxx 装入目录栈中。

SetPrecision[expr,n] 将表达式中的所有数值的精度设置为 n 位数。

Show[graphics,options] 按 options 设定的选项显示图形 graphics。采用 Show[g1,g2,⋯] 可以把几个图一起显示。

Simplify[expr] 将表达式 expr 化简为含项数最少的最简形式。

Sin[z] 复数 z 的正弦函数值。

Sinh[z] 复数 z 的双曲正弦函数值。

Solve[eqns,vars] 求解方程或方程组 eqns 中变量 vars 的解。

SphericalHarmonicY[l,m,theta,phi] 给出球谐函数 $Y_{lm}(\theta,\varphi)$。

Sqrt[z] 给出 z 的平方根。

Sum[f,{i,imax}] 计算 $\sum_{i=1}^{i_{max}} f$；类似可以用 Sum[f,{i,imin,imax}], Sum[f,{i,imin,imax,di}](di 为步长)或 Sum[f,{i,imin,imax},{j,jmin,jmax}]。

Table[expr,{imax}] 产生有 i_{max} 个，以 expr 值为元素的表。Table[expr,{i,imax}] 产生的表中元素为 i 从 1 到 i_{max} 时，expr 的值。Table[expr,{i,imin,imax}] 产生的表中元素为 i 从 i_{min} 到 i_{max} 时，expr 的值。Table[expr,{i,imin,imax},{j,jmin,jmax},⋯] 产生的表中元素为 i 和 j 从 i_{min} 到 i_{max} 时，expr 的值。

Take[list,n] 取出表 list 中头 n 个元素。Take[list,-n] 取出表 list 中后 n 个元素。Take[list,{m,n}] 取出表 list 中第 m 个到 n 个元素。

Tan[z] 复数 z 的正切函数值。

Tanh[z] 复数 z 的双曲正切函数值。

TeXForm[expr] 将表达式 expr 表示成 TeX 排版语言的形式。

Transpose[list] 互换 list 中的前两个层次。当 list 为矩阵时，给出 list 的转置矩阵。

TrueQ[expr] 表达式 expr 的值为 True 时，其值为 True，反之为 False。

Unprotect[s1,s2,⋯] 取消 s_i 中的 Protect 属性。

ValueQ[expr] 如果 expr 中所有的量都已有定义，其值为 True，反之为 False。

Which[test1,value1,test2,value2,⋯] 依次计算每个 test$i$，返回值是在第一次得到 test$i$ 的值为 True 时，所得到的 value$i$。

While[test,body] 当 test 为 True 时运行 body，直到 test 不等于 True 时为止。

With[{x=x0,y=y0,⋯},expr] 规定 expr 中出现的 $x,y,\cdots$ 由 $x_0,y_0,\cdots$ 代替。

Xor[e1,e2,⋯] 逻辑异或。如果 $e_1,e_2,\cdots$ 中有偶数个值为 True，其余为 False，则其值为 True，否则为 False。

Zeta[s] 黎曼函数 $\zeta(s) = \sum_{k=1}^{\infty} k^{-s}$。Zeta[s,a] 广义黎曼函数 $\zeta(s,a) = \sum_{k=1}^{\infty} (k+a)^{-s}$。

附录 F 程序选编

1. 多重积分 Fortran 子程序——VEGAS.F

```fortran
      SUBROUTINE VEGAS(FXN,ACC,NDIM,NCALL,ITMX,NPRN,IGRAPH)
C=====================================================================
C   ARGUMENTS:
C      FXN    = FUNCTION TO BE INTEGRATED/MAPPED
C      ACC    = RELATIVE ACCURACY REQUESTED
C      NDIM   = # DIMENSIONS
C      NCALL  = MAXIMUM TOTAL # OF CALLS TO THE FUNCTION
C      ITMX   = MAXIMUM # OF ITERATIONS ALLOWED
C      NPRN   = PRINTOUT LEVEL:
C              =0   ONLY FINAL RESULTS
C              >=1  ADDITIONALLY INF. ABOUT INPUT PARAMETERS
C              >=2  ADDITIONALLY INF. ABOUT ACCUMULATED VALUES PER
C                   ITERATION.
C              >=3  ADDITIONALLY INF. ABOUT PARTIAL VALUES PER ITERATION.
C
C              >=5  ADDITIONALLY INF. ABOUT FINAL BIN DISTRIBUTION (NU-
C                   MERICAL MAPPING).
C
C      IGRAPH = HISTOGRAMS LEVEL (DUMMY IN PC MACHINE VERSION)
C              =0   NO HISTOGRAMS AT ALL
C              =1   ONLY STATISTICS ABOUT THE INTEGRATION
C              =10  ONLY HISTOGRAMS DEFINED BUT NOT STATISTICS
C=====================================================================
      IMPLICIT REAL*8(A-H,O-Z)
C     COMMON/RESULT/IT,CHI2A,AVGI,SD,TI,TSI
      COMMON/RESULT/AVGI,SD,ERR
      COMMON/INPARM/ITMX0,ALPH
      COMMON/OUTMAP/ND,NDIM0,XI(50,20)
      COMMON/DELP/RATIO,FMAX
      DIMENSION X(20),XIN(50),R(50),IA(20),D(50,20),RAND(20)
      DATA ALPH0/1.5/
      ND=50
C=====================================================================
C A)) INITIALIZING SOME VARIABLES
```

```
C=================================================================
        ITMX0=ITMX
        NDIM0=NDIM
        IF(ALPH.EQ.0.) ALPH=ALPH0
        CALLS=NCALL
        XND=ND
        NDM=ND-1
CC      IF(IGRAPH.NE.0)CALL INBOOK(0,FUN,WEIGHT,IGRAPH)
C-----------------------------------------------------------------
C INITIALIZING CUMMULATIVE VARIABLES
C-----------------------------------------------------------------
        IT=0
        SI=0.
        SI2=0.
        SWGT=0.
        SCHI=0.
        SCALLS=0.
C-----------------------------------------------------------------
C DEFINING THE INITIAL INTERVALS DISTRIBUTION
C-----------------------------------------------------------------
        RC=1./XND
        DO 7 J=1,NDIM
        XI(ND,J)=1.
        DR=0.
        DO 7 I=1,NDM
        DR=DR+RC
        XI(I,J)=DR
7       CONTINUE
        IF(NPRN.GE.1) PRINT 290,NDIM,NCALL,ITMX,ND
C=================================================================
C B)) ITERATING LOOP
C=================================================================
9       IT=IT+1
C-----------------------------------------------------------------
C INITIALIZING ITERATION VARIABLES
C-----------------------------------------------------------------
        NZERO=0
        TI=0.
```

```
            SFUN2=0.
            DO 10 J=1,NDIM
            DO 10 I=1,ND
            D(I,J)=0.
10          CONTINUE
CC          IF(IGRAPH.NE.0)CALL REBOOK(0,FUN,WEIGHT,TGRAPH)
            DO 11 JJ=1,NCALL
            WGT=1.
C ·······················································
C           COMPUTING THE POINT POSITION
C ·······················································
            CALL RANDA(NDIM,RAND)
            DO 15 J=1,NDIM
            XN=RAND(J)*XND+1.
            IA(J)=XN
            XIM1=0.
            IF(IA(J).GT.1)XIM1=XI(IA(J)-1,J)
            XO=XI(IA(J),J)-XIM1
            X(J)=XIM1+(XN-IA(J))*XO
            WGT=WGT*XO*XND
15          CONTINUE
C ·······················································
C COMPUTING THE FUNCTION VALUE
C ·······················································
            FUN=FXN(X)*WGT/CALLS
            IF(FUN.GT.FMAX)FMAX=FUN
            RATIO=FUN/FMAX
            IF (IT.NE.ITMX) RATIO=0.
            IF(FUN.NE.0.)NZERO=NZERO+1
            FUN2=FUN*FUN
            WEIGHT=WGT/CALLS
CC          IF(IGRAPH.NE.0)CALL XBOOK(0,FUN,WEIGHT,IGRAPH)
            TI=TI+FUN
            SFUN2=SFUN2+FUN2
            DO 16 J=1,NDIM
            IAJ=IA(J)
            D(IAJ,J)=D(IAJ,J)+FUN2
16          CONTINUE
```

```
11      CONTINUE
C-------------------------------------------------
C COMPUTING THE INTEGRAL AND ERROR VALUES
C-------------------------------------------------
        TI2=TI*TI
        TSI=DSQRT((SFUN2*CALLS-TI2)/(CALLS-1.))
        WGT=TI2/TSI**2
        SI=SI+TI*WGT
        SI2=SI2+TI2
        SWGT=SWGT+WGT
        SCHI=SCHI+TI2*WGT
        SCALLS=SCALLS+CALLS
        AVGI=SI/SWGT
        SD=SWGT*IT/SI2
        CHI2A=0.
        IF(IT.GT.1)CHI2A=SD*(SCHI/SWGT-AVGI*AVGI)/(IT-1)
        SD=1./DSQRT(SD)
        ERR=SD*100./AVGI
        IT0=IT
C-------------------------------------------------
C PRINTING
C-------------------------------------------------
        IF(NPRN.GE.2)PRINT 201,IT,AVGI,SD,ERR
        IF(NPRN.GE.3)PRINT 211,TI,TSI,NZERO,CHI2A
        IF(NPRN.GE.5) GO TO 21
        DO 20 J=1,NDIM
cc         PRINT 202,J
        XIN(1)=XI(1,J)
        DO 2020 L=2,ND
2020    XIN(L)=XI(L,J)-XI(L-1,J)
cc20       PRINT 204,(XI(I,J),XIN(I),D(I,J),I=1,ND)
20      CONTINUE
21      CONTINUE
        IF(DABS(SD/AVGI).GT.DABS(ACC).AND.IT.LT.ITMX)GO TO 98
        PRINT 777,AVGI,SD,CHI2A
CC      IF(IGRAPH.NE.0)CALL BOOKIT(2,FUN,WEIGHT,IGRAPH)
        RETURN
98      CONTINUE
```

```
CC      IF(IGRAPH.NE.0)CALL BOOKIT(0,FUN,WEIGHT,IGRAPH)
C================================================================================
C C)) REDEFINING THE GRID
C================================================================================
C----------------------------------------
C SMOOTHING THE F**2 VALUED STORED FOR EACH INTERVAL
C----------------------------------------
        DO 23 J=1,NDIM
        XO=D(1,J)
        XN=D(2,J)
        D(1,J)=(XO+XN)/2.
        X(J)=D(1,J)
        DO 22 I=2,NDM
        D(I,J)=XO+XN
        XO=XN
        XN=D(I+1,J)
        D(I,J)=(D(I,J)+XN)/3.
        X(J)=X(J)+D(I,J)
22      CONTINUE
        D(ND,J)=(XN+XO)/2.
        X(J)=X(J)+D(ND,J)
23      CONTINUE
C----------------------------------------
C COMPUTING THE 'IMPORTANCE FUNCTION' OF EACH INTERVAL
C----------------------------------------
        DO 28 J=1,NDIM
        RC=0.
        DO 24 I=1,ND
        R(I)=0.
        IF(D(I,J).LE.0.) GO TO 224
        XO=X(J)/D(I,J)
        R(I)=((XO-1.)/XO/DLOG(XO))**ALPH
224     RC=RC+R(I)
24      CONTINUE
C----------------------------------------
C REDEFINING THE SIZE OF EACH INTERVAL
C----------------------------------------
        RC=RC/XND
```

```
              K=0
              XN=0.
              DR=0.
              I=0
      25      K=K+1
              DR=DR+R(K)
              XO=XN
              XN=XI(K,J)
      26      IF(RC. GT. DR) GO TO 25
              I=I+1
              DR=DR-RC
              XIN(I)=XN-(XN-XO)*DR/R(K)
              IF(I. LT. NDM) GO TO 26
              DO 27 I=1,NDM
              XI(I,J)=XIN(I)
      27      CONTINUE
              XI(ND,J)=1.
      28      CONTINUE
      C
              GO TO 9
C================================================================================
C D)) FORMATS FOR PRINTOUTS
C================================================================================
      290     FORMAT('1 %%%% INTEGRATION PARAMETERS :'/
            . ' # DIMENSIONS =',I8/,
            . ' # CALLS TO F PER ITERATION =',I8/,
            . ' # ITERATIONS MAXIMUM =',I8/,
            . ' # BINS IN EACH DIMENSION =',I8)
      201     FORMAT(/' ITER. NO',I3,' ACC. RESULTS==> INT =',G14.5,'+/-',G10.4,
            . '..... % ERROR=',G10.2)
      211     FORMAT(20X,'ITER. RESULTS=',G14.5,'+/-',G10.4,
            . '..... (F=/=0)=',I6,'..... CHI**2=',G10.2)
      202     FORMAT(14H0DATA FOR AXIS,I2 /
            . 7X,'X',9X,'DELT X',6X,'SIG(F2)',
            . 13X,'X',9X,'DELT X',6X,'SIG(F2)'/)
      204     FORMAT(1X,3G12.4,5X,3G12.4)
      777     FORMAT(' '//' ',25('+'),' FINAL RESULT ',25('+')//
            . ' INTEGRAL VALUE =',G14.5,'+/-',G10.4,6X,
```

```
       ' ( CHI * *2=',G10.4,')'//' ',64('+'))
       END


C
       SUBROUTINE randa(n,rand)
C      subroutine generates uniformly distributed random no's x(i),i=1,n
       IMPLICIT DOUBLE PRECISION(a-h,o-z)
       DIMENSION rand(n)
       COMMON/rnsd/iseed
       EXTERNAL ran
       DO 1 i=1,n
1      rand(i)=ran(iseed)
       RETURN
       END
C-------------------------------------------------
       FUNCTION ran(idum)
C      from "numerical recipes" p. 197. set idum to any negative
C      value to initialize or reinitialize the sequence

       PARAMETER (m=714025,ia=1366,ic=150889,rm=1./m)
       DIMENSION ir(97)
       DATA iff /0/
       IF(idum. LT. 0. OR. iff. EQ. 0) THEN
           iff=1
           idum=mod(ic-idum,m)
           DO 11 j=1,97
               idum=mod(ia*idum+ic,m)
               ir(j)=idum
11         continue
           idum=mod(ia*idum+ic,m)
           iy=idum
       END IF
       j=1+(97*iy)/m
       IF(j. GT. 97. OR. j. LT. 1) PAUSE
       iy=ir(j)
       ran=iy*rm
       idum=mod(ia*idum+ic,m)
       ir(j)=idum
```

2. 多粒子相空间产生 Fortran 子程序——RAMBO.F

```fortran
      SUBROUTINE RAMBO(N,ET,XM,P,WT)
C-----------------------------------------------
C
C
C                         RAMBO
C
C     RA(NDOM) M(OMENTA) B(EAUTIFULLY) O(RGANIZED)
C
C     A DEMOCRATIC MULTI-PARTICLE PHASE SPACE GENERATOR
C     AUTHOR: S.D. ELLIS, R. KLEISS, W.J. STIRLING
C     THIS IS VERSION 1.0 - WRITTEN BY R. KLEISS
C
C     N = NUMBER OF PARTICLES (>1, IN THIS VERSION <101)
C     ET = TOTAL CENTRE-OF-MASS ENERGY
C     XM = PARTICLE MASSES ( DIM=100 )
C     P = PARTICLE MOMENTA ( DIM=(4,100) )
C     WT = WEIGHT OF THE EVENT
C
C-----------------------------------------------
      IMPLICIT REAL*8(A-H,O-Z)
      EXTERNAL RN
      DIMENSION XM(100),P(4,100),Q(4,100),Z(100),R(4),
     -    B(3),P2(100),XM2(100),E(100),V(100),IWARN(5)
      DATA ACC/1.D-14/,ITMAX/6/,IBEGIN/0/,IWARN/5*0/
      SAVE TWOPI, PO2LOG
C
C     INITIALZATION STEP: FACTORIALS FOR THE PHASE SPACE WEIGHT
      IF(IBEGIN.NE.0) GOTO 103
      IBEGIN=1
      TWOPI=8.*DATAN(1.D0)
      PO2LOG=DLOG(TWOPI/4.)
      Z(2)=PO2LOG
      DO 101 K=3,100
  101 Z(K)=Z(K-1)+PO2LOG-2.*DLOG(DFLOAT(K-2))
      DO 102 K=3,100
```

```
102     Z(K)=(Z(K)-DLOG(DFLOAT(K-1)))
C
C       CHECK ON THE NUMBER OF PARTICLES
103     IF(N. GT. 1. AND. N. LT. 101) GOTO 104
        PRINT 1001,N
        STOP
C
C   CHECK WHETHER TOTAL ENERGY IS SUFFICIENT; COUNT NONZEOR MASSES
104     XMT=0.
        NM=0
        DO 105 I=1,N
        IF(XM(I). NE. 0. D0) NM=NM+1
105     XMT=XMT+DABS(XM(I))
        IF(XMT. LE. ET) GOTO 201
        PRINT 1002,XMT,ET
        STOP
C
C   THE PARAMETER VALUES ARE NOW ACCEPTED
C
C   GENERATE N MASSLESS MOMENTA IN INFINITE PHASE SPACE
201     DO 202 I=1,N
        C=2. * RN(1)-1.
        S=DSQRT(1. -C*C)
        F=TWOPI * RN(2)
        Q(4,I)=-DLOG(RN(3) * RN(4))
        Q(3,I)=Q(4,I) * C
        Q(2,I)=Q(4,I) * S * DCOS(F)
202     Q(1,I)=Q(4,I) * S * DSIN(F)
C
C   CALCULATE THE PARAMETERS OF THE CONFORMAL TRANSFORMATION
        DO 203 I=1,4
203     R(I)=0.
        DO 204 I=1,N
        DO 204 K=1,4
204     R(K)=R(K)+Q(K,I)
        RMAS=DSQRT(R(4) * *2-R(3) * *2-R(2) * *2-R(1) * *2)
        DO 205 K=1,3
205     B(K)=-R(K)/RMAS
```

```
              G=R(4)/RMAS
              A=1./(1.+G)
              X=ET/RMAS
C
C     TRANSFORM THE Q'S CONFORMALLY INTO THE P'S
              DO 207 I=1,N
              BQ=B(1)*Q(1,I)+B(2)*Q(2,I)+B(3)*Q(3,I)
              DO 206 K=1,3
206           P(K,I)=X*(Q(K,I)+B(K)*(Q(4,I)+A*BQ))
207           P(4,I)=X*(G*Q(4,I)+BQ)
C
C     CALCULATE WEIGHT AND POSSIBLE WARNINGS
              WT=PO2LOG
              IF(N.NE.2) WT=(2.*N-4.)*DLOG(ET)+Z(N)
              IF(WT.GE.-180.D0) GOTO 208
              IF(IWARN(1).LE.5) PRINT 1004,WT
              IWARN(1)=IWARN(1)+1
208           IF(WT.LE.174.D0) GOTO 209
              IF(IWARN(2).LE.5) PRINT 1005,WT
              IWARN(2)=IWARN(2)+1
C
C     RETURN FOR WEIGHTED MASSLESS MOMENTA
209           IF(NM.NE.0) GOTO 210
              WT=DEXP(WT)
              RETURN
C
C     MASSIVE PARTICLES: RESCALE THE MOMENTA BY A FACTOR X
210           XMAX=DSQRT(1.-(XMT/ET)**2)
              DO 301 I=1,N
              XM2(I)=XM(I)**2
301           P2(I)=P(4,I)**2
              ITER=0
              X=XMAX
              ACCU=ET*ACC
302           F0=-ET
              G0=0.
              X2=X*X
              DO 303 I=1,N
```

```
              E(I)=DSQRT(XM2(I)+X2*P2(I))
              F0=F0+E(I)
303           G0=G0+P2(I)/E(I)
              IF(DABS(F0).LE.ACCU) GOTO 305
              ITER=ITER+1
              IF(ITER.LE.ITMAX) GOTO 304
              PRINT 1006,ITMAX
              GOTO 305
304           X=X-F0/(X*G0)
              GOTO 302
305           DO 307 I=1,N
              V(I)=X*P(4,I)
              DO 306 K=1,3
306           P(K,I)=X*P(K,I)
307           P(4,I)=E(I)
C
C     CALCULATE THE MASS-EFFECT WEIGHT FACTOR
              WT2=1.
              WT3=0.
              DO 308 I=1,N
              WT2=WT2*V(I)/E(I)
308           WT3=WT3+V(I)**2/E(I)
              WTM=(2.*N-3.)*DLOG(X)+DLOG(WT2/WT3*ET)
C
C             RETURN FOR WEIGHTED MASSIVE MOMENTA
              WT=WT+WTM
              IF(WT.GE.-180.D0) GOTO 309
              IF(IWARN(3).LE.5) PRINT 1004,WT
              IWARN(3)=IWARN(3)+1
309           IF(WT.LE.174.D0) GOTO 310
              IF(IWARN(4).LE.5) PRINT 1005,WT
              IWARN(4)=IWARN(4)+1
310           WT=DEXP(WT)
              RETURN
C
1001          FORMAT('RAMBO FAILS: # OF PARTICLES =',i5,' IS NOT ALLOWED')
1002          FORMAT(' RAMBO FAILS: TOTAL MASS=',F15.6,'IS NOT',
     -        ' SMALLER THAN TOTAL ENERGY =',F15.6)
```

```
1004    FORMAT(' RAMBO WARNS: WEIGHT = EXP(',f20.9,') MAY UNDERFLOW')
1005    FORMAT(' RAMBO WARNS: WEIGHT = EXP(',f20.9,') MAY OVERFLOW')
1006    FORMAT(' RAMBO WARNS:',i3,' ITERATION DID NOT GIVE THE',-'
        DESIRED ACCURACY =',F15.6)
        END

        FUNCTION RN(IDUM)
*
*   SUBTRACTIVE MITCHELL-MOORE GENERATOR
*   RONALD KLEISS - OCTOBER 2,1987
*
*   THE ALOGRITHM IS N(I)=[ N(I-24) - N(I-55) ] MOD M,
*   IMPLEMENTED IN A CIRUCULAR ARRAY WITH IDENTIFCATION
*   OF NR(I+55) AND NR(I),SUCH THAT EFFECTIVELY:
*           N(1) <--- N(32) - N(1)
*           N(2) <--- N(33) - N(2)...
*   ... N(24) <--- N(55) - N(24)
*           N(25) <--- N(1) - N(25)...
*   ...N(54) <--- N(30) - N(54)
*           N(55) <--- N(31) - N(55)
*
*   IN THIS VERSION M=2**30 AND RM=1/M=2.D0**(-30.D0)
*
*   THE ARRAY NR HAS BEEN INITIALIZED BY PUTTING NR(I)=I
*   AND SUBSEQUENTLY RUNNING THE ALOGRITHM 100,000 TIMES.
*
        IMPLICIT REAL*8(A-H,O-Z)
        DIMENSION N(55)
        DATA N/
    .   980629335, 889272121, 422278310,1042669295, 531256381,
    .   335028099,  47160432, 788808135, 660624592, 793263632,
    .   998900570, 470796980, 327436767, 287473989, 119515078,
    .   575143087, 922274831,  21914605, 923291707, 753782759,
    .   254480986, 816423843, 931542684, 993691006, 343157264,
    .   272972469, 733687879, 468941742, 444207473, 896089285,
    .   629371118, 892845902, 163581912, 861580190,  85601059,
    .   899226806, 438711780, 921057966, 794646776, 417139730,
    .   343610085, 737162282,1024718389,  65196680, 954338580,
```

```
     . 642649958,240238978,722544540,281483031,1024570269,
     . 602730138,915220349,651571385,405259519,145115737/
      DATA M/1073741824/
      DATA RM/0.9313225746154785D-09/
      DATA K/55/,L/31/
      IF(K.EQ.55) THEN
            K=1
      ELSE
            K=K+1
      ENDIF
      IF(L.EQ.55) THEN
            L=1
      ELSE
            L=L+1
      ENDIF
      J=N(L)-N(K)
      IF(J.LT.0) J=J+M
      N(K)=J
      RN=J*RM
      RETURN
      END
```

3. 求解束缚态薛定谔方程的 Mathematica 程序——Schroedinger.m

(* Author: Franz F. Schöberl
         Institute for Theoretical physics
         University of Vienna
         Boltzmanng. 5
         A-1090-Vienna
         E-Mail: Franz.Schoeberl@Univie.ac.at
    SOLVING THE SCHROEDINGER EQUATION FOR BOUND STATES
                WITH MATHEMATICA 3.0
This software is based on: Solving the Schrødinger Equation for Bound States by
p. Falkensteiner, H. Grosse, Franz F. Schöberl, P. Hertel
computer Physics Communication 34 (1985) 287—293

The energy and the reduced radial wave function for a bound state with given number of nodes n0 and angular momentum 1 is calculated. The potential has to be spherical symmetric. *)
Print[StyleForm["Usage:
    \ne1..... lower bound of the energy,

\neu.... upper bound of the energy
\nn0.... radial excitations, number of nodes
\n1...... orbital excitations,
\nfeh.... error on the energy, build in as FEH=0.00001
\nh...... integration stepsize, determines the number of the integration steps
\n and thus the accuracy of the determined energy
\nm1,m2..... constitutent masses",
FontColor->RGBColor[0.0156252,0.234379,0.980484],FontWeight->"Bold",FontSize->14]]

Print[StyleForm[" schroe[el,eu,n0,1,h,m1,m2]..... calling procedure",FontColor->RGBColor[0.996109,0,0]]]Print[StyleForm["The output reduced wave function (not normalized) is called yschr[x].
\nThe plot of the wave function is called yschrplot.
\nExample, harmonic oscillator:
\n(1)Define potential: v1(x_):=x^2",FontColor->RGBColor[0.0156252, 0.234379,0.980484],
FontWeight->"Bold",FontSize->14]]

Print[StyleForm["Note: The name of the potential must be v1",FontColor->RGBColor[0.996109,0,0]]]Print[StyleForm["(2) Start solving the Schroedinger equation: schroe[-1,20,1,2,0,1,0.336,0.336]
\n The above procedure will solve the equation for the first radial and second
\n orbital excitation.",FontColor->RGBColor[0.0156252,0.234379,0.980484],FontWeight->"Bold",FontSize->14]]

Print[StyleForm["The equation to be solved is(with b=c=1, $\mu=\dfrac{m_1 m_2}{m_1+m_2}$):
\n$\left[\dfrac{1}{2\mu}(-\dfrac{d^2}{dr^2}+\dfrac{l(l+1)}{r^2})+V(r)\right]r_n,(r)=E_n,lY_n,l(r)$, yschr[x]$\equiv Y_n,l(r)$,
\n$\Psi_n,l,m(\vec{r})=\dfrac{Y_n,l(r)}{r}Yl,m(\Omega),\int_0^\infty (Y_n,l(r))^2 dlr=1$.",FontColor->RGBColor[0.996109,0,0]]]

Print[StyleForm["The accuracy can be increased by decreasing h, this increases the number of
\nintegration steps. The higher the number of integration steps the more accurate
\nthe eigenvalues as well as the eigen functions. The reduced wave function will
\nbe plotted in addition . A measure for the accuracy is also the shape of the wave
\nfunction. It should vanish for the largest numerical x, otherwise one has to
\ndecrease h.",
FontColor->RGBColor[0.0156252,0.234379,0.980484],FontWeight->"Bold",FontSize->14]]

Print[StyleForm["If you run schroe[el,eu,n0,1,h,m1,m2]you automatically will be asked if you like to plot the reduced

\nwave function.",FontColor->RGBColor[0.996109,0,0]]];

(* xwmil1 calculates the minimum of the potential most to the right. The minimum is called xwmin. xrat is some guessed x-value most to the right (here xrat=20). wei1 is the stepsize of the minimum search(here is xwei1=0.5). *)

xwmil1[l1 _,h1 _,wei1 _,xrat1 _,ww1 _]:=Module[{l=l1,h=h1,weit=wei1,xrat=xrat1, ww=ww1},

del=h/10

xs=xrat;

If[xs<del,Goto[11]];

If[l<1,Goto[3]];

Label[1];

If[xs<weit+del,xs=del;Goto[2]];

ms=ww*vl[xs]+l*(l+1)/xs^2;

rs=ww*vl[xs+weit]+l*(l+1)/(xs+weit)^2;

ls=ww*vl[xs-weit]+l*(l+1)/(xs-weit)^2;

If[rs>ms && ms>ls,xs=xs-weit;Goto[1]];

If[rs<ms && ls>ms,xs=xs+weit;Goto[1]];

If[rs=ls,Goto[2]];

If[rs>ms && ls>ms,If[weit<h,Goto[2]];weit=weit/10;Goto[1]];

Print["SOMETHING IS WRONG,ANALYZE POTENTIAL"];

Goto[10];

Label[3];

Label[1a];

If[xs<weit+del,xs=del;Goto[2]];

ms=ww*vl[xs];

rs=ww+vl[xs+weit];

ls=ww*vl[xs-weit];

If[rs>ms && ms>ls,xs=xs-weit;Goto[1a]];

If[rs<ms && ls>ms,xs=xs+weit;Goto[1a]];

If[rs=ls,Goto[2]];

If[rs>ms && ls>ms,If[weit<h,Goto[2]];weit=weit/10;Goto[1a]];

Print["SOMETHING IS WRONG,ANALYZE POTENTIAL"];

Goto[10];

Label[11];

Print["XMIN TOO SMALL"];

Goto[10];

```
        Label[2];
        xwmin=xs;
        Label[10];
        Return["end"]]
(* The program schroe *)
schroe[el1_,eu1_,n01_,l1_,h1_,m1_,m2_]:=Module[{el=el1*ww,eu=eu1*ww,
  n0=n01,l=l1,h=h1,w1=m1,w2=m2},
            (* Determinig the minimum of the potential most to the right *)
        ww=2*w1*w2/(w1+w2);
    xwmil1[l,h,0.5,20,ww];
    xwmin=xwmin+h;
    del=h/10;
feh=0.00001*ww;
        (* Defining diffl=Veff-e,y''=(Veff-e)y *)
diffl[xxx_,l_,een_]:=ww*vl[xxx]+l*(l+1)/xxx^2-een;
Label[300];
    seh=eu-el;
    eps=(el+eu)/2;
        (* Starting the integration with the boundaries y(del)=del^(l+1),y'(del)=(l+1)del^l
            and with the energy eps equal to the arithmetic mean of the preceding lower and
            upper bounds of energy el and eu *)
    x=del;
    y=x^(l+1);
    yp=(l+1)*x^l;
    yold=1;
    n0x=0;
        (* If the desired accuracy (prescribed error feh) has been obtained, the bound state en-
            ergy is taken as the arithmetic mean of the last el and eu *)
    If[seh<feh,Goto[1]];
        (* Integrating y''=(Veff-e)y one step h further with the Runge-Kutta method *)
Label[2];
    a1=yp*h;b1=diffl[x,l,eps]*h*y;a2=(yp+b1/2)*h;hh=diffl[x+h/2,l,eps]
        *h;
        b2=hh*(y+a1/2);a3=(yp+b2/2)*h;b3=hh*(y+a2/2);a4=(yp+b3)*
            h;
        x=x+h;u2=diffl[x,l,eps];b4=u2*h*(y+a3);
        y=y+(a1+2*a2+2*a3+a4)/6;
        yp=yp+(b1+2*b2+2*b3+b4)/6;
```

(* Counting the number of nodes by n0x until the presctibed n0 is reached *)
   If[y * yold>0,Goto[3]];
   n0x=n0x+1;
   If[n0x>n0,Goto[4]];
Label[3];
   yold=y;
   (* If the following condition is not fullfilled, x is greater then the classical turning point(u2 has the value of Veff-eps at the point x). *)
   If[(u2<0 || x<xwmin),Goto[2]];
   (* If (after stating that x greater then the classical turning point) y * yp is greater than 0(i. e. y and yp have the same sign), one is sure that y goes to infinity without having additional nodes. Otherwise one has to integrate further *)
   z=y * yp;
   If[z<0,Goto[2]];
   (* If y goes to infinity, a new el is established by eps. *)
   el=eps;
   Goto[300];
   (* If nox exceeds n0, a new eu is established by eps *)
Label[4];
   eu=eps;
   Goto[300];
   (* In the following lines the wave function y is calculated using the above calculated bound state energy(the last eps) by the same method as above. In addition y is stored in feldl at x which is stored in xcoord, and the number of integration steps is counted by j. *)
Label[1];
   ep=eps;
   j=0;
Label[20];
      j=j+1;
         feld1[j]=y;
         xcoord[j]=del+(j−1) * h;
         j1=j;
         xmax=xcoord[j1];
   (* Integrating $y''=(Veff-e)y$ one step h further with the Runge-Kutta method *)
   a1=yp * h;b1=diffl[x,1,eps] * h * y;a2=(yp+b1/2) * h;hh= diffl[x+h/2,1,eps] * h;
      b2=hh * (y+a1/2);a3=(yp+b2/2) * h;b3=hh * (y+a2/2);a4=(yp+b3) * h;

```
        x=x+h;u2=diffl[x,1,eps];b4=u2*h*(y+a3);
        y=y+(a1+2*a2+2*a3+a4)/6;
        yp=yp+(b1+2*b2+2*b3+b4)/6;
        If[y*yold>0,Goto[30]];
n0x=n0x+1;
        If[n0x>n0,Goto[40]];
Label[30];
        yold=y;
        If[(u2<0 || x<xwmin),Goto[20]];
        z=y*yp;
        If[z<0,Goto[20]];
Label[40];
        (* The reduced radial wave function yschr obtained from the interpolation of the data
            stored in feldl and in xcoord *)
        yschr=Interpolation[Table[{xcoord[j],feld1[j]},{j,1,j1}]];
        xmax=xcoord[j1];
        (* Output of the resulting energy eigenvalue and the input data *)
        Print[
            StyleForm[" E=",FontColor->RGBColor[0.996109,0,0],FontWeight->
                "Blod",FontSize->16],
        StyleForm[N[ep/ww,10],FontColor->RGBColor[0.996109,0,0],FontWeight->
            "Bold",FontSize->16],",",
            StyleForm["L=",FontColor->RGBColor[0.996109,0,0],FontWeight->"Bold",
                FontSize->16],
            StyledForm[l,FontColor->RGBColor[0.996109,0,0],FontWeight->"Bold",Fon-
                tSize->16],",",
            StyleForm[" N=",FontColor->RGBColor[0.996109,0,0],FontWeight-"Bold",
                FontSize->16],
            StyleForm[n0,FontColor->RGBColor[0.996109,0,0],FontWeight->"Bold",Fon-
                tSize->16],",",
        " \nIntegrationsteps=",j1,",","h=",h,",","del=",del,",","el=el1,",",""eu
            =",eu1,
            StyleForm["\nLargest x,upper integration limit,XMAX=",FontColor->RGBCol-
                or[0,0,0.996109],FontWeight->"Bold",FontSize->16],
            StyleForm[xmax,FontColor->RGBColor[0,0,0.996109],FontWeight->"Bold",
                FontSize->16],",",
                StyleForm["\nSmallest x,lower integration limit,XMIN=del=",
FontColor ->RGBColor[0,0,0.996109],FontWeight->"Bold",FontSize->16],
```

StyleForm[del, FontColor->RGBColor[0,0,0.996109], FontWeight->"Bold",
   FontSize->16],".",
StyleForm["\nThe reduced not normalized wave function is yschr[x].
   \nThe normalizationfactor is given by:
   \n1/NIntegrate[yschr[x]^2,{x,del,xmax}]", FontColor->RGBColor[0.996109,
      0.500008,0.250004],
FontWeight->"Bold",FontSize->16]   ];
   (* Preparing the plot of the reduced wave function yschr *)
   zz=
InputString["You like to plot the(not normalized)reduced wave function? Type yes and
   click OK,otherwise click just OK"];
If[zz=="yes",
yschrplot=Plot[yschr[x],{x,del,xmax},PlotStyle->GrayLevel[0],AxesLabel->
   {"x","yschr"},
   DefaultFont->{"Times-Bold",12},Background->RGBColor[0.996109,0.996109,
      0],
   PlotLabel->FontForm["   Not normalized\t reduced\n   wave function",
      {"Helvetica-Bold",14}]],
Print[StyleForm["OK NO PLOT",FontWeight->"Bold",FontSize->18,FontColor
   ->RGBColor[0,0.500008,0]]]];
Return[]]

《现代物理基础丛书·典藏版》书目

1. 现代声学理论基础　　　　　　　　　　　　马大猷　著
2. 物理学家用微分几何（第二版）　　　　　　侯伯元　侯伯宇　著
3. 计算物理学　　　　　　　　　　　　　　　马文淦　编著
4. 相互作用的规范理论（第二版）　　　　　　戴元本　著
5. 理论力学　　　　　　　　　　　　　　　　张建树　等　编著
6. 微分几何入门与广义相对论（上册·第二版）　梁灿彬　周彬　著
7. 微分几何入门与广义相对论（中册·第二版）　梁灿彬　周彬　著
8. 微分几何入门与广义相对论（下册·第二版）　梁灿彬　周彬　著
9. 辐射和光场的量子统计理论　　　　　　　　曹昌祺　著
10. 实验物理中的概率和统计（第二版）　　　　朱永生　著
11. 声学理论与工程应用　　　　　　　　　　　何琳　等　编著
12. 高等原子分子物理学（第二版）　　　　　　徐克尊　著
13. 大气声学（第二版）　　　　　　　　　　　杨训仁　陈宇　著
14. 输运理论（第二版）　　　　　　　　　　　黄祖洽　丁鄂江　著
15. 量子统计力学（第二版）　　　　　　　　　张先蔚　编著
16. 凝聚态物理的格林函数理论　　　　　　　　王怀玉　著
17. 激光光散射谱学　　　　　　　　　　　　　张明生　著
18. 量子非阿贝尔规范场论　　　　　　　　　　曹昌祺　著
19. 狭义相对论（第二版）　　　　　　　　　　刘辽　等　编著
20. 经典黑洞和量子黑洞　　　　　　　　　　　王永久　著
21. 路径积分与量子物理导引　　　　　　　　　侯伯元　等　编著
22. 全息干涉计量——原理和方法　　　　　　　熊秉衡　李俊昌　编著
23. 实验数据多元统计分析　　　　　　　　　　朱永生　编著
24. 工程电磁理论　　　　　　　　　　　　　　张善杰　著
25. 经典电动力学　　　　　　　　　　　　　　曹昌祺　著
26. 经典宇宙和量子宇宙　　　　　　　　　　　王永久　著
27. 高等结构动力学（第二版）　　　　　　　　李东旭　编著
28. 粉末衍射法测定晶体结构（第二版·上、下册）　梁敬魁　编著
29. 量子计算与量子信息原理　　　　　　　　　Giuliano Benenti　等　著
　　——第一卷：基本概念　　　　　　　　　　王文阁　李保文　译

30. 近代晶体学（第二版） 张克从 著
31. 引力理论（上、下册） 王永久 著
32. 低温等离子体 B. M. 弗尔曼 И. M. 扎什京 编著
    ——等离子体的产生、工艺、问题及前景 邱励俭 译
33. 量子物理新进展 梁九卿 韦联福 著
34. 电磁波理论 葛德彪 魏 兵 著
35. 激光光谱学 W. 戴姆特瑞德 著
    ——第1卷：基础理论 姬 扬 译
36. 激光光谱学 W. 戴姆特瑞德 著
    ——第2卷：实验技术 姬 扬 译
37. 量子光学导论（第二版） 谭维翰 著
38. 中子衍射技术及其应用 姜传海 杨传铮 编著
39. 凝聚态、电磁学和引力中的多值场论 H. 克莱纳特 著 姜 颖 译
40. 反常统计动力学导论 包景东 著
41. 实验数据分析（上册） 朱永生 著
42. 实验数据分析（下册） 朱永生 著
43. 有机固体物理 解士杰 等 著
44. 磁性物理 金汉民 著
45. 自旋电子学 翟宏如 等 编著
46. 同步辐射光源及其应用（上册） 麦振洪 等 著
47. 同步辐射光源及其应用（下册） 麦振洪 等 著
48. 高等量子力学 汪克林 著
49. 量子多体理论与运动模式动力学 王顺金 著
50. 薄膜生长（第二版） 吴自勤 等 著
51. 物理学中的数学方法 王怀玉 著
52. 物理学前沿——问题与基础 王顺金 著
53. 弯曲时空量子场论与量子宇宙学 刘 辽 黄超光 编著
54. 经典电动力学 张锡珍 张焕乔 著
55. 内应力衍射分析 姜传海 杨传铮 编著
56. 宇宙学基本原理 龚云贵 编著
57. B介子物理学 肖振军 著